大模型推荐系统

算法原理、代码实战与案例分析

刘强◎著

電子工業出版社
Publishing House of Electronics Industry
北京 · BEIJING

内 容 简 介

本书主要分为3部分。第1部分简单介绍大模型相关技术，包括大模型的预训练、微调、在线学习、推理、部署等。第2部分将大模型在传统推荐系统中的应用抽象为4种范式——生成范式、预训练范式、微调范式、直接推荐范式，并对每种范式给出算法原理说明、案例讲解和代码实现。第3部分以电商场景为例，讲解大模型在电商中的7种应用，包括生成用户兴趣画像、生成个性化商品描述信息、猜你喜欢推荐、关联推荐、解决冷启动问题、推荐解释和对话式推荐，每种应用场景都包含完整的步骤说明和详细的代码实现，手把手教你构建大模型推荐系统。

本书适合有一定推荐系统基础，期望深入了解和学习大模型技术在推荐系统中的应用思路和方法的大学生、科研工作者、算法从业者、算法产品及技术管理者阅读。

图书在版编目（CIP）数据

大模型推荐系统 : 算法原理、代码实战与案例分析 / 刘强著. -- 北京 : 电子工业出版社, 2024. 10.
ISBN 978-7-121-48847-4

Ⅰ. TP18

中国国家版本馆 CIP 数据核字第 2024GD8995 号

责任编辑：张 爽
文字编辑：张 晶
印　　刷：三河市君旺印务有限公司
装　　订：三河市君旺印务有限公司
出版发行：电子工业出版社
　　　　　北京市海淀区万寿路173信箱　邮编 100036
开　　本：787×980　1/16　印张：18.5　字数：413千字
版　　次：2024年10月第1版
印　　次：2025年 4 月第4次印刷
定　　价：89.00元

凡所购买电子工业出版社图书有缺损问题，请向购买书店调换。若书店售缺，请与本社发行部联系，联系及邮购电话：（010）88254888，88258888。

质量投诉请发邮件至 zlts@phei.com.cn，盗版侵权举报请发邮件至 dbqq@phei.com.cn。

本书咨询联系方式：faq@phei.com.cn。

自序

自 2022 年 11 月 30 日 OpenAI 发布 ChatGPT 以来，大模型技术掀起了新一轮人工智能浪潮。ChatGPT 在各个领域（如人机对话、文本摘要、内容生成、问题解答、识图、数学计算、代码编写等）取得了比之前算法好得多的成绩，在很多方面超越了人类专家的水平，特别是人机对话具备了一定的共情能力，这让 AI 领域的从业者和普通大众相信通用人工智能（Artificial General Intelligence，AGI）时代马上就要来临了。

大模型除了对话能力达到了真正可以互动的水准，更厉害的是当模型参数达到一定规模（100B[①]以上）时，会涌现新的能力，即大模型具备举一反三、任务分解、逻辑推理、解决未知任务的能力，这在之前的机器学习范式中是从未出现过的。之前的机器学习模型都是为某个具体任务构建的，只能完成特定的任务，对于新任务，必须训练新的机器学习模型。

最近 7~8 年，没有哪一项科技进步如 ChatGPT 这般吸引全球的目光[②]。除了媒体的大肆报道，国内外各类科技公司、科研机构、高等院校也在跟进大模型技术，基于大模型的创业公司如雨后春笋般层出不穷。

不到一年时间，国外就涌现了上百家大模型应用的创业公司，做得优秀的如 Midjourney、Runway、Inflection AI、Anthropic 等，都获得了上亿甚至几十亿美元的融资，估值达数十亿、上百亿美元。此外，一系列优秀的大模型相继被发布，如 Anthropic 的 Claude、Google 的 Bard、Meta 的 LLaMA 等。

国内也不甘落后，各个大厂、创业公司、科研院校相继发布了大模型产品，如智谱 AI 的 ChatGLM、百度的文心一言、华为云的盘古大模型、阿里云的通义千问、科大讯飞的星火大模型等，也有不少“大佬”亲自下场做大模型。

---

① 这里的 B 代表 Billion（十亿）。

② 上一次引发全球关注的 AI 大事件是 2016 年的 AlphaGo 战胜人类顶尖围棋手。

以 ChatGPT 为核心的大模型相关技术，可以应用于搜索、对话、内容创作等众多领域。在推荐系统领域的应用也不例外，在这方面已经有广泛的学术研究，学术界发表了大量的相关论文。我相信，在不久的将来（2024 年—2025 年），大模型相关技术会在工业界被大量用于推荐系统，并成为推荐系统的核心技术，就像 2016 年开始的深度学习技术对推荐系统的革新一样。

ChatGPT 和大模型相关技术不能被任何人、任何行业忽视，它在各行各业一定会呈现“井喷式”的发展。从 2023 年年初开始，我一直关注大模型相关技术的进展及其在行业上的应用，特别是在推荐系统领域的应用。在几乎每天都有大模型相关重磅突破发布的当下，我们必须跟上技术发展的步伐。为此，我花了近一年的时间写了这本《大模型推荐系统：算法原理、代码实战与案例分析》，希望能抛砖引玉，为国内普及、推广大模型在推荐系统上的应用发挥作用。

在开启我们的学习之旅前，我先用非常直白、浅显的方式来简单说明为什么大模型能应用于推荐系统，有了这个基础认识，我相信你可以更好地学习本书中的知识。

本书需要读者具备一定的背景知识。例如，熟悉推荐系统、有一定的编程能力，如果了解 NLP 就更好了。读者如果在学习过程中发现对某个知识点不熟悉，可以自行补充学习。

大模型在底层构建 Transformer 架构，通过海量的互联网文本信息预测下一个 token[①]出现的概率来预训练模型[②]。由于有海量的互联网文本数据，模型的预训练过程不需要人工标注（但需要对数据进行预处理），一旦模型完成预训练，就可以用于语言理解和语言生成任务。简单来说，大模型基于海量文本中的 token 序列中下一个 token 出现的概率进行统计建模，通过学习在给定语言片段后出现下一个 token 的概率来完成下游任务（例如文本摘要、翻译、生成文本等）。

对于推荐系统，用户过往的操作就是一个有序的序列，每个用户的操作序列就像一篇文本，所有用户的操作序列就像大模型的预训练语料库，预测用户下一个操作就像预测词序列的下一个 token[③]。通过这个简单的类比，我们知道推荐系统可以被嵌入大模型的理论框架中。因此，直观地看，大模型一定可以用于解决推荐系统问题。

上面的思路比较简单，只用到了用户与物品的交互信息。实际上，推荐系统的数据来源更复杂，除了用户历史交互序列，还有用户画像、物品画像信息等。部分用户画像、物品画像信息，例如用户的年龄、性别、偏好等，物品的标题、标签、描述文本等，可以利用自然语言来呈现，用户历史交互序列、用户画像、物品画像等信息都可以被输入大模型，为大模型提供更多的背景知识，最终的推荐结果会更加精准。

---

① token 既可能是一个单词，也可能是一个单词的一部分。

② BERT 等模型基于左右两边的 token 预测中间的 token，这属于模型架构上的不同。

③ 这里推荐系统的物品类似语言模型中的一个 token。

推荐系统涉及很多多模态数据，例如物品有描述文本、图片，甚至视频介绍等，这类异构的信息对于推荐系统的效果相当重要。多模态数据可以被转化为文本信息供大模型使用，目前的多模态大模型可以直接处理多模态数据，因此也可以直接用于推荐系统。

目前，即使不使用图片、视频等多模态数据，利用好文本数据也能让大模型很强大。大模型的强大之处是具备 zero-shot、few-shot 的能力[①]，很多推荐机制都利用了大模型的这个能力，只不过需要在使用大模型的过程中设计一些提示词（prompt）和模板（template）来激活大模型的推荐能力。

说一下我个人对激活的理解。大模型有上百亿、上千亿，甚至上万亿个参数，是一个非常庞大的神经网络。当用一些提示词告诉大模型作为推荐系统进行个性化推荐时，就激活了深度神经网络中的某些连接，这些连接是神经网络的某个子网络，而这个子网络具备进行个性化推荐的能力，这个过程非常类似人类大脑神经元的工作机制。例如当你看到美食时，就会激活大脑中负责进食的区域，这个区域是大脑整个复杂神经元网络的子网络，导致可能产生流口水、吞咽等行为，这里“看到美食”就类似大模型的提示词。另外，我们在进行头脑风暴时，突然被别人启发想到某个绝妙的创意也是一种激活过程。few-shot 更复杂一些，需要在提示词中告诉大模型一些过往的推荐案例，例如用户看了 A、B、C 三个视频后，会看另一个视频 D，让它临时学习如何推荐。

提示词学习没有改变大模型的参数，即没有进行梯度下降的反向传播训练，但为什么具备 zero-shot、few-shot 的能力呢？提示词作为一个整体，激活了大模型神经网络的某个功能区域。大模型具备多轮对话能力的道理也是类似的，我们可以将多轮对话作为一个整体，这个整体激活了大模型在某个对话主题下的功能区域，导致大模型能“记住”多轮对话之前的信息[②]。由于目前的大模型不具备增量学习[③]的能力，对话完成后，对话中的新信息并没有被大模型学习到。

除了直接利用大模型的 zero-shot、few-shot 能力进行推荐，我们还可以按照大模型的输入、输出范式准备推荐系统的相关数据，然后通过监督学习微调大模型，让大模型更好地适配具体的推荐场景，这也是将大模型应用于推荐系统的一个非常有价值的方向。

另外，大模型压缩的世界知识、大模型的涌现能力、大模型的自然对话能力都可以很好地

---

① zero-shot 指预训练后可以直接完成未知的下游任务。few-shot 指给出几个示例，大模型可以解决类似的问题，即所谓的上下文学习能力，也就是举一反三的能力。

② 这个对话是作为整体输入大模型的，或者可以理解为整个对话过程就是一次连贯的语言生成过程，只不过部分话语是人类给出的，模型接着人类的话语继续生成。

③ 增量学习指遇到一个新信息马上学习到模型的参数中，人是具备增量学习能力的，增量学习肯定是大模型未来最重要的一个研究方向。

被用于推荐系统，解决深度学习推荐系统很难解决的问题，下面举两个例子说明。

首先，大模型有助于缓解数据稀疏问题，特别是冷启动问题①，这是当前深度学习推荐系统的主要瓶颈。通过从在不同模型架构中学习的预训练模型中提取和迁移知识，可以提高推荐系统的通用性、稀疏性、效率和有效性等性能。

其次，大模型一个很大的优势是可以利用对话的方式跟用户互动，就像 ChatGPT 所呈现的那样。如果能将推荐系统设计成一个跟用户互动的对话式推荐引擎，那么大模型可以利用自然语言响应用户的个性化需求，从而提升用户的整体体验和参与度。

通过前面的介绍，相信你已经大致知道为什么大模型可以被应用于推荐系统了，也知道了将大模型应用于推荐系统的独特优势，那么如何将大模型应用于推荐系统呢？这就是本书的核心内容，你将从这本书中找到答案。

① 大模型学习的是海量的互联网知识，对于新物品、新用户都可以很好地进行知识迁移。

前言

为什么写作本书

我从 2010 年开始研究、实践推荐系统，属于国内最早从事推荐系统工作的一批人。过去 15 年，我有过至少 4 次从零开始成功构建推荐系统的经历，曾经负责构建的推荐系统最高有超过千万日活跃用户数量（Daily Active User，DAU）。我出版过两本推荐系统相关图书，分别是《构建企业级推荐系统：算法、工程实现与案例分析》（2021.09）和《推荐系统：算法、案例与大模型》（2024.04）。过去十几年的经历让我见证了推荐系统技术的完整发展过程，我也一直跟随推荐系统的发展大势进行学习、实践。

2022 年 11 月底 ChatGPT 发布后，全世界掀起了新一轮的人工智能浪潮，以 ChatGPT 为代表的大模型技术逐步渗透到各个应用场景和领域，当然也包括推荐系统。将大模型应用在推荐系统上的相关学术研究非常多，截至 2024 年 5 月，已有上百篇相关的研究论文发表。大模型在产业上的应用也逐步开始：阿里巴巴在淘宝上内测了淘宝问问—— 一个对话式推荐引擎；Meta 在尝试利用大模型技术实现万亿级参数的新一代推荐系统；百度正在利用大模型重构底层的核心搜索、推荐模块……

ChatGPT 和大模型带来的影响是空前的，过去没有哪一项 AI 技术对全球的冲击像 ChatGPT 和大模型这么大。我预见到 ChatGPT 和大模型会革新推荐行业，因此在过去的一年多时间里，我阅读了上百篇大模型、大模型推荐系统相关的论文，并且跟行业专家进行了密切的交流。

另外，我从 2023 年 4 月开始创业，公司业务为 B 端的数智化转型，主要方向是精细化运营、大模型搜索推荐、大模型智能知识顾问等。过去一年，我针对将大模型应用于推荐、搜索等话题与相关的企业进行交流并付诸实践。

结合过往的学习、交流、实践，我准备将自己掌握的大模型推荐系统的知识框架进行系统梳理，整理成一本系统介绍大模型推荐系统的图书，希望为推荐行业提供一套完整的、基于大模型的方法论和实践指南。

希望我的经验和经历可以帮助想学习大模型在推荐系统上应用的读者体系化了解并快速掌握大模型推荐系统。

读者对象

本书主要讲解大模型在推荐系统中的应用，既有算法原理，又有代码实现，聚焦于如何利用最新的大模型技术赋能、革新、重构现有的推荐系统。本书需要读者有一定的推荐系统基础知识，了解大模型的一些基本原理，本书适合以下读者。

1. 推荐系统开发人员及推荐算法研究人员。
2. 期望从事推荐系统相关工作的学生。
3. 在高校从事推荐算法研究，希望对大模型在推荐系统中的应用有全面了解的科研人员。
4. 对大模型在推荐、搜索中的应用感兴趣的产品和运营人员。
5. 期望将大模型引入推荐、搜索产品的公司管理层人员。

如何阅读本书

本书分为 9 章，包含大模型基本原理介绍、将大模型应用于推荐系统的思路和方法、在电商推荐场景中使用大模型等。下面分别对各个章节进行简单介绍。

第 1~3 章是准备部分。第 1 章介绍大模型的基础知识，包括大模型的发展历史、数据资源、数据预处理、大模型预训练、大模型微调、大模型推理、大模型部署、相关软件和框架等，这一章是后续章节的理论基础，是为没有大模型基础的读者准备的。如果你已经非常熟悉大模型，那么可以略过这一章。第 2 章对后续章节用到的数据和开发环境进行介绍，本书的代码实现基于微软的 MIND 数据集和 Amazon 电商数据集，开发环境包括 Python 沙盒、CUDA 和 MacBook。第 3 章将大模型在推荐系统中的应用抽象为 4 种范式——生成范式、预训练范式、微调范式、直接推荐范式。

第 4~7 章展开说明第 3 章介绍的 4 种范式，每章既包含算法原理，又包含相关的案例说明，同时会基于 MIND 数据集给出对应的代码实现。

第 8 章是一个完整的实战案例，基于 Amazon 商品评论数据，利用大模型解决电商推荐问题。本章讲解如何利用大模型来解决生成用户兴趣画像、生成个性化商品描述信息、猜你喜欢推荐、关联推荐、冷启动、推荐解释、对话式推荐 7 类问题，针对每类问题都提供完整的步骤及对应的代码实现。其中，前 6 类问题是大模型对传统推荐算法解决方案的有效补充和突破，有了大模型的支持，传统推荐算法有更新颖、更好的解决方案；而对话式推荐是基于传统推荐系统的一种新的推荐形态，借助大模型的自然语言对话能力，我们可以采用对话的方式为用户进行个性化推荐，在提升用户体验的同时，带来更高的商业价值。

第 9 章为将大模型推荐系统更好地应用于工业界提供了一些思路和方法，包含大模型的高效预训练、高效推理，以及真实业务场景中的一些问题和建议。

本书是专门为方便读者快速上手大模型推荐系统而准备的。本书主要有三个特点：一是将大模型应用于推荐系统抽象为 4 种范式，在这个统一的框架下，你可以体系化地学习大模型推荐系统；二是包含电商场景的最佳实践，针对每种问题，提供完整的利用大模型解决推荐问题的思路、步骤和方法；三是包含代码实战内容，第 2~8 章都有完整的代码实现。**本书所有的代码都可以从 GitHub 的代码仓库 liuq4360/llm4rec_abc 中获取，读者也可以根据封底处提示，加入本书读者群，获取本书代码、链接及参考文献。**

希望本书能够成为有志于利用大模型技术更好地赋能传统推荐、搜索系统的爱好者和从业者的方法论和落地实战指南！

勘误和支持

由于作者水平和写作时间有限，书中难免有所纰漏，恳请读者批评指正。你可以将书中描述不准确的地方或者错误告诉我，以便本书重印或者再版时更正。你可以通过微信 liuq4360 与我取得联系，或者发送邮件至邮箱 891391257@qq.com，我很期待看到你真挚的反馈。

致谢

首先，感谢 AI 行业的技术信仰者，正是他们的不懈努力为大模型技术带来快速的发展和广阔的前景。同时，感谢过去一年来给予我信任的个人和企业，通过与他们合作，我更好地理解和实践了大模型相关技术在产业上的应用。

其次，感谢电子工业出版社张爽老师，在她的耐心指导和建议下，我一步步优化了本书的结构和内容，让这本书的质量得到了保证。

最后，感谢我的父母和家人，是他们的无私付出让我有足够的时间学习、实践、创业！

谨以此书，献给所有懂我、关心我、支持我的家人和朋友！

刘强

2024 年 5 月 9 日于上海图书馆东馆

目录

01 基础知识

大模型的全称是大语言模型（Large Language Model，LLM），它能够应用于推荐系统，并且极有可能像深度学习那样革新推荐系统。大模型是一个有相当高的门槛并且快速发展的领域，在我们正式学习大模型如何应用于推荐系统之前，有必要先了解大模型的一些基础知识，以便更好地学习后续知识。

本章涵盖大模型相关资源、大模型预训练、指令微调、对齐微调、上下文学习和高效推理等核心知识点。

1.1 大模型相关资源

预训练参数量在千亿级别的大模型是一个复杂的系统工程，需要海量的数据及庞大计算的资源。只有 Google、微软、百度等大型企业，或者 OpenAI、Anthropic 等获得了足够资金的明星创业公司才有足够的资金和人力去探索与尝试。

好在随着 ChatGPT 的火爆，竞争进入白热化，很多公司都开源了中小模型（例如 Baichuan、Qwen、Yi 等），个人和小型创业公司也可以在垂直领域进行大模型的尝试和探索。

1.1.1 可用的模型及 API

目前国内外开源的参数量在 1B 到 100B 的大模型非常多，有智谱 AI 的 ChatGLM、百川智能的 Baichuan 系列、阿里云的通义千问等，但是最火的、生态最好的还是 Meta 开源的 LLaMA，图 1-1 就是基于 LLaMA 进行二次开发的大模型生态，从这张图中可以感受到 LLaMA 生态之大。

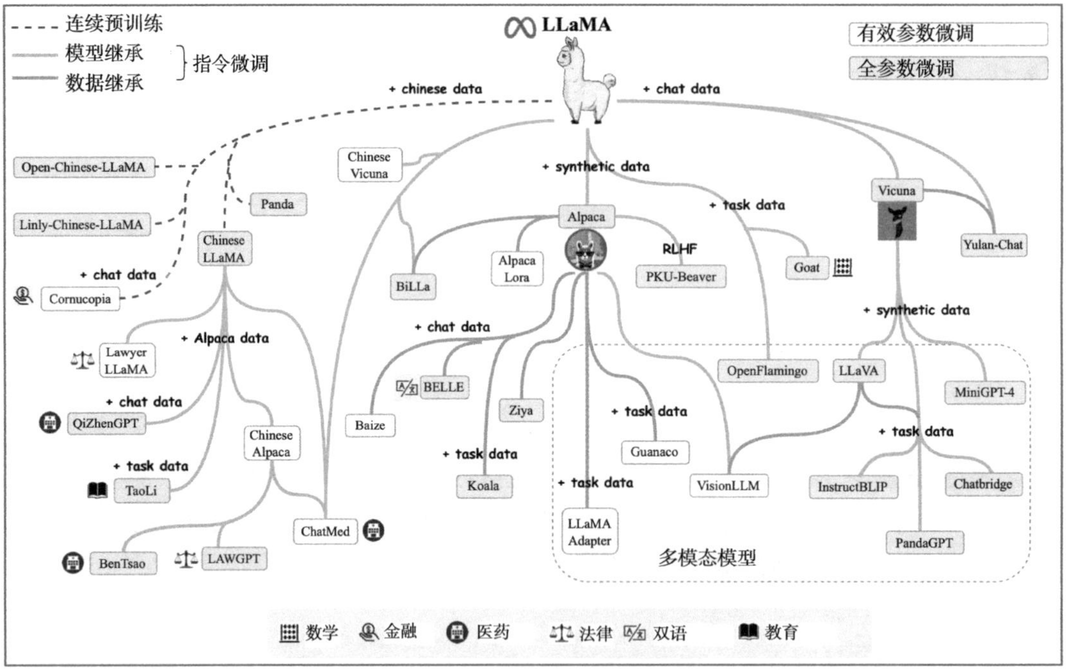

图 1-1　基于 LLaMA 的生态

LLaMA 2 开源了 3 个大小分别为 7B、13B、65B 的大模型。2024 年 4 月，Meta 公司开源了 LLaMA 3。

这些开源大模型经过了预训练或微调，我们可以从 Hugging Face 社区[1]中获取。Hugging Face 是大模型时代的 GitHub，是全球最大、最成熟的大模型社区，里面的资源非常丰富，值得探索、学习。

图 1-2 是笔者在 Hugging Face 上搜索 LLaMA 的结果，基于其开发的大模型应有尽有。

由阿里达摩院开源的魔搭社区（ModelScope）[2]也是一个不错的获取大模型及相关数据的来源，更适合国内用户，如图 1-3 所示。

上面介绍的是预训练好的、可以使用的大模型，需要下载并部署（或微调）才能使用。如果你想直接使用现成的大模型，就需要调用商业的大模型 API，或者用 Ollama、FastGPT 搭建一个类似 OpenAI 的大模型 API。

如果你想亲自尝试，体验一下从零开始预训练大模型带来的挑战和乐趣，就需要获取预训练大模型的数据。

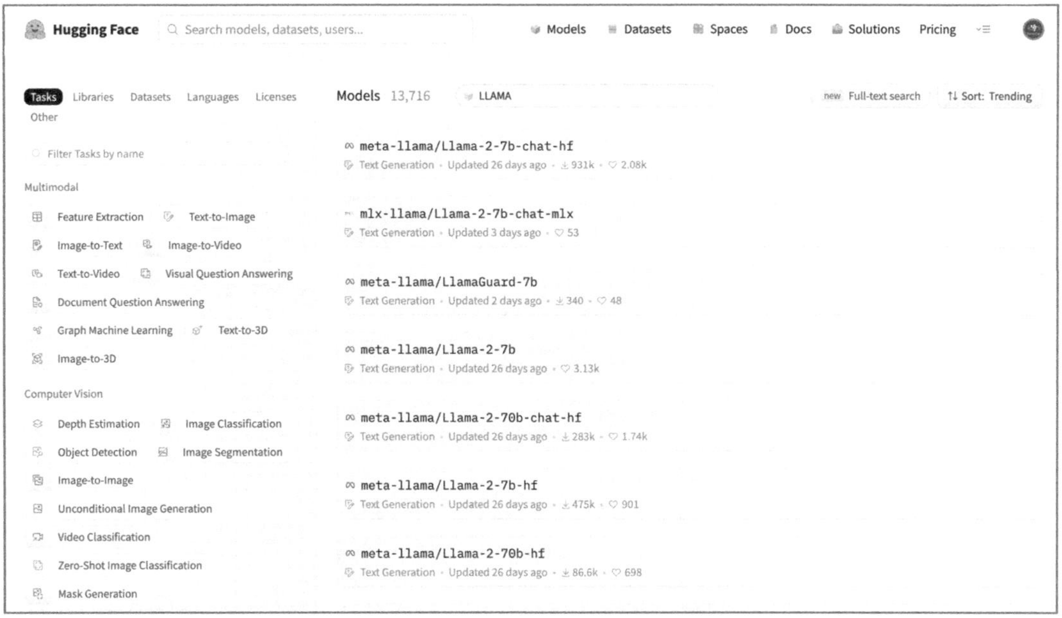

图 1-2　基于 LLaMA 开发的大模型

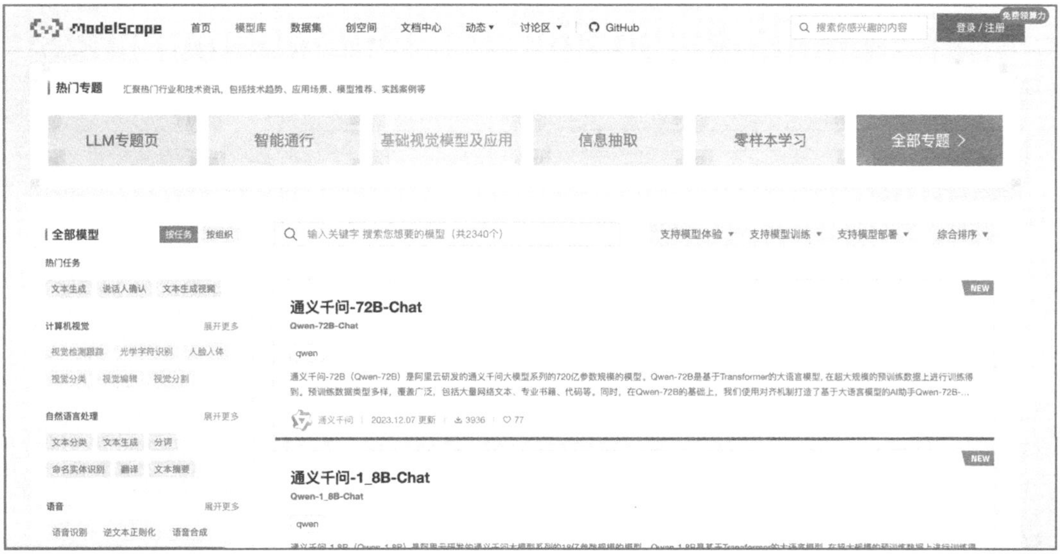

图 1-3　魔搭社区上的大模型资源

1.1.2　数据资源

Hugging Face 和魔搭社区上有非常多的数据资源，截至本书写作时，Hugging Face 社区上有 85158 个数据集，覆盖多种语言，其中英文数据集居多，如图 1-4 所示。

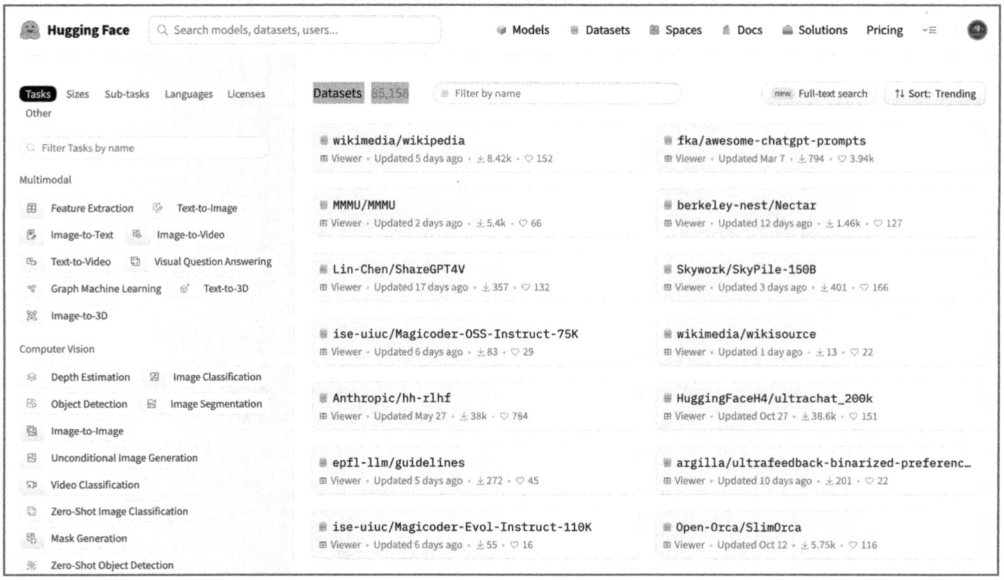

图 1-4 Hugging Face 上的数据资源

魔搭社区上的资源覆盖非常多的中文语料库，如图 1-5 所示。我们可以通过关键词搜索相关的数据。

图 1-5 魔搭社区上的数据资源

前面提到的都是通用数据，而真正有价值的数据是垂直行业的私有数据，有了这些数据，就可以预训练垂直行业的大模型，本书讲解的大模型推荐系统就是垂直领域的应用。

1.1.3 软件资源

大模型是基于 Transformer 架构的深度学习模型，需要有成熟的软件生态辅助大模型预训练、微调、运行。这里为读者提供两个比较好的资源。

基础深度学习库

目前最流行的深度学习库是 PyTorch、TensorFlow、JAX，大模型是基于这些深度学习库预训练的，你只要熟悉一个即可。这里建议学习 PyTorch，它更容易上手，生态也非常丰富。

大模型库

Hugging Face 社区开源的 Transformers 库对 Transformer 架构做了非常好的封装，通过简单的 API 就可以使用大模型。同时，该库与 Hugging Face 社区深度绑定，可以直接使用数据名、模型名，非常方便。本书中的代码实战部分会经常使用该库。

1.1.4 硬件资源

预训练、微调大模型需要较多的硬件资源，表 1-1 是不同参数量的 LLaMA 模型在 CPU 上运行时需要的资源。即便是 7B 的模型，也至少需要 3.9GB 内存才能运行。

表 1-1 不同参数量的 LLaMA 模型在 CPU 上运行时需要的资源

模型参数量	占用空间	4 bit 量化占用空间
7B	13GB	3.9GB
13B	24GB	7.8GB
30B	60GB	19.5GB
65B	120GB	38.5GB

1.2 大模型预训练

大模型预训练主要包括 4 个步骤：数据收集与预处理、确定模型架构、确定目标函数和解码。

1.2.1 数据收集与预处理

大模型相关的预训练数据（简单起见，后面将预训练数据统一简称为数据）来源主要包括

5 大类：网页、对话、图书和新闻、科学知识、代码。前面提到的 Hugging Face 和魔搭社区中都有相关的数据。

预训练一个效果好的大模型需要将上面的 5 类数据按照不同的比例搭配，有点儿类似中医的药材配比，非常讲究。比例不好，可能就没有那么好的“疗效”，甚至产生副作用，需要进行非常多的尝试。

例如，LLaMA 65B 开源模型的数据有 87%来自网页、2%来自对话、3%来自图书和新闻、3%来自科学知识、5%来自代码；而 GPT-3 的预训练数据有 84%来自网页、16%来自图书和新闻。

数据只是基础，还需要对数据进行预处理。数据预处理的主要步骤如图 1-6 所示。

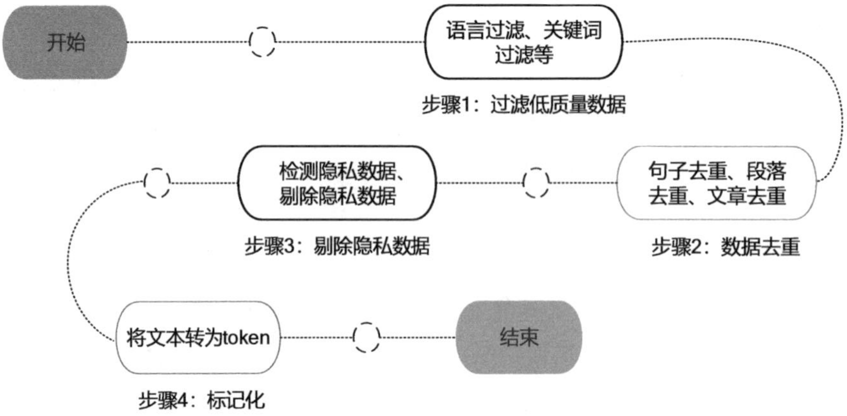

图 1-6　数据预处理的主要步骤

1. 过滤低质量数据

需要过滤掉从网页上爬取的数据、HTML 标记、质量低或错别字多的图书、命名混乱或模块不清晰的代码等。

2. 数据去重

因为收集的数据来自多个数据源，不可避免地会出现重复，而重复数据会极大影响大模型的性能，所以需要采用一些方法进行去重。例如可以采用词频、嵌入向量相似等策略去重。

3. 剔除隐私数据

需要剔除电话号码、住址、身份证号、账号、密码等隐私数据，否则一旦大模型被攻击，就容易导致信息泄露。OpenAI 就出现过此类事件。

4. 标记化（Tokenization）

通过上面 3 个步骤，文本已经准备好了。大模型采用 Transformer 架构，需要将文本标记化，即把文本分割为 token。针对英文，token 可以是一个单词或者单词的部分（例如词根）；针对中文，token 可以是单个汉字或者词组。

1.2.2 确定模型架构

图 1-7 是 GPT-1 的 Transformer 架构，其中包括 12 个 Transformer 层，GPT-2、GPT-3、GPT-4 与其类似，只不过层数更多。GPT 采用的是单向掩码的注意力架构，即只能利用文本前面的词来预测后面的词。而更早的 BERT 模型可以利用两边的词来预测中间的词。

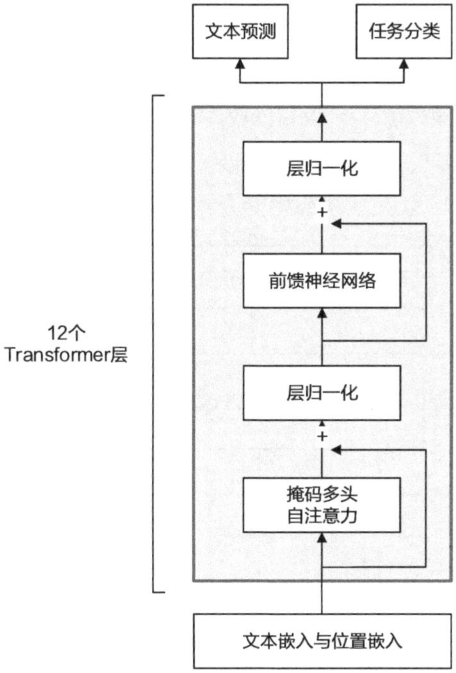

图 1-7 GPT-1 的 Transformer 架构

图 1-7 中的文本嵌入与位置嵌入是指语料库中 token 的嵌入及对应的位置嵌入。token 嵌入容易理解，是为了对语言进行建模。而位置嵌入的主要目的是学习词之前的位置依赖关系。一般用下面的三角函数表示 token 的位置。

$$\mathrm{PE}(\mathrm{pos}, 2i) = \sin\left(\frac{\mathrm{pos}}{10000^{2i/d}}\right)$$

$$\mathrm{PE}(\mathrm{pos}, 2i+1) = \cos\left(\frac{\mathrm{pos}}{10000^{2i/d}}\right)$$

其中，PE 是位置嵌入，pos 表示单词所在的位置，$2i$ 和 $2i+1$ 表示位置编码向量中的对应维度，d 则对应位置编码的总维度。通过上面这种方式计算位置编码有两个好处：首先，正余弦函数的范围为 [−1,1]，算出的位置编码与原词嵌入相加不会使得结果偏离过远而破坏原有单词的语义信息。其次，依据三角函数的基本性质，第 $\text{pos}+k$ 个位置的编码是第 pos 个位置的编码的线性组合，这就意味着位置编码中蕴含着单词之间的距离信息，也就是包含单词之前的语义关系信息。

图 1-7 中的层归一化是指进行分层归一化。具体而言，计算每层所有激活函数的平均值和方差，然后对激活函数进行正态分布归一化。进行层归一化的目的是更稳定地预训练大模型。大模型有很多层，所以每一层都需要进行归一化。

图 1-7 中的前馈神经网络是一个以Relu函数为激活函数的 2 层全连接神经网络，具体公式如下。

$$\text{FFN}(x)=\text{Relu}(xW_1+b_1)W_2+b_2$$

图 1-8 是图 1-7 中的掩码多头自注意力（Masked Multi Self Attention）部分，它是 Transformer 架构的核心，类似于人的眼睛可以关注视线中间及周边的环境，从而对周围环境产生认知。

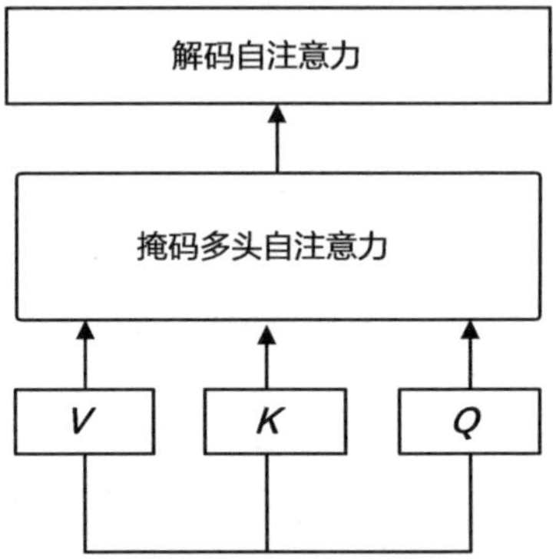

图 1-8　掩码多头自注意力

注意力是查询（$\boldsymbol{Q}$）和一组键（$\boldsymbol{K}$）、值（$\boldsymbol{V}$）对的函数，可以用下面的公式表示。

$$\text{Attention}(\boldsymbol{Q},\boldsymbol{K},\boldsymbol{V})=\text{softmax}\left(\frac{\boldsymbol{Q}\boldsymbol{K}^{\text{T}}}{\sqrt{d_k}}\right)\boldsymbol{V}$$

可以通过$\boldsymbol{W}^{\text{Q}}\in\mathbf{R}^{d\times d_q}$、$\boldsymbol{W}^{\text{K}}\in\mathbf{R}^{d\times d_k}$ 和 $\boldsymbol{W}^{\text{V}}\in\mathbf{R}^{d\times d_v}$ 3 个线性变换将输入序列中的每个单词表示$\boldsymbol{x}_i$都转换为其对应的 $q_i\in\mathbf{R}^{d_q}$、$k_i\in\mathbf{R}^{d_k}$和$v_i\in\mathbf{R}^{d_v}$向量。图 1-9 是针对 Machine、Learning 两个单词做对应的线性变换得到的向量。关于 Transformer 的详细介绍，可以阅读参考文献[2]。

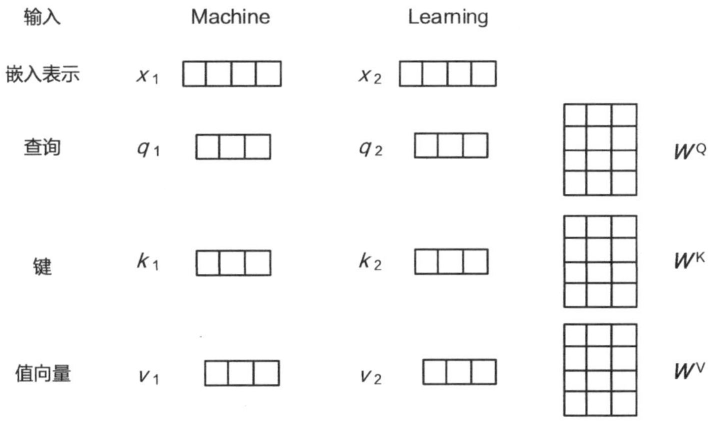

图 1-9 多头自注意力与$\boldsymbol{Q}$、$\boldsymbol{K}$、$\boldsymbol{V}$的关系

1.2.3 确定目标函数及预训练

给定一个无监督的 token 语料库 $\mathcal{U}=\{u_1,u_2,\cdots,u_n\}$，使用标准的语言建模目标函数最大化以下似然函数。

$$L_1(\mathcal{U})=\sum_i \ln P\left(u_i \mid u_{i-k},u_{i-(k-1)},\cdots,u_{i-1};\Theta\right) \tag{1-1}$$

其中，k是上下文窗口的大小[①]，条件概率P使用参数为θ的神经网络建模。这些参数使用随机梯度下降法进行预训练。一般将 Transformer 作为语言模型（P）的构建组件，式（1-1）展开如下。

$$\boldsymbol{h}_0=\boldsymbol{U}\boldsymbol{W}_\mathrm{e}+\boldsymbol{W}_\mathrm{p}$$

$$\boldsymbol{h}_l=\text{transformer\_block}(\boldsymbol{h}_{l-1})\ \forall I\in[1,n]$$

$$P(u)=\text{softmax}(h_\mathrm{n}W_\mathrm{e}^\mathrm{T})$$

这里$\boldsymbol{U}=\left(u_{-k},u_{-(k-1)},\cdots,u_{-1}\right)$是上下文的 token 向量，$n$是 Transformer 的层，transformer_block就是图 1-7 中的 Transformer 架构，softmax是最上层预测部分的激活函数。$\boldsymbol{W}_\mathrm{e}$是 token 的嵌入矩阵，而$\boldsymbol{W}_\mathrm{p}$是位置嵌入矩阵，$\boldsymbol{W}_\mathrm{e}$和$\boldsymbol{W}_\mathrm{p}$分别对应图 1-7 中的文本嵌入和位置嵌入。

语料库$\mathcal{U}$通常是文本文档，因此预训练最优化模型不需要标注数据，可以直接使用海量的文本作为预训练样本，即利用文本中前面的 token 来预测下一个 token，这个过程就是预训练。

---

① 基于前面k个 token 预测下一个 token。

当然，真正的大模型语料库都非常大，Transformer 层也非常多，有非常多的超参数需要处理，下面列举 3 个最重要的。

- 批大小。

批大小（Batch Size）指大模型一次处理的 token 规模，批越大，模型的吞吐率越好，预训练一次的时间越短，对系统网络、读写、内存带宽等要求也越高。

- 学习率。

学习率（Learning Rate）是模型在利用反向传播算法进行迭代优化过程中更新梯度的幅度。针对大模型，一般开始时用一个比较大的学习率，然后随着模型逐步收敛，调整学习率，让学习率逐步下降到最初学习率的一个固定比例（例如 10%）。

- 优化器。

优化器（Optimizer）即大模型预训练的优化方法，不同优化器有各自的优缺点和适用情形，预训练大模型一般用 Adam 或者 AdamW 优化器。

图 1-10 列出了业界主流大模型对应的优化参数。

模型	批次大小（#tokens）	学习率	预热	衰减方法	优化器	精度类型	权重衰减	梯度截断	Dropout
GPT3 (175B)	32K→3.2M	6×10^{-5}	yes	cosine decay to 10%	Adam	FP16	0.1	1.0	-
PanGu-α (200B)	-	2×10^{-5}	-	-	Adam	-	0.1	-	-
OPT (175B)	2M	1.2×10^{-4}	yes	manual decay	AdamW	FP16	0.1	-	0.1
PaLM (540B)	1M→4M	1×10^{-2}	no	inverse square root	Adafactor	BF16	lr^2	1.0	0.1
BLOOM (176B)	4M	6×10^{-5}	yes	cosine decay to 10%	Adam	BF16	0.1	1.0	0.0
MT-NLG (530B)	64 K→3.75M	5×10^{-5}	yes	cosine decay to 10%	Adam	BF16	0.1	1.0	-
Gopher (280B)	3M→6M	4×10^{-5}	yes	cosine decay to 10%	Adam	BF16	-	1.0	-
Chinchilla (70B)	1.5M→3M	1×10^{-4}	yes	cosine decay to 10%	AdamW	BF16	-	-	-
Galactica (120B)	2M	7×10^{-6}	yes	linear decay to 10%	AdamW	-	0.1	1.0	0.1
LaMDA (137B)	256K	-	-	-	-	BF16	-	-	-
Jurassic-1 (178B)	32 K→3.2M	6×10^{-5}	yes	-	-	-	-	-	-
LLaMA (65B)	4M	1.5×10^{-4}	yes	cosine decay to 10%	AdamW	-	0.1	1.0	-
LLaMA 2 (70B)	4M	1.5×10^{-4}	yes	cosine decay to 10%	AdamW	-	0.1	1.0	-
Falcon (40B)	2M	1.85×10^{-4}	yes	cosine decay to 10%	AdamW	BF16	0.1	-	-
GLM (130B)	0.4M→8.25M	8×10^{-5}	yes	cosine decay to 10%	AdamW	FP16	0.1	1.0	0.1
T5 (11B)	64K	1×10^{-2}	no	inverse square root	AdaFactor	-	-	-	0.1
ERNIE 3.0 Titan (260B)	-	1×10^{-4}	-	-	Adam	FP16	0.1	1.0	-
PanGu-Σ (1.085T)	0.5M	2×10^{-5}	yes	-	Adam	FP16	-	-	-

图 1-10　业界主流大模型对应的优化参数

除了上面提到的参数，数据如何并行、如何进行分布式预训练，都是需要关注的重点问题，这些是更深入的课题，读者可以自行学习。

1.2.4 解码策略

大模型预训练好之后，如何利用呢？这就不得不说解码策略了。所谓解码策略，就是在预训练的大模型基础上，如何基于文本生成对应的后续文本。用数学语言来表述，就是概率预估问题。

$$x_i = \arg\max{}_x P(x \mid x < i)$$

这里的P是大模型预测的条件概率，$x < i$是第i个单词前面的单词，即输入大模型的语料，x_i即让P的值最大的那个词。图 1-11 是一个例子。

I am sleepy. I start a pot of _____

coffee	0.661	strong	0.008	soup	0.005
water	0.119	black	0.008	...	...
tea	0.057	hot	0.007	happy	4.3e-6
rice	0.017	oat	0.006	Boh	4.3e-6
chai	0.012	beans	0.006	...	...

图 1-11　基于前面的词预测下一个词

针对这个例子，$x < i$ =“I am sleepy. I start a pot of ”，x_i=coffee，因为 coffee 出现的概率是 0.661，最大。

上面是贪心搜索（Greedy Search）方法，也就是穷尽大模型词库中的所有单词，每一步都找到概率最大的那个词，直到遇到结束符。根据贪心搜索方法，图 1-12 最终获得的预测序列是 ABC。

时间步骤	1	2	3	4
A	0.5	0.1	0.2	0.0
B	0.2	0.4	0.2	0.2
C	0.2	0.3	0.4	0.2
<eos>	0.1	0.2	0.2	0.6

图 1-12　不同时间步骤的不同 token 出现的概率

很明显，这样做将原来指数级别的求解空间直接压缩到了与长度线性相关的大小。在每一步中选择具有最高概率的 token，可能导致忽略具有较高总体概率但较低局部概率的句子。这种关注当下的策略丢弃了绝大多数可能解，无法保证最终得到的序列概率是最优的。

解决这个问题的一种方法是集束搜索（Beam Search），它对贪心策略进行了改进。集束搜索的思路很简单，就是稍微放宽考察的范围。在每个时间步，不再只保留当前概率最高的 1 个输出，而是保留 n 个（n beam 的大小）。当 n=1 时，集束搜索就退化为贪心搜索。

图 1-13 是一个集束搜索示例，每个时间步有 A、B、C、D、E 共 5 种可能的输出，n=2，也就是说每个时间步都会保留到当前步为止条件概率最优的两个序列。

在时间步 1，A 和 C 是最优的，因此得到了 A 和 C 两个结果，其他 3 个被抛弃。时间步 2 会基于这两个结果继续生成，在 A 这个分支可以得到 5 个候选集，分别是 AA、AB、AC、AD、

AE。同理，分支 C 也得到 5 个候选集。此时对这 10 个候选集进行统一排名，保留最优的两个，即 AB 和 CE。时间步 3 从新的 10 个候选集里挑选最好的两个，得到了 ABD、CED 两个结果。可以发现，集束搜索在每个时间步需要考察的候选集数量是贪心搜索的 n 倍，因此是一种以时间换性能的方法。

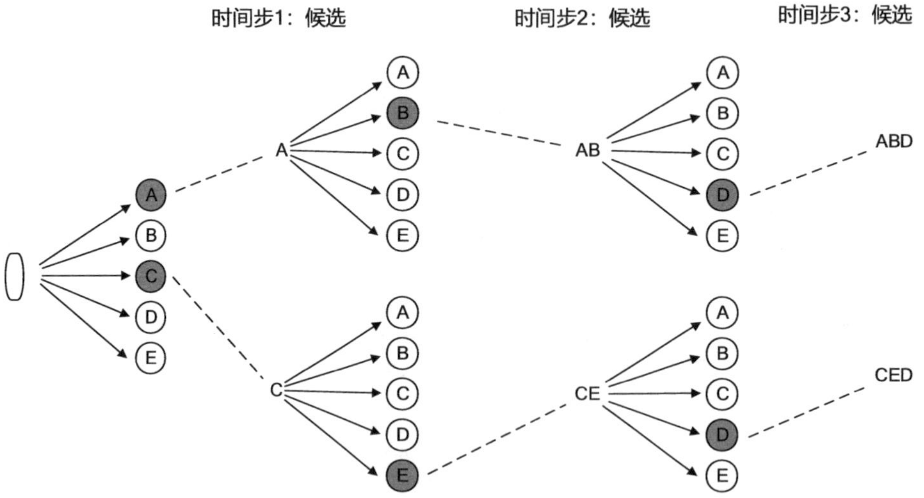

图 1-13　集束搜索示例

为了提升大模型输出的随机性（创新性），可以采用概率抽样的方式生成x_i，即在样本中出现的概率越大，被抽到的概率就越大。在这种情况下，不是每次预测的结果都是x_i，只不过x_i出现的概率最大。常见的抽样方法有以下 3 种。

- 温度抽样。

为了控制采样的随机性，温度抽样（Temperature Sampling）通过调整 softmax 函数的温度系数，计算词汇表上第j个 token 出现的概率。下式中$l_{j'}$是某个 token 的 logit，t是温度参数。

$$P(x_j \mid x_{<i}) = \frac{\exp(l_j/t)}{\sum_{j'} \exp(l_{j'}/t)}$$

t的范围在 0 到 1 之间，降低温度t增加了选择具有高概率的单词的机会，同时减少了选择具有低概率单词的机会。当t被设置为 1 时，它将成为默认的随机采样；当t接近 0 时，相当于贪心搜索。此外，当t变为无穷大时，它退化为均匀采样。

- top-k 抽样。

与温度抽样不同，top-k 抽样直接截断概率较低的 token，并且仅从具有 top-k 概率的 token 中采样。例如，在前面的例子中，top-5 将从单词 coffee、water、tea、rice 和 chai 的归一化概率中进行采样。

- top-p 抽样。

由于 top-k 抽样不考虑总体可能性分布，因此恒定的 k 值可能不适合不同的上下文。基于此，从累积概率大于或等于 p 的最小集合中进行采样的 top-p 抽样（也称核采样）被提出。在实践中，可以通过向按概率降序排列的词汇表中逐渐添加 token 来构建最小集合，直到它们的累积概率值超过 p。

1.3 大模型微调

大模型预训练一般是基于通用文本进行的，大模型学习到的是通用能力（包括语言生成、常识知识、逻辑推理等）。虽然超大规模的大模型（例如 ChatGPT、GPT-4 等）也可以用于解决一般的下游任务，效果也不错，但一些非常专业的场景，例如金融、法律、医疗，对知识、技能的要求更高，往往需要大模型在专业知识上重新进行"历练"。如果是更小的模型（例如 1B ~ 100B），就更需要在垂直领域进行二次学习，才能更好地解决下游任务。

指令微调和对齐微调用于在特定领域知识上对大模型进行二次训练。具体来说，指令微调是一种监督学习过程，模型的输入、输出都是自然语言（例如输入是中文的"我爱你"，输出是英文的"I love you"，这是从中文到英文的翻译问题）；而对齐微调将人类整合到大模型的学习过程中，一般采用人类专家标注的样本学习一个价值函数，然后用强化学习的思路让价值函数监督大模型的预训练，让大模型的输出与人类的价值观对齐（例如输出的是准确的、无害的、有用的信息）。

1.3.1 微调原理

经过预训练，大模型可以获得解决各种任务的一般能力，但为了在特定问题上或者领域中有更好的表现，需要对预训练模型进行微调。在用式（1-1）中的目标函数预训练模型后，通过监督学习任务对参数进行微调。

假设有一个标记的数据集 $\mathcal{C}$，其中每个实例由输入 token 序列$x^1, x^2, \cdots, x^m$，以及标签y构成。将数据输入预训练模型，以获得最后一个隐藏层的激活函数h_l^m，然后将其输入具有参数W_y的、增加了一层线性输出层的模型预测y[①]。

① 这里用多分类任务来说明，所以输出层用了 softmax 函数，其实监督过程也可以是序列建模任务等其他类型的监督学习任务。

$$P(y \mid x^1, x^2, \cdots, x^m) = \mathrm{softmax}(h_l^m W_y)$$

这样就获得了如下的求最大值的目标函数。

$$L_2(\mathcal{C}) = \sum_{(x,y)} \ln P(y \mid x^1, x^2, \cdots, x^m)$$

实践经验表明，将语言建模过程作为微调的辅助目标有助于学习，加入辅助目标既可以提高监督模型的泛化能力，又可以加快模型的收敛速度①。具体而言，就是优化以下目标。

$$L_3(\mathcal{C}) = L_2(\mathcal{C}) + \lambda L_1(\mathcal{C})$$

其中，λ为权重。

1.3.2 指令微调

与预训练不同，指令微调通常更有效，只需要中等数量的样本用于训练。指令微调是有监督的训练过程，其优化过程与预训练在某些方面有所不同，例如目标函数（如序列到序列的 loss）和优化的超参数（如较小的批大小和学习率）。

本质上，指令微调是在以自然语言表示的格式化样本集合上微调经过预训练的大模型的方法。为了执行指令微调，我们首先需要收集或构造满足指令格式的样本，然后使用这些格式化的样本以监督学习的方式对大模型进行微调。在指令微调后，大模型在下游任务上会表现出卓越的性能，在多语言环境中也是如此。

指令微调一般分为两步：第一步是以一定的格式构造监督数据集，数据集中的输入和输出标签都是文本形式的，可以是已有的标注文本，也可以利用大模型生成标注②。第二步是对大模型进行监督微调，更好地解决下游任务，图 1-14 是指令微调的一般流程。

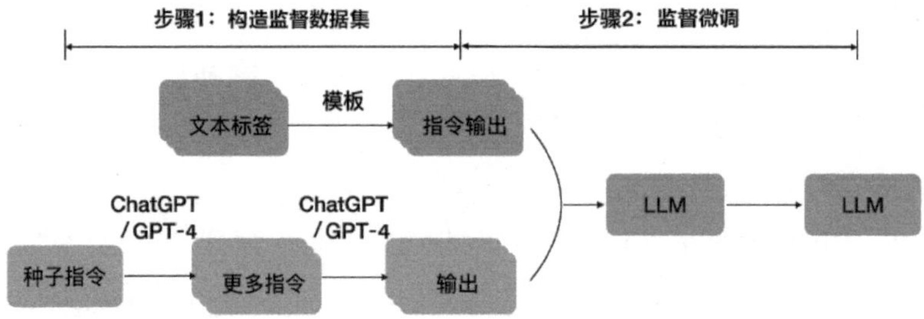

图 1-14 指令微调的一般流程

① GPT-1 就是这么做的。

② 目前国内的很多大模型就是利用 ChatGPT/GPT-4 来辅助标注的，即利用 ChatGPT/GPT-4 进行知识蒸馏。

通常通过以下 3 种方法构建监督数据集：基于开源的 NLP 数据集、基于人机对话及利用大模型合成数据，如图 1-15 所示，下面展开说明。

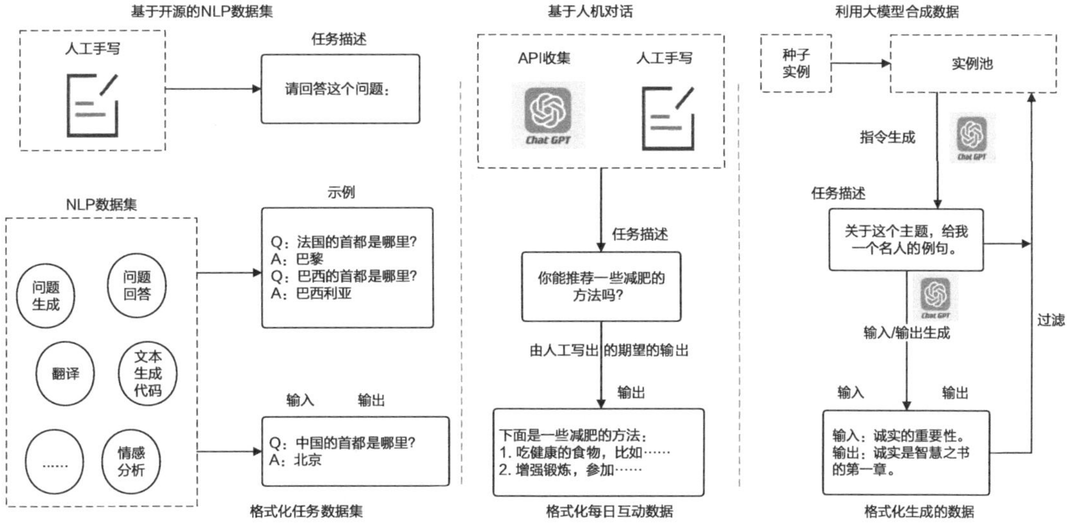

图 1-15 构建监督数据集的 3 种方法

方法 1：基于开源的 NLP 数据集

机器学习领域有过很多 NLP 标注数据集，例如文本摘要、文本分类、翻译等，利用这些 NLP 标注数据集，只需要人工增加一些任务描述，就可以构建出适合大模型处理的监督数据集，这为指令微调的监督样本提供了便捷的、多样的监督数据来源。

方法 2：基于人机对话

ChatGPT 发布后，很多人向 ChatGPT 提了很多问题，这些问题就是监督样本的输入，这些输入是真实的人类需求，可以请专家对这些问题进行专业答复（例如专业减肥方法），那么这些问题描述和对应的专家答复就是一个训练样本对。

方法 3：利用大模型合成数据

这是一种半自动化的方法。需要先有一个实例池（这里的实例就是监督样本对，一般需要 100 个左右），然后随机从实例池中抽取一个实例，让大模型生成任务描述，进一步让大模型生成输入、输出，形成新的实例，并加入实例池。这个过程可以自动化执行，以拓展监督样本，降低人工标注的成本。

基于大模型的指令微调这类监督学习任务与传统的监督学习有所区别，如图 1-16 所示。

传统监督学习使用大量的标记示例表示任务语义，构建监督数据集的过程成本很高，因此很难推广到新的任务中。图 1-16 中基于情感分析构建的监督任务无法推广到实体识别领域。而利用指令微调构建的大模型的监督学习样本更加通用，可以覆盖更多的下游任务，泛化能力更好，也可以轻松应对新的下游任务。

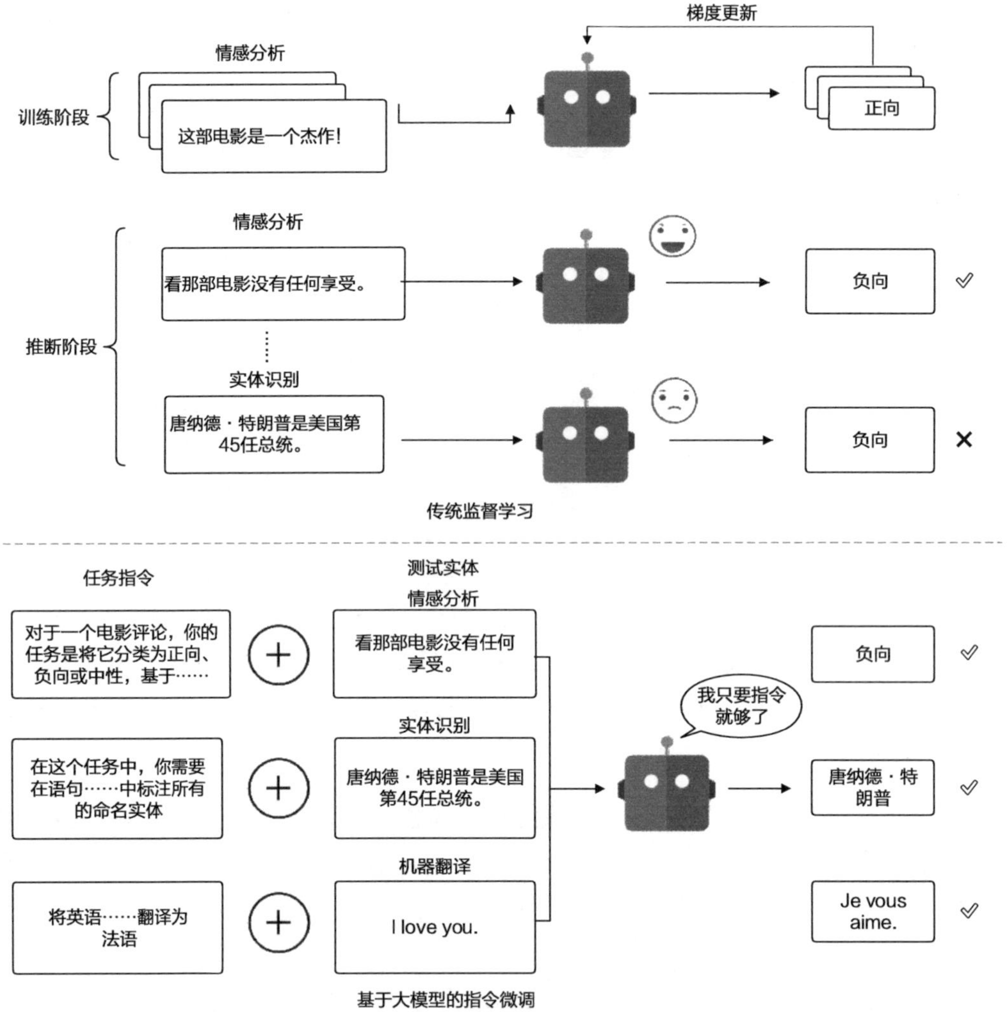

图 1-16　传统监督学习与基于大模型的指令微调的区别

有了监督微调的样本，就可以进行微调了。在指令微调的具体实现上，至少有两种方法，下面分别介绍。

第一种方法是微调整个模型，也就是说，采用梯度下降的反向传播算法更新整个模型的参数。由于大模型的参数通常较多，这种微调方法耗费时间和计算资源较多，成本太高。另外，微调可能影响模型已有的能力，使模型在某些任务上的表现变差，所以推荐使用第二种方法。

第二种方法是参数有效的微调，具体实现方法有多种，这里主要讲解 LoRA，这也是最流行的微调方法。LoRA 将大模型的每一层（到下一层）的矩阵（大模型的参数）表示为两个低阶矩阵的乘积，在微调时，大模型之前的矩阵保持不变，只微调 LoRA 在每层增加的两个低阶矩阵，参数量较第一种方法少了很多（可以减少 90%以上），训练成本低。同时，在微调时，LoRA 保持大模型之前的矩阵不变，微调好后，在微调的下游任务上使用低阶矩阵，而在其他任务上使用大模型之前的矩阵，以保持大模型本来的能力。

图 1-17 是 LoRA 的算法架构，其中左侧是大模型的网络，右侧是低阶矩阵 ***A*** 和 ***B***。后续章节中的微调代码实现大多采用 LoRA 方法。

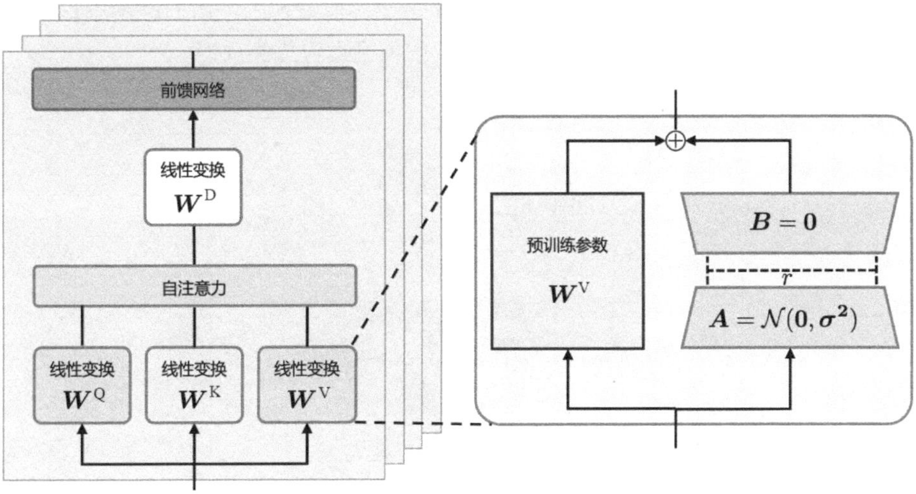

图 1-17 LoRA 的算法架构

关于指令微调的详细介绍，参见参考文献[3]和[4]。后续章节会在推荐系统的框架下讲解指令微调的方法，并给出实战案例。

1.3.3 对齐微调

大模型在广泛的 NLP 任务中显示出了非凡的能力。然而，这些模型有时可能出现意想不到的行为，例如编造虚假信息、实现不正确的目标，以及产生有害、有误导性和有偏见的言论。大模型的目标是通过 token 预处理来预训练模型参数，缺乏对人类价值观或偏好的考虑。为了避免这些意想不到的行为，学界提出了人类对齐（Human Alignment）的方法，以使大模型的行为符合人类的期望。然而，与最初的预训练和微调（例如指令微调）不同，这种调整需要考虑的标准各异（例如有用、诚实和无害）。研究表明，人类对齐在一定程度上损害了大模型的一般能力[①]，这种现象被称为**对齐税**（Alignment Tax）。

对齐的目的是让大模型可以更好地服务于人类社会，产生正向的价值。人们越来越倾向于通过制定各种标准来规范大模型的行为。这里以 3 个具有代表性的对齐标准（有用、诚实和无害）为例进行讨论，这些标准已被广泛采用。此外，大模型还有其他对齐标准，包括行为、意图、激励和内部特性，这些标准与上述 3 个标准相似[②]。

为了使大模型与人类价值观保持一致，学术界提出了人类反馈强化学习（Reinforcement Learning from Human Feedback，RLHF）。在强化学习（Reinforcement Learning，RL）中，智能体通过与环境互动（action）获得环境的反馈（feedback），基于反馈形成新的交互方式与策略，最终通过多轮互动，可以更好地从环境中学习，获得更多的综合回报，如图 1-18 所示。RLHF 利用人类的反馈数据对大模型进行微调，这有助于进一步改进模型。RLHF 采用强化学习算法（目前 PPO 算法使用广泛），通过学习奖励模型使大模型适应人类反馈。

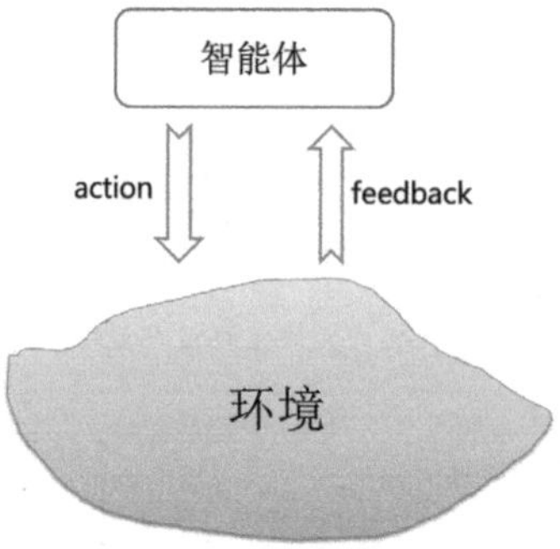

图 1-18　强化学习范式

在 RLHF 语境下，强化学习的环境就是人类，通过人类的价值观来训练奖励函数，利用奖励函数来“调教”大模型，让大模型的输出满足人类的价值偏好。这种方法将人类纳入大模型的训练循环，以开发良好对齐的大模型[③]。

RLHF 系统主要包括 3 个关键组件：预先训练的待对齐的大模型、从人类反馈中学习的奖励模型和训练大模型的强化学习算法。具体来说，预先训练的待对齐的大模型通常是一个生成模型，它是用现有的预训练的大模型参数初始化的。例如，OpenAI 将 175B GPT-3 作为其 RLHF 模型（InstructGPT）待对齐的大模型，DeepMind 将拥有 2800 亿个参数的模型 Gopher 作为其 GopherCite 模型的待对齐大模型。

① 为了实现人类对齐，大模型在其他任务上的表现变差了。

② 或至少从技术处理上相似。

③ InstructGPT 模型就将 RLHF 作为核心方法。

此外，奖励模型（RM）通常以标量值的形式（例如 0～1，值越大代表跟人类价值观越匹配）提供反映人类对大模型生成的文本的偏好的监督信号[①]。奖励模型可以采用微调的大模型或使用人类偏好的数据从头训练的大模型。通常将与待对齐的大模型参数规模不同的大模型作为奖励模型。例如，OpenAI 使用 6B GPT-3、DeepMind 使用 7B Gopher 作为奖励模型。

为了使用来自奖励模型的信号来优化预训练的待对齐的大模型，需要设计一种用于调整大模型的特定强化学习算法。图 1-19 是 RLHF 算法的工作流，主要有如下 3 个步骤。

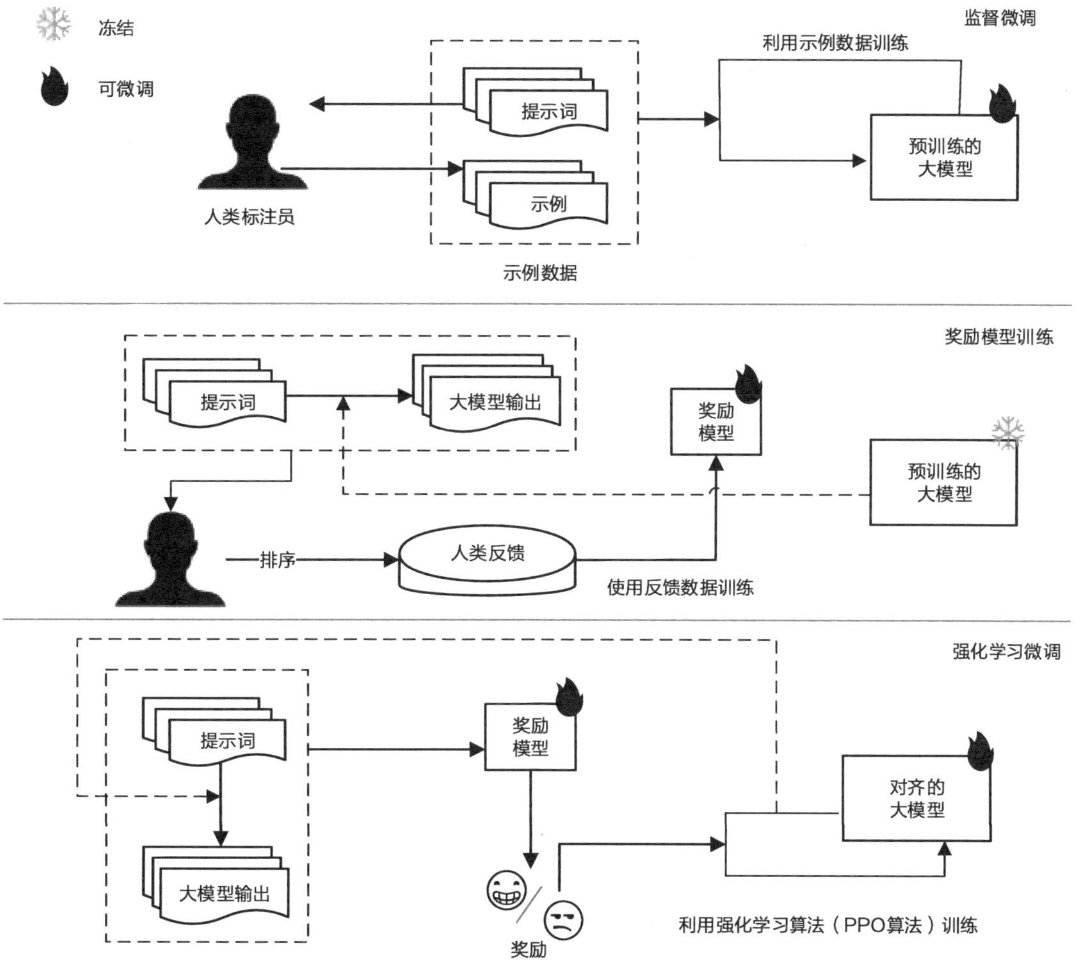

图 1-19 RLHF 算法的工作流

① 通过人类反馈来说明生成文本是否有用、是否诚实、是否无害。

（1）监督微调。为了获得大模型最初执行所需的行为，需要收集监督数据集，该数据集包含用于微调大模型的提示词（指令）和输出。这些提示词和输出可以是由人类标注员为某些特定任务编写的，同时需要确保任务的多样性（主要目的是提升模型的泛化能力）。例如，InstructGPT 要求人类标注员为一些生成性任务（如开放式 QA、头脑风暴、聊天和改写）编写提示词（如列出让我对工作重新充满热情的 5 个想法）和输出。这与指令微调的方法类似，在某些情况下可以省略。

（2）奖励模型训练。使用人类反馈数据来训练奖励模型。具体而言，我们首先将大模型用来抽样的提示词（来自监督数据集或人工生成的提示词）作为输入来生成一定数量的输出文本。然后邀请人类标注员来评估这些输入–输出对的质量。标注过程可以以多种形式进行，一种常见的方法是对生成的多个候选文本分别打分排序，以减少标注者之间的不一致性。最后训练奖励模型，以预测满足人类偏好的输出。在 InstructGPT 中，标注者将模型生成的输出从最好到最差进行排序，并训练奖励模型（6B 的 GPT-3）来预测排序。

（3）强化学习微调。将大模型的对齐微调形式化为强化学习问题。用预先训练的大模型充当策略，该策略将提示词作为输入并返回输出文本，其动作空间是整个词汇表，状态是当前生成的 token 序列，并且由奖励模型提供奖励。为了避免与初始（调整前）大模型显著偏离，惩罚项通常被加入奖励函数。例如，InstructGPT 使用 PPO 算法针对奖励模型优化大模型。对于每个输入提示，InstructGPT 计算当前大模型和初始大模型的生成结果之间的 KL 偏差作为惩罚项。第 2 步和第 3 步可以多次迭代，以便更好地对齐大模型，使其符合人类的期望。

目前，OpenAI 内部正在进行一个特殊的项目——超级对齐。使用小模型来监督大模型（例如利用 GPT-2 监督已完成预训练但没有经过微调和 RLHF 的 GPT-4），并辅以置信损失等方法，激发大模型的能力，可以让没有被微调过的 GPT-4 至少达到微调后的 GPT-3.5 的水平，如图 1-20 所示。

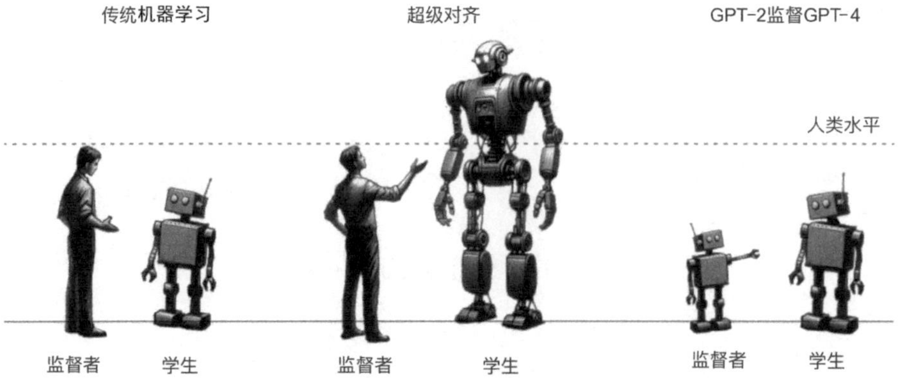

图 1-20　3 种不同的对齐微调

关于 RLHF 的详细介绍，可以从参考文献[5~7]中获得更多的信息，第 6 章会基于推荐系统讲解 RLHF 的具体案例。

1.4 大模型在线学习

一般来说，当大模型需要解决特定领域的问题或者小模型想要产生更好的效果时，需要对模型进行微调。如果模型足够大（例如 GPT-4 这种体量的模型），那么它本身就能完成非常多的下游任务，并且效果相当惊艳，这也是大模型最吸引人的地方。最理想的情况是，通过一次预训练，大模型就能完成所有的下游任务。本节就介绍这方面的尝试：当大模型预训练好后，直接利用大模型压缩的世界知识进行推理，解决现实问题。

在预训练或微调之后，可以通过合适的提示词策略使用大模型。一种典型的提示方法是上下文学习（In-Context Learning，ICL），它以自然语言文本的形式描述任务或提供示例（Demonstration），然后输入大模型获得答案。还可以在提示中插入一系列中间推理步骤，即思维链（CoT），来增强大模型的上下文学习能力。此外，还有一种执行复杂任务的方法——规划（Planning），该方法首先将任务分解为较小的子任务，然后生成一个行动计划来逐个完成这些子任务，最终获得原始问题的答案。

1.4.1 提示词

提示词是使用大模型完成各种任务的主要方法，也是非专业人士使用大模型的唯一方法。这种方法可以让我们使用自然语言与大模型交互，具备可操作性。由于提示词的质量可以在很大程度上影响大模型在特定任务中的效果，因此可以使用某些原则和技巧手动创建合适的提示词，让大模型输出更好的结果。

手动创建提示词的过程也称为提示词工程（Prompt Engineering）。精心设计的提示词有助于引导大模型完成特定任务。为了帮助你写出更合适的提示词，下面从提示词的组成部分和设计提示词的原则两个维度提供一些建议。

1. 提示词的组成部分

一个功能完整的提示词可以让大模型更好地服务于我们的任务，产出更符合我们预期的结果。一般来说，提示词包括如下 4 部分。

- 任务描述。

任务描述（Task Description）指需要大模型遵循的特定指令。一般来说，应该用自然语言清楚地描述任务目标。对于具有特殊输入或输出格式的任务，通常需要详细地说明，并且可以进一步利用关键字来突出显示特殊设置，以便更好地指导大模型完成任务。

- 输入数据。

在常见情况下，用自然语言描述输入数据（大模型要回答的问题）很简单。对于特殊的输入数据（Input Data），如知识图谱和表格，有必要采用适当而方便的方式提升其可读性。对于结构化数据，通常按顺序将原始记录（例如知识三元组）转换为序列。此外，编程语言（例如可执行代码）也被看作结构化数据，可以让大模型利用外部工具（例如程序执行器）来产生精确的结果。

- 上下文信息。

除了任务描述和输入数据，上下文信息（Contextual Information）或背景信息对于特定任务也是必不可少的，例如，检索到的文档对开放式问答非常有用。检索到的文档的质量及其与问题的相关性会对生成的答案产生影响，因此需要在适当的提示词模板或表达格式中包含上下文信息。此外，上下文任务示例有助于引导大模型完成复杂任务，它可以更好地描述任务目标、特殊的输出格式，以及输入和输出之间的映射关系。

- 提示词风格。

对于不同的大模型，设计一种合适的提示词风格（Prompt Style）来激发它们解决特定任务的能力也是很重要的。总的来说，提示词应该是一个清晰的问题或详细的说明，让大模型能够很好地理解和回答。在某些情况下，可以通过添加前缀或后缀更好地指导大模型。例如，使用前缀“让我们一步一步地思考”有助于引导大模型逐步推理，使用前缀“你是该领域的专家”可以提升大模型在某些特定任务中的性能。此外，对于基于聊天的大模型（例如 ChatGPT），建议将提示词分解为子任务的多个提示词，然后通过多回合对话将其输入大模型，而不是直接输入长的或复杂的任务提示词。

2. 设计提示词的原则

好的提示词可以让大模型输出的结果更符合要求，但这需要经验。不过，下面 4 个基本原则可以为你提供一些指导。

- 清晰地描述任务目标。

任务描述不应模棱两可或不清楚，这可能导致不准确或不恰当的回答。清晰而详细的描述应包含解释任务的各种元素，包括任务目标、输入/输出数据（例如，给定一个长文档，我希望你生成一个简明的摘要）和响应约束（例如，摘要的长度不能超过 50 字）。通过提供清晰的任务描述，大模型可以更有效地理解目标任务并生成所需的输出。

- 分解为简单的、详细的子任务。

对于复杂任务，重要的是将其分解为几个更容易、更详细的子任务，以帮助大模型逐步实现目标。例如，我们可以以编号的形式明确地列出子任务。通过将目标任务分解为子任务，大模型可以专注于解决更容易的子任务，并最终对复杂任务给出准确性更高的结果。

- 提供几个示例。

大模型可以从解决复杂任务的上下文学习中获得帮助，提示词可以包含输入–输出对形式的少量任务示例，即 few-shot 示例[①]。few-shot 示例可以帮助大模型学习输入和输出之间的语义映射。在实践中，建议为目标任务提供一些高质量的示例，这能有效促成最终任务的执行。

- 使用对模型友好的格式。

由于大模型是在专门构建的数据集上预训练的，因此有一些提示格式可以使大模型更好地理解指令。OpenAI 官方文档建议将 ### 或 """ 作为停止符号来分隔指令和上下文，以便大模型更好地理解。大多数现有的大模型使用英语执行任务的效果更好，因此使用英语指令来完成困难任务是更友好的。

以上基础知识和技巧可以帮助你写出不算太差的提示词。写出有效的提示词需要多实践，多积累相关经验。希望你多用大模型，体会其中的奥妙。

1.4.2 上下文学习

上下文学习也叫情境学习[8]，通过使用格式化的自然语言提示词（包括任务描述或任务示例），让大模型解决特定的问题。图 1-21 左侧是上下文学习的示意图。首先提供任务描述，同时从任务数据集中选择几个样本（few-shot 学习）或者不选择任何样本（zero-shot 学习）作为示例；然后将它们以特定的顺序组合在一起，形成模板化的自然语言提示词；最后将待测试的查询实例（一般是符合某种模板的自然语言）附加到示例中，作为大模型的输入。基于任务示例，大模型可以在没有显式梯度更新的情况下识别并执行新任务。

设$D_k=\{f(x_1,y_1),f(x_2,y_2),\cdots,f(x_k,y_k)\}$表示一组具有$k$个示例的样本集，其中$f(x_k,y_k)$是将第$k$个任务示例转换为自然语言提示的提示函数。给定任务描述 I、示例D_k和新的输入查询x_{k+1}，大模型生成的输出$\hat{y}_{k+1}$的预测可以表示为以下形式。

$$\text{LLM}\left(I,\underbrace{f(x_1,y_1),f(x_2,y_2),\cdots,f(x_k,y_k)}_{\text{demonstrations}},f\left(\underbrace{x_{k+1}}_{\text{input}},\underbrace{\_\_}_{\text{answer}}\right)\right)\rightarrow\hat{y}_{k+1}$$

其中实际预测结果$\hat{y}_{k+1}$被留白，待大模型预测。由于上下文学习的性能在很大程度上依赖示例，因此在提示词中正确设计示例非常重要。

---

① 类似于教小学生两位数乘法时，先给他们演示几个案例。

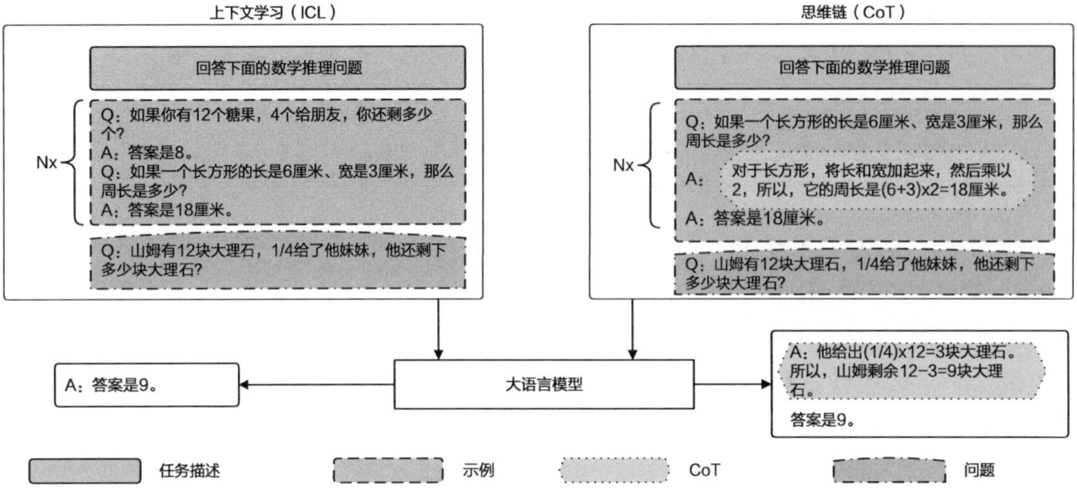

图 1-21　上下文学习和思维链提示词的比较（上下文学习用任务描述、几个示例和一个查询提示大模型，而思维链提示词涉及一系列的中间推理步骤）

1.4.3　思维链提示词

思维链[9]提示词是一种改进的提示策略，用于提升大模型在复杂推理任务上的表现，如算术推理、常识推理和符号推理。思维链没有像上下文学习那样简单地用输入–输出对构建提示词，而是增加了中间推理步骤，用于引导最终输出，如图 1-21 右侧所示。

下面详细说明如何将上下文学习和思维链结合，以及思维链提示词何时有效、为何有效。通常，思维链可以以两种方式与上下文学习一起使用，即少样本思维链（few-shot CoT）和零样本思维链（zero-shot CoT）。

少样本思维链是上下文学习的一种特殊情况，它结合了思维链推理步骤，将每个示例的<输入, 输出>扩充为<输入, 思维链, 输出>。设计恰当的思维链提示词对于激发大模型的复杂推理能力至关重要。作为一种直接的方法，使用不同的思维链（每个问题有多个推理路径）可以有效提高学习能力（类似于通过题海战术提高解题能力）。具有复杂推理路径的提示词更有可能激发大模型的推理能力（类似于学会了做大学数学题，再做高中数学题就不在话下），这可以提高生成答案的准确性。然而，所有这些方法都依赖带标注的思维链数据集，这限制了它们在实践中的使用。为了克服这一局限性，Auto-CoT 利用零样本思维链，通过特定的提示词让大模型生成思维链推理路径，从而减少人工标注。

与少样本思维链不同，零样本思维链提示词中不包括人工标注的任务示例。相反，它直接生成推理步骤思维链，然后据此推导出答案。零样本思维链首先让大模型在“让我们一步一步思考”的提示词下生成推理步骤，然后在“因此，答案是”的提示词下得出最终答案。当模型大小超过一定规模时，这种策略会大大提高模型的效果，但对小模型无效，这表明大模型的涌现能力与模型规模高度相关。

尽管思维链能让复杂推理任务的效果有所提高，但思维链提示词仍然存在推理错误和不稳定等问题。其实，通过设计更好的思维链提示词和增强的思维链生成策略，可以提升思维链的推理能力。图 1-22（从左到右）是典型的思维链提示词策略的演变过程，下面简单介绍。

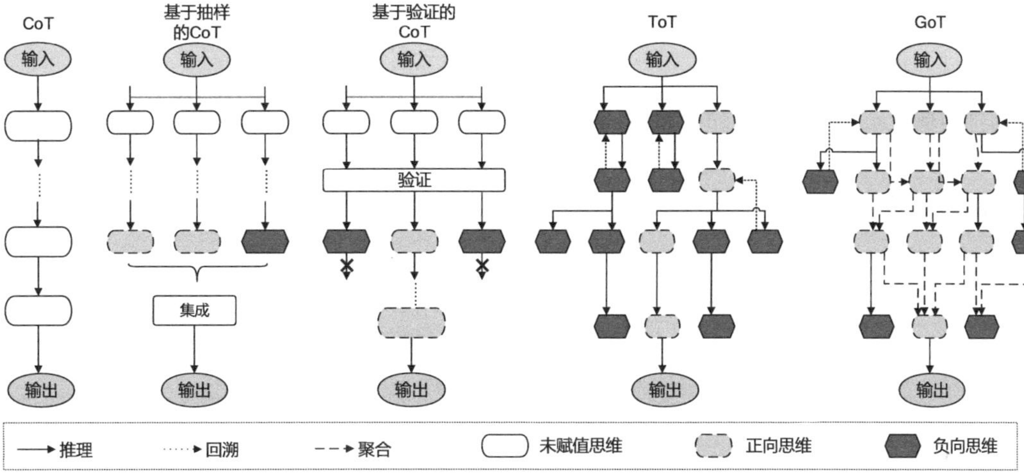

图 1-22　典型的思维链提示词策略的演变过程

1. 设计更好的提示词

一般来说，使用多个推理步骤（类似于通过多种方法解答一道题），或者用更长的推理步骤（类似于利用更高阶的知识给出更复杂的解题方法）可以激发大模型的推理能力，让思维链获得更好的效果。但这依赖标注好的思维链数据集，限制了该方法使用的广度。

2. 生成增强的思维链

大模型可能会产生不正确的推理步骤或者不稳定的生成过程。一般可以用基于抽样或者验证的方法来提升大模型的思维链能力。

- 基于抽样的方法。

该方法对多个推理步骤分别生成结果，然后对多个结果进行投票，使用类似于集成算法的思路获得最终结果。为了让结果更准确，还可以利用 K 个最复杂的推理步骤进行投票①。

- 基于验证的方法。

---

① 这是建立在“复杂的推理步骤会获得更好的结果”这一假设基础上的。

推理步骤是一种流水线的结构，前面步骤的错误会累积到后续步骤中，因此自然可以想到对前面的步骤进行验证。可以基于新训练的验证器（一种机器学习算法）进行验证，或者利用大模型本身进行验证。

3. 推理结构延展

基础的思维链的链式推理结构限制了它解决复杂问题的能力，因为解决复杂问题往往需要向前探索或者回溯。为了解决此问题，可以优化传统的链式思维链结构，构建思维树（Tree of Thought，ToT）或思维图（Graph of Thought，GoT）推理结构。

- 思维树推理结构。

这种推理方法类似于层次的树状结构，在分层树结构中确定推理过程，中间思维是节点。通过这种方式，大模型能够并行探索多个推理路径，并进一步支持向前探索和回溯，以形成更全面的决策。

- 思维图推理结构。

尽管思维树推理结构有助于并行推理，但它也对推理过程施加了限制。更复杂的拓扑结构使思维图在推理方面具有更大的灵活性，从而能够表征更复杂的关系和交互。GoT 将推理过程概念化为任意图，其中顶点表示中间思维，边表示这些思维之间的依存关系。与 ToT 相比，GOT 可以在生成新思维时进一步利用其他推理路径的思维。然而，这种方法需要与大模型进行大量的交互，这使得思维探索过程效率非常低。

1.4.4 规划

上下文学习和思维链提示词的概念简单，比较通用，但难以处理复杂的任务，如数学推理和多跳（multi-hop）问答。一种基于提示词的规划方法（prompt-based planning）由此被提出，这个方法将复杂的任务分解为更小的子任务，并生成完成任务的行动计划。具体步骤可以参考图 1-23，下面简单说明具体细节。

在这个技术范式中通常有 3 个组成部分：任务规划器（Task Planner）、计划执行器（Plan Executor）和环境（Environment）。具体来说，由大模型扮演的任务规划器旨在生成完成目标任务的整个计划。计划可以以不同的形式存在，例如，自然语言形式的动作序列或用编程语言编写的可执行程序。计划执行器则负责执行计划中的行动，它既可以通过面向文本任务的大模型实现，也可以通过面向具体任务的机器人等对象实现。环境指计划执行器执行任务的地方，可以根据具体任务进行设置，例如大模型本身或《我的世界》（Minecraft）等外部虚拟世界。它以自然语言或其他多模态信号的形式向任务规划器提供有关动作执行结果的反馈。

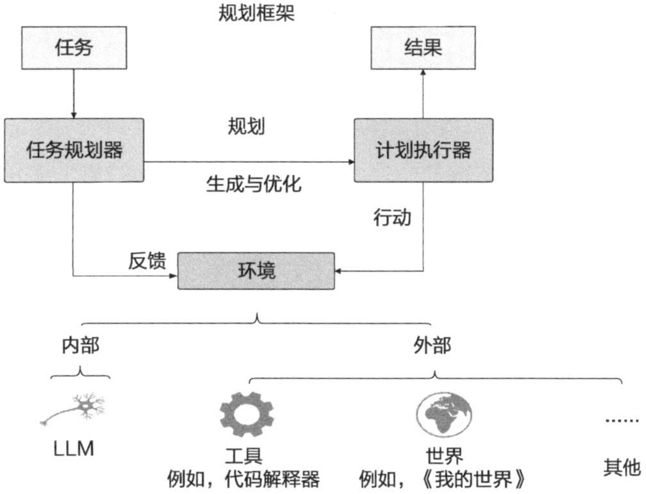

图 1-23　基于提示词的规划方法

面对复杂任务，任务规划器首先需要清楚地理解任务目标，并根据大模型的推理生成合理的计划。然后，计划执行器根据计划行事，环境会为任务规划器生成反馈。任务规划器可以结合从环境中获得的反馈完善其初始计划，形成新的方案，并迭代执行上述步骤，以获得更好的结果。

1.5　大模型推理

大模型具有强大的语言生成、知识记忆及推理能力，获得了越来越多人的青睐，并逐步在商业上得到大规模应用。然而大模型的推理应用成本过高，大大阻碍了技术落地。因此，大模型的推理性能优化成为业界研究的热点。

大模型推理面对计算资源和计算效率的挑战，优化推理性能不仅可以减少硬件成本，还可以提高模型的实时响应速度。它使模型能够更快速地执行自然语言理解、翻译、文本生成等任务，从而改善用户体验，加速科学研究，推动各行各业应用的发展。

大模型推理服务重点关注两个指标：吞吐量和时延。

吞吐量：主要从系统的角度来看，即系统在单位时间内能处理的 token 数目。计算方法为系统处理完成的 token 数目除以对应耗时，其中，token 数目一般指输入序列和输出序列长度之和。吞吐量越高，代表大模型服务系统的资源利用率越高，对应的系统成本越低。

时延：主要从用户的视角来看，即用户平均收到每个 token 所需的时间。计算方法为用户从发出请求到收到完整响应所需的时间除以生成序列长度。一般来讲，当时延不大于 50 ms 时，用户使用体验会比较流畅。

吞吐量影响系统成本，吞吐量高代表系统单位时间处理的请求多，系统利用率高。时延影响用户使用体验，即返回结果要快。这两个指标一般情况下会相互影响，因此需要权衡。

高效推理是大模型应用中最关键的一环，对大模型在商业上的成功应用至关重要。目前有很多创业公司专注于高效推理，例如被收购的一流科技的原班人马新成立了一家专门做大模型推理的公司——硅基流动。

1.5.1 高效推理技术

高效推理方面的学术探索非常多，这里介绍几个比较核心的技术，包括这些技术的基本原理、能解决的问题，以及为大模型推理带来的价值。

1. FlashAttention 机制

Transformer 的计算复杂度和空间复杂度随序列长度 N 的增长呈指数级增长，所以处理长 token 非常消耗显存。FlashAttention 机制就是为解决该问题而提出的，它可以减少内存带宽，以最小化 I/O 操作的数量，从而加快在 GPU 上处理的速度。作为一种优化的 Attention 实现，FlashAttention 利用算子融合来减少内存带宽瓶颈。

2. 低比特量化技术

在神经网络压缩中，量化（Quantization）通常指从浮点数到整数的映射过程，尤其是 8 位整数量化（INT8 量化）。对于神经网络模型，通常有两种数据需要量化——权重（模型参数）和（隐藏层）激活值，它们最初以浮点数表示。

为了说明模型量化的基本思想，引入一个简单但流行的量化函数：$x_{\mathrm{q}} = R(x/S) - Z$，它将浮点数$x$转换为量化值$x_{\mathrm{q}}$。在该函数中，$S$和$Z$分别表示缩放因子（涉及决定削波范围的参数$\alpha$和$\beta$）和零点因子（决定对称或非对称量化），$R(.)$表示将缩放后的浮点值映射为近似整数的舍入运算。

相反的过程为从量化值中恢复原始值：$\tilde{x} = S \cdot \left(x_{\mathrm{q}} + Z\right)$。量化误差被计算为原始值$x$和恢复值$\tilde{x}$之间的数值差。范围参数$\alpha$和$\beta$对量化性能有很大影响，通常需要根据实际数据分布情况以静态（离线）或动态（运行时）方式对量化性能进行校准。

3. 剪枝

剪枝（Pruning）是量化的一种补充后训练技术（类似于决策树的剪枝操作），目的是去除给定模型的部分权重，而不降低其性能。修剪有结构化和非结构化两种模式：结构化稀疏模型用更小但密集的部分代替模型的密集部分；非结构化稀疏模型包含值为零的权重，修剪后不会影响网络的行为。

4. 混合专家

混合专家（MoE）结构通常由一组专家（模块）和一个门控网络组成，每个专家具有唯一的权重，门控网络确定哪个专家处理输入。混合专家模型不会同时使用所有专家，而只激活其中的一个子集，从而减少了推理时间。此外，在模型分布式设置中，可以通过将每个专家放在单独的加速器上减少设备之间的通信：只有托管门控网络和相关专家的加速器需要通信。

GPT-4 采用了混合专家结构，该结构可以在推理过程中节省大量的计算资源和成本。法国大模型初创公司 Mistral AI（创始人来自 Meta 和 DeepMind）开源的 Mixtral-8x7B MoE 也采用了混合专家结构。

5. 解码策略

解码策略可以极大地影响推理的计算成本。例如，集束搜索是对计算量和更好推理效果的一种权衡策略。计算成本较高的解码方案的另一个例子是采样并排序（Sample-and-Ranking）：先通过随机采样构造N个无关的 token 序列$y_1, y_2, \cdots, y_N$，然后将最高概率序列作为最终输出。

以延迟为导向的策略，如推测采样（Speculative Sampling），首先使用较小的 draft 模型自回归生成长度为K的草稿；然后使用较大的目标模型对 draft 模型进行评分，最后采用类似拒绝采样的机制，从左到右接收 token 的子集作为最终模型的输出。

1.5.2 高效推理软件工具

上面提到的是一些重要的提升大模型推理性能的方法，这些方法已经在一些软件工具中实现了，下面对两个主流的高效推理软件工具进行介绍。

1. DeepSpeed-MII

DeepSpeed-MII 是微软开发的一个深度学习优化库（与 PyTorch 兼容），重点关注高吞吐量、低延迟和成本效益。它的功能包括块 KV 缓存、连续批处理、动态分割使用、张量并行和高性能 CUDA 内核，以支持大模型（如 LLaMA 2-70B、Mixtral8x7B（MoE）和 Phi-2）的快速高产出的文本生成。

2. vLLM

vLLM 是一个快速、内存高效、易于使用的大模型推理和服务库。为了实现快速推理，它经过了特别优化，具有高服务吞吐量，使用 PagedAttention 的有效注意力内存管理、连续批处理和优化的 CUDA 内核。此外，vLLM 还支持各种解码算法、张量并行和流式输出。为了方便与其他系统的集成，vLLM 支持使用 Hugging Face 模型，还提供了与 OpenAI 兼容的 API。

1.6 总结

本章介绍了大模型相关的基础知识，这些知识有助于你更好地理解大模型的概念和核心思想。

在后续进行大模型实战时，大模型相关资源可以提供一些方向性的指导。大模型预训练的流程和步骤是必须掌握的核心知识点。

同时，本章简单梳理了对大模型进行微调的技术原理，涵盖指令微调和对齐微调。这两类微调方法是大模型特有的方法，也是大模型能够有如此强大学习能力的关键。指令微调可以让大模型更好地完成下游任务，更好地按照人类自然语言的交互方式解决问题。对齐微调可以让大模型的输出更加可控、安全、准确，只有通过对齐，大模型才能真正为社会创造正向价值、造福人类。

大模型在线学习和高效推理也是本章的核心知识点。由于大模型压缩了海量世界知识，预训练好后的大模型就具备直接用于推理的能力。由于大模型使用自然语言进行交互，我们可以通过自然语言的方式来解决下游问题。

提示词是我们与大模型进行高效互动的关键，在大模型时代，每个人都需要掌握提示词使用技巧。为了让大模型的能力得到更大程度的发挥，我们可以采用上下文学习、思维链、规划等高阶的提示词技巧，让大模型从人类学习和解决问题的方式中找到原型。

由于参数规模巨大和 Transformer 架构的特殊性，大模型在推理时需要消耗大量资源，因此，高效推理是大模型应用的关键，目前有非常多的方法和工具供我们使用。

大模型能够成功的最大原因是科学家一直坚信**可以通过增加样本来更好地预测下一个词，从而突破模型的能力**，这也是 OpenAI 坚守的第一性原理。这一原理相当朴素简单，与机器学习中的“奥卡姆剃刀”原理（如无必要，勿增实体）有异曲同工之妙，然而，简单的真理往往容易被人忽视。在坚持第一性原理的基础上，剩下的就是如何利用海量的数据、庞大的计算资源产生“大力出奇迹”的效果，OpenAI 做到了，这才有了现在的大模型革命。

02 数据准备与开发环境准备

第 1 章讲解了大模型的基础知识。本章开始深入讲解大模型推荐系统的技术原理、细节及代码实现，通过详细的分析和代码案例，帮你掌握大模型推荐系统的核心知识。

在开启大模型推荐系统探索之旅前，我们需要做一些准备工作。数据是大模型的原料，同时，需要提前搭建好大模型推荐系统的开发平台，方便后面的代码实战。

2.1 MIND 数据集介绍

第 4～7 章将微软开源的新闻数据集 MIND 作为数据原料，讲解大模型推荐系统的 4 种范式。这个数据集的数量足够大，应用场景也比较通用，希望你详细了解并提前下载该数据集，最好事先对数据进行一些分析和探索。

MIND 是用于新闻推荐研究的大型数据集[1,2]，是从微软新闻网站的匿名行为日志中收集的。其任务是作为新闻推荐的基准数据集，促进新闻推荐和推荐系统领域的研究。

MIND 数据集包含约 16 万篇英文新闻文章和 100 万个用户生成的 1500 多万条曝光日志。每篇新闻文章都包含丰富的文本内容，包括标题、摘要、正文、类别和实体。每个曝光日志都包含该用户在此之前的点击事件、未点击事件和历史新闻点击行为。为了保护用户隐私，每个用户都会安全地散列到匿名 ID 下。

MIND 数据集包含 3 部分，分别是训练集、验证集、测试集，每个数据集的数据结构都是类似的，包含 4 个文件，具体说明如下。

- news.tsv：新闻文章的信息。
- behaviors.tsv：用户的点击历史记录和曝光日志。
- entity_embedding.vec：从知识图中提取新闻实体的嵌入表示。

- relation_embedding.vec：从知识图中提取实体之间关系的嵌入表示。

下面分别对这 4 个文件进行详细说明。

1. news.tsv

news.tsv 包含 8 个字段，是对新闻各个维度信息的描述，如表 2-1 所示。

表 2-1 news.tsv 的详细说明

字 段	说 明	例 子
News ID	新闻的唯一 ID	N23144
Category	新闻所属的类目	health
Subcategory	子类目	weightloss
News Title	新闻标题	50 Worst Habits For Belly Fat
News Abstract	新闻摘要	These seemingly harmless habits are holding you back and keeping you from shedding that unwanted belly fat for good
News URL	新闻的 URL 地址	https://assets.XXX.com/labs/mind/AAB19MK.html
Entities in News Title	新闻标题中的实体	[{"Label": "Adipose tissue", "Type": "C", "WikidataId": "Q193583", "Confidence": 1.0, "OccurrenceOffsets": [20], "SurfaceForms": ["Belly Fat"]}]
Entities in News Abstract	新闻摘要中的实体	[{"Label": "Adipose tissue", "Type": "C", "WikidataId": "Q193583", "Confidence": 1.0, "OccurrenceOffsets": [97], "SurfaceForms": ["belly fat"]}]

下面给出一条真实的数据样本，方便你更直观地了解。

```
N23144   health   weightloss   50 Worst Habits For Belly Fat  These seemingly harmless
habits are holding you back and keeping you from shedding that unwanted belly fat for good.
    https://assets.msn.com/labs/mind/AAB19MK.html    [{"Label": "Adipose tissue",
"Type": "C", "WikidataId": "Q193583", "Confidence": 1.0, "OccurrenceOffsets": [20],
"SurfaceForms": ["Belly Fat"]}]    [{"Label": "Adipose tissue", "Type": "C",
"WikidataId": "Q193583", "Confidence": 1.0, "OccurrenceOffsets": [97], "SurfaceForms":
["belly fat"]}]
```

这里的实体（表 2-1 中最后两行的数据结构）是一个列表，代表多个实体，每个实体是一个字典，字典的键描述如下。

- Label：Wikidata knwoledge 图中的实体名称。
- Type：此实体在 Wikidata 中的类型。
- WikidataId：Wikidata 中的实体 ID。
- Confidence：实体链接的置信度。
- OccurrenceOffsets：标题或摘要文本中的字符级实体偏移量。
- SurfaceForms：原始文本中的原始实体名称。

2. behaviors.tsv

behaviors.tsv 是新闻的曝光数据，每条记录都代表一次曝光，包含 5 个字段，具体如表 2-2 所示。

表 2-2 behaviors.tsv 的详细说明

字 段	说 明	例 子
Impression ID	曝光 ID	2232746
User ID	用户唯一 ID	U151246
Impression Time	曝光时间	11/13/2019 12:42:51 PM
User Click History	用户点击历史，是曝光时间之前用户点击过的新闻	N27587 N49668
Impression News	曝光的新闻，是曝光中显示的新闻	N39887-1 N22811-0 N110709-1 N1923-0 N24001-1 N76677-0 N123968-0 N4504-0 N48188-0 N75618-0 N88472-0 N127572-1 N53474-0 N82233-0 N100261-0 N13761-0 N94594-0 N79044-0 N27862-0 N120573-0 N124677-0 N10285-1 N27028-0

这里说明一下，曝光的新闻的格式如下。

```
[News ID 1] [label1] ... [News ID n] [labeln]
```

标签表示用户是否点击了新闻，1 代表用户点击了，0 代表没有点击。用户点击历史和曝光的新闻中的所有信息都可以在新闻数据文件中找到。

下面是一条真实的曝光数据的样本。

```
2232746  U151246  11/13/2019  12:42:51  PM  N27587  N49668  N39887-1  N22811-0
N110709-1  N1923-0  N24001-1  N76677-0  N123968-0  N4504-0  N48188-0  N75618-0  N88472-0
N127572-1  N53474-0  N82233-0  N100261-0  N13761-0  N94594-0  N79044-0  N27862-0
N120573-0  N124677-0  N10285-1  N27028-0
```

3. entity_embedding.vec 和 relation_embeddings.vec

entity_embedding.vec 和 relation_embeddings.vec 包含通过 TransE 方法从子图（来自 WikiData 知识图）中学习的实体和关系的 100 维嵌入表示。在这两个文件中，第一列是实体/关系的 ID，其他列是嵌入向量值。这些数据主要为知识感知类新闻推荐提供数据支持，本书不会用到。下面是一个真实的样本。

实体/关系的 ID：Q42306013

嵌入值：0.014516 -0.106958 0.024590 ... -0.080382

2.2 Amazon 电商数据集介绍

本节详细介绍 Amazon 电商数据集，第 8 章的实战案例中会使用这个数据集。这个数据集覆盖面广，在学术论文中多次出现。

Amazon 电商数据集包含衣服、书、电子产品、游戏等 29 个门类的数据，如图 2-1 所示。

Amazon Fashion	reviews (883,636 reviews)	metadata (186,637 products)
All Beauty	reviews (371,345 reviews)	metadata (32,992 products)
Appliances	reviews (602,777 reviews)	metadata (30,459 products)
Arts Crafts and Sewing	reviews (2,875,917 reviews)	metadata (303,426 products)
Automotive	reviews (7,990,166 reviews)	metadata (932,019 products)
Books	reviews (51,311,621 reviews)	metadata (2,935,525 products)
CDs and Vinyl	reviews (4,543,369 reviews)	metadata (544,442 products)
Cell Phones and Accessories	reviews (10,063,255 reviews)	metadata (590,269 products)
Clothing Shoes and Jewelry	reviews (32,292,099 reviews)	metadata (2,685,059 products)
Digital Music	reviews (1,584,082 reviews)	metadata (465,392 products)
Electronics	reviews (20,994,353 reviews)	metadata (786,868 products)
Gift Cards	reviews (147,194 reviews)	metadata (1,548 products)
Grocery and Gourmet Food	reviews (5,074,160 reviews)	metadata (287,209 products)
Home and Kitchen	reviews (21,928,568 reviews)	metadata (1,301,225 products)
Industrial and Scientific	reviews (1,758,333 reviews)	metadata (167,524 products)
Kindle Store	reviews (5,722,988 reviews)	metadata (493,859 products)
Luxury Beauty	reviews (574,628 reviews)	metadata (12,308 products)
Magazine Subscriptions	reviews (89,689 reviews)	metadata (3,493 products)
Movies and TV	reviews (8,765,568 reviews)	metadata (203,970 products)
Musical Instruments	reviews (1,512,530 reviews)	metadata (120,400 products)
Office Products	reviews (5,581,313 reviews)	metadata (315,644 products)
Patio Lawn and Garden	reviews (5,236,058 reviews)	metadata (279,697 products)
Pet Supplies	reviews (6,542,483 reviews)	metadata (206,141 products)
Prime Pantry	reviews (471,614 reviews)	metadata (10,815 products)
Software	reviews (459,436 reviews)	metadata (26,815 products)
Sports and Outdoors	reviews (12,980,837 reviews)	metadata (962,876 products)
Tools and Home Improvement	reviews (9,015,203 reviews)	metadata (571,982 products)
Toys and Games	reviews (8,201,231 reviews)	metadata (634,414 products)
Video Games	reviews (2,565,349 reviews)	metadata (84,893 products)

图 2-1　Amazon 电商数据集的 29 个门类

图 2-1 的第 1 列是所有的门类，第 2 列是用户评论数据（reviews），第 3 列是商品的元数据（metadata）。下面对用户评论数据和元数据展开说明。

用户评论数据中包含 11 个字段，具体如下。

- reviewerID：评论者（用户）的 ID，如 A2SUAM1J3GNN3B。
- asin：商品 ID，如 0000013714。
- reviewerName：评论者的名字。
- vote：评论的赞成数（有多少人认同了用户的评论）。
- style：产品元数据的字典，例如“格式”是“精装本”。
- reviewText：评论的正文。

- overall：产品的评级。
- summary：评论的概要。
- unixReviewTime：评论的时间（UNIX 时间）。
- reviewTime：评论的时间。
- image：用户收到产品后发布到 Amazon 网上的图片（评论的时候会附带图片）。

下面给出一个 JSON 格式的用户评论数据示例。

```
{
  "reviewerID": "A2SUAM1J3GNN3B",
  "asin": "0000013714",
  "reviewerName": "J. McDonald",
  "vote": 5,
  "style": {
    "Format:": "Hardcover"
  },
  "reviewText": "I bought this for my husband who plays the piano.  He is having a wonderful time playing these old hymns.  The music  is at times hard to read because we think the book was published for singing from more than playing from.  Great purchase though!",
  "overall": 5.0,
  "summary": "Heavenly Highway Hymns",
  "unixReviewTime": 1252800000,
  "reviewTime": "09 13, 2009"
}
```

商品的元数据包含 14 个字段，具体如下。

- asin：商品 ID，如 0000013714。
- title：商品名。
- feature：商品的特性说明。
- description：商品的描述信息。
- price：商品价格（单位：美元）。
- imageURL：产品图片的 URL。
- imageURLHighRes：产品高清图片的 URL。
- related：相关产品（购买的其他商品、浏览的其他商品、一起购买的商品、浏览后再购买的商品）。
- salesRank：销售排名信息。
- brand：商品的品牌名。
- categories：商品所属的类目。
- tech1：产品的第一个技术细节表。
- tech2：产品的第二个技术细节表。

- similar：相似的商品。

再来对照着看一下 JSON 格式的元数据示例，这里请注意，不是所有字段都有值。


```
{
  "asin": "0000031852",
  "title": "Girls Ballet Tutu Zebra Hot Pink",
  "feature": ["Botiquecutie Trademark exclusive Brand",
            "Hot Pink Layered Zebra Print Tutu",
            "Fits girls up to a size 4T",
            "Hand wash / Line Dry",
            "Includes a Botiquecutie TM Exclusive hair flower bow"],
  "description": "This tutu is great for dress up play for your little ballerina. Botiquecute
Trade Mark exclusive brand. Hot Pink Zebra print tutu.",
  "price": 3.17,
  "imageURL": "http://ecx.images-amazon.com/images/I/51fAmVkTbyL._SY300_.jpg",
  "imageURLHighRes": "http://ecx.images-amazon.com/images/I/51fAmVkTbyL.jpg",
  "also_buy": ["B00JHONN1S", "B002BZX8Z6", "B00D2K1M3O", "0000031909", "B00613WDTQ",
"B00D0WDS9A", "B00D0GCI8S", "0000031895", "B003AVKOP2", "B003AVEU6G", "B003IEDM9Q",
"B002R0FA24", "B00D23MC6W", "B00D2K0PA0", "B00538F5OK", "B00CEV86I6", "B002R0FABA",
"B00D10CLVW", "B003AVNY6I", "B002GZGI4E", "B001T9NUFS", "B002R0F7FE", "B00E1YRI4C",
"B008UBQZKU", "B00D103F8U", "B007R2RM8W"],
  "also_viewed": ["B002BZX8Z6", "B00JHONN1S", "B008F0SU0Y", "B00D23MC6W", "B00AFDOPDA",
"B00E1YRI4C", "B002GZGI4E", "B003AVKOP2", "B00D9C1WBM", "B00CEV8366", "B00CEUX0D8",
"B0079ME3KU", "B00CEUWY8K", "B004FOEEHC", "0000031895", "B00BC4GY9Y", "B003XRKA7A",
"B00K18LKX2", "B00EM7KAG6", "B00AMQ17JA", "B00D9C32NI", "B002C3Y6WG", "B00JLL4L5Y",
"B003AVNY6I", "B008UBQZKU", "B00D0WDS9A", "B00613WDTQ", "B00538F5OK", "B005C4Y4F6",
"B004LHZ1NY", "B00CPHX76U", "B00CEUWUZC", "B00IJVASUE", "B00GOR07RE", "B00J2GTM0W",
"B00JHNSNSM", "B003IEDM9Q", "B00CYBU84G", "B008VV8NSQ", "B00CYBULSO", "B00I2UHSZA",
"B005F50FXC", "B007LCQI3S", "B00DP68AVW", "B009RXWNSI", "B003AVEU6G", "B00HSOJB9M",
"B00EHAGZNA", "B0046W9T8C", "B00E79VW6Q", "B00D10CLVW", "B00B0AVO54", "B00E95LC8Q",
"B00GOR92SO", "B007ZN5Y56", "B00AL2569W", "B00B608000", "B008F0SMUC", "B00BFXLZ8M"],
  "salesRank": {"Toys & Games": 211836},
  "brand": "Coxlures",
  "categories": [["Sports & Outdoors", "Other Sports", "Dance"]]
}
```


你可以从参考文献[3]中了解更多关于数据的细节。

2.3 开发环境准备

有了数据，预训练、微调大模型还需要合适的硬件和软件资源。本节的主要目的是帮助你搭建一个自己的开发环境，以便对大模型进行预训练、微调、调用。

在安装大模型开发环境之前，我们需要创建 Python 沙盒[①]，从而得到一个稳定的环境。可

① 沙盒是一个隔离的环境，可以避免开发时出现软件包不兼容的问题。可以将沙盒理解为一个独立的容器环境。

以通过 miniconda 创建沙盒，通过链接 2-1 下载 conda 的安装包。

安装好 conda 后，运行下面的命令，可以创建名字为 llm 的 Python 沙盒环境，我们选择的 Python 版本是 3.10。

```
conda create -n llm python=3.10
```

在使用时需要激活沙盒环境(下面的 llm 是环境的名称,你可以选择一个自己喜欢的名字)。

```
conda activate llm
```

如果要离开虚拟的沙盒环境，可以运行：

```
conda deactivate
```

虚拟环境创建完毕，可以通过 pip 或者 conda 安装相关的 Python 软件包。下面是运行大模型必需的软件包。

基础软件包：

```
pip install numpy pandas scikit-learn
```

大模型相关的软件包：

```
pip install torch torchvision datasets accelerate peft bitsandbytes transformers trl
huggingface-hub
```

2.3.1 搭建 CUDA 开发环境

这里可以选择具有英伟达 GPU 的计算机， 或者在云服务器上购买按小时付费的 GPU，例如选择 A10 24GB 等型号的 GPU。

1. 安装 CUDA

英伟达 CUDA 工具包为创建高性能 GPU 加速应用程序提供了一个开发环境。通过它可以在 GPU 加速的嵌入式系统、台式工作站、企业数据中心、基于云的平台和超级计算机上开发、优化和部署应用程序。该工具包包括 GPU 加速库、调试和优化工具、C/C++编译器和运行库。可以从链接 2-2 中下载 12.x 版本的 CUDA。

对于 Windows 操作系统，可以通过.exe 文件进行安装。对于 Linux 操作系统，可以通过下面的命令安装（对应 CUDA 12.3）。

```
wget
https://developer.download.nvidia.com/compute/cuda/12.3.0/local_installers/cuda-repo-
rhel7-12-3-local-12.3.0_545.23.06-1.x86_64.rpm
sudo rpm -i cuda-repo-rhel7-12-3-local-12.3.0_545.23.06-1.x86_64.rpm
sudo yum clean all
sudo yum -y install cuda-toolkit-12-3
```

可以通过下面的命令检查是否安装成功及对应的版本。

```
nvcc -V
```

还可以通过下面的命令查看显卡情况。

```
nvidia-smi
```

2. 安装 cuDNN

英伟达 CUDA 深度神经网络库（cuDNN）是用于深度神经网络的 GPU 加速基础库。cuDNN 为标准例程提供了高度调优的实现，如前向和后向卷积、注意力、matmul、池化和归一化等。可以从链接 2-3 中获取对 cuDNN 的详细介绍。同时，可以从链接 2-4 了解安装 cuDNN 的细节，这里不再赘述。

3. 下载 LLaMA 模型

我们可以从 Hugging Face 社区下载 LLaMA 模型，包括 chat 版本和普通版本。具体见链接 2-5 和链接 2-6。

这里说明一下，git-lfs 用于处理大文件，可以从链接 2-7 中获得 git-lfs 的安装指导。例如，在 MacBook 中可以通过如下命令安装。

```
brew install git-lfs
```

另外，也可以从魔搭社区中下载 LLaMA 模型，详见链接 2-8。

4. 直接利用基础模型进行推断

下载好 LLaMA 模型就可以利用它进行语言处理了，下面用 Transformers 库的 pipeline 工具来实现大模型的知识问答。

```
# 需要登录 Hugging Face
# huggingface-cli login

# 导入对应的包
from transformers import AutoTokenizer
import transformers
import torch

# 模型名，如果之前没有下载模型，那么在构建 pipeline 的时候会自动下载，默认的存储路径与上面的一致。如果已经下载了模型，那么可以填写模型的存储路径。
model = "meta-llama/Llama-2-7b-chat-hf"

# tokenizer 方法
tokenizer = AutoTokenizer.from_pretrained(model)

# 构造 pipeline
pipeline = transformers.pipeline(
    "text-generation",
```

```
    model=model,
    torch_dtype=torch.float16,
    device_map="auto",
)

# 进行预测，生成应答
sequences = pipeline(
    'I liked "Breaking Bad" and "Band of Brothers". Do you have any recommendations of other shows I might like?\n',
    do_sample=True,
    top_k=10,
    num_return_sequences=1,
    eos_token_id=tokenizer.eos_token_id,
    max_length=200,
)
for seq in sequences:
    print(f"Result: {seq['generated_text']}")
```

运行上面的代码可以获得如下结果。这里需要注意，生成的结果具有一定的随机性，你获得的结果可能不完全一样。

```
Result: I liked "Breaking Bad" and "Band of Brothers". Do you have any recommendations of other shows I might like?
Answer:
Of course! If you enjoyed "Breaking Bad" and "Band of Brothers," here are some other TV shows you might enjoy:
1. "The Sopranos" - This HBO series is a crime drama that explores the life of a New Jersey mob boss, Tony Soprano, as he navigates the criminal underworld and deals with personal and family issues.
2. "The Wire" - This HBO series is a gritty and realistic portrayal of the drug trade in Baltimore, exploring the impact of drugs on individuals, communities, and the criminal justice system.
3. "Mad Men" - Set in the 1960s, this AMC series follows the lives of advertising executives on Madison Avenue, expl
```

从上面的过程中可以看到，通过 Transformers 库使用大模型还是非常简单的。

5. 微调基础模型

如果希望基于开源的数据集或者自己的数据集对 LLaMA 模型进行微调，那么也可以通过脚本来实现（基于代码层面更详细的实现将在后续章节中讲解）。

首先从链接 2-9 中下载 trl 库，这是利用强化学习训练大模型的工具。

```
# 进入下载目录
cd trl

# 直接利用脚本对模型进行微调
python trl/examples/scripts/sft_trainer.py \
    --model_name meta-llama/Llama-2-7b-hf \  # 模型目录
    --dataset_name timdettmers/openassistant-guanaco \ # 数据集目录
```

```
    --load_in_4bit \
    --use_peft \
    --batch_size 4 \
    --gradient_accumulation_steps 2
```

这里使用的是之前下载的 LLaMA 模型，其中的数据集可以从 Hugging Face 上下载，详见链接 2-10。

可以使用如下命令下载。

```
# Make sure you have git-lfs installed (https://git-lfs.com)
git lfs install
git clone
```

2.3.2 搭建 MacBook 开发环境

虽然 MacBook 上搭载的不是英伟达的 GPU，但是也可以构建大模型，这要感谢开源社区贡献的 llama.cpp 和 llama2.c 等优秀开源软件。这里以 llama.cpp 为例来说明如何在 MacBook 上搭建大模型开发环境，llama.cpp 对 MacBook 有很好的支持，除了 LLaMA，还支持 Alpaca、Falcon、Baichuan、MPT、Yi 和 Mistral AI 等国内外主流的开源大模型。

建议使用配备 M 系列芯片的 MacBook，共享内存①24GB 左右。运行 7B 的 LLaMA 模型最少需要 13GB 内存，因此，如果运行量化版本或参数量更少的模型，也可以配置 16GB 内存。

具体步骤如下。

1. 拉取代码

在 MacBook 上安装 git 工具，然后通过如下命令获取 llama.cpp 的源代码。

```
git clone https://github.com/ggerganov/llama.cpp.git
```

2. 编译代码

拉取代码后，进入 llama.cpp 目录，运行 make 进行编译。

```
cd llama.cpp
make
```

如果需要利用 MacBook 的 GPU，那么可以使用以下命令。

```
# Build it with GPU
make clean
LLAMA_METAL=1 make
```

① 该系列 MacBook 的 CPU 和 GPU 共享内存。

3. 安装依赖文件

llama.cpp 目录中的 requirements.txt 中包含相关的依赖项，可以使用下面的命令安装。

```
pip install -r requirements.txt
```

4. 下载模型

可以从 Hugging Face 社区中下载开源的 LLaMA 中文微调模型，具体如下。

```
# Make sure you have git-lfs installed (https://git-lfs.com)
git lfs install
git clone https://huggingface.co/hfl/chinese-alpaca-2-7b
```

上面的模型 chinese-alpaca-2-7b 是基于 LLaMA、利用中文进行微调的。

5. 进行模型量化处理

为了节省内存和提升运行速度，我们可以对模型进行量化处理，具体如下。

```
convert.py models/chinese-alpaca-2-7b-hf/
./quantize ./models/chinese-alpaca-2-7b-hf/ggml-model-f16.gguf ./models/chinese-alpac
a-2-7b-hf/ggml-model-q4_0.gguf q4_0
```

6. 运行

模型量化完成后就可以运行了，方便起见，我们创建一个 shell 脚本 chat.sh。

```
#!/bin/bash
# temporary script to chat with Chinese Alpaca-2 model
# usage: ./chat.sh alpaca2-ggml-model-path your-first-instruction
SYSTEM='You are a helpful assistant. 你是一个乐于助人的助手。'
FIRST_INSTRUCTION=$2
./main -m $1 \
--color -i -c 4096 -t 8 --temp 0.5 --top_k 40 --top_p 0.9 --repeat_penalty 1.1 \
--in-prefix-bos --in-prefix ' [INST] ' --in-suffix ' [/INST]' -p \
"[INST] <>
$SYSTEM
<>
$FIRST_INSTRUCTION [/INST]"
```

对上面的脚本设置可执行权限。

```
chmod +x chat.sh
```

然后就可以利用大模型进行对话了。

```
./chat.sh models/chinese-alpaca-2-7b-hf/ggml-model-q4_0.gguf '作为一个 AI 助手，你可以帮助
人类做哪些事情？'
```

你还可以直接安装 llama.cpp 的 Python 绑定，这样也可以直接在 Python 代码中使用 llama.cpp 提供的能力。

```
pip install llama-cpp-python
```

2.4 总结

2.1 节、2.2 节分别介绍了 MIND 数据集和 Amazon 电商数据集，后续章节会用到这些内容，读者需要掌握各数据字段及含义。

2.3 节介绍了开发环境准备，主要围绕英伟达的 CUDA 生态和苹果的 MacBook 展开，读者可以根据自己的实际情况选择开发环境。在进入后面的章节之前，希望你准备好自己的开发环境，并尝试动手实践上面提到的简单案例。

03 大模型推荐系统的数据来源、一般思路和4种范式

第1章介绍了大模型的基础理论知识，包括数据预处理、预训练、微调、RLHF、上下文学习、思维链、高效推理等。这些技术是大模型区别于传统机器学习的部分，也是大模型赋能推荐系统的核心武器。

本章以新闻推荐场景为例，介绍大模型推荐系统的统一框架。无论是新闻、电商、音乐，还是短新闻等场景的推荐，都可以基于这个框架去实现或延伸。本章后面的实战案例都是基于本章提供的方法论实现的。

本章先简单介绍大模型推荐系统的数据来源，然后梳理将大模型应用于推荐的一般思路，最后总结出将大模型应用于推荐系统的4种常用范式。

3.1 大模型推荐系统的数据来源

大模型的能力虽然很强，但“巧妇难为无米之炊”：没有好的数据，大模型就无法生成好的输出，无法保证满足业务的预期。将大模型应用于推荐系统也一样，需要有完善的数据支撑。

我们知道，构建大模型和推荐系统所需要的数据不太一样，大模型需要的是文本类数据（包括代码），而传统推荐系统更多依赖用户行为数据和ID数据。那么，大模型和推荐系统之间的数据要怎么联系起来呢？

这就需要详细梳理一下大模型和推荐系统依赖的到底是什么数据，以及将数据应用于大模型推荐系统中的具体方法。

3.1.1 大模型相关的数据

大模型依赖的两类主要数据如图 3-1 所示。

首先，文本类数据。这类数据包括从网页爬取的数据、论文、电子书、代码等，数据量非常大，来源复杂多样。如果希望将大模型应用在推荐系统中，就需要在预训练大模型时先清洗数据，保证数据质量。这里还要注意，不同种类数据的配比对大模型最终的能力有很大影响，选择什么类型的数据、数据之间的比例、剔除重复数据等都要慎重。

具体到新闻大模型推荐系统的文本类数据，主要指新闻的标题、标签、来源、新闻正文、用户对新闻的评论等。另外，用户偏好、特性、画像的文本信息也属于文本类数据。在大模型预训练过程中，文本类数据已经被注入大模型，例如 ChatGPT 预训练的数据源中包含知识、常识类文本信息。

其次，人工标注数据。大模型会出现幻觉，也可能生成不真实、有害（例如性别歧视）的内容，所以需要将大模型的输出与人类的价值观对齐。也就是说，我们需要在各种场景下进行数据标注，然后对大模型进行微调。这类数据一般是与专业领域（社会、伦理等）相关的，需要有一定的专业知识才能完成数据标注。

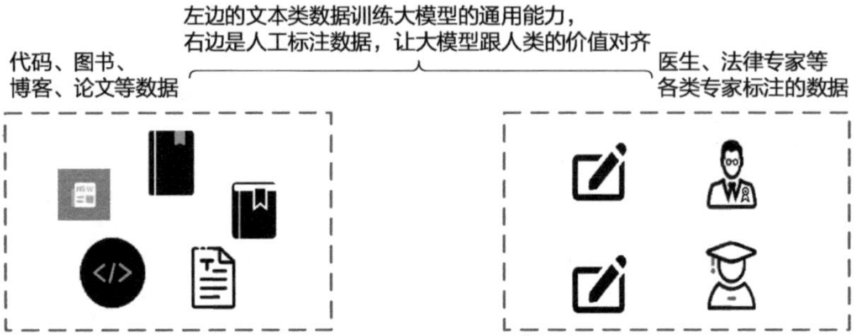

图 3-1 大模型依赖的数据

对于新闻推荐来说，软色情、暴力、恐怖、种族歧视、错误价值观引导、政治敏感性等维度的信息，都需要通过人标注，使其与人类的价值对齐。

3.1.2 新闻推荐系统相关的数据

传统的新闻推荐系统（内容推荐、协同过滤等）主要是基于用户相关、新闻相关、场景相关、行为相关等数据构建算法模型，进行个性化推荐的，如图 3-2 所示。

用户相关数据是必备的。这类数据主要包括用户唯一 ID、用户自身属性数据（如年龄、性别、学历等）、用户偏好数据。其中，用户偏好可以是自己展示的偏好，例如用户通过关键词输入的，或者基于用户历史行为挖掘的兴趣偏好。

新闻相关数据主要包括新闻唯一 ID、新闻自身属性数据（如标题、标签、内容等）、新闻的评论、评价数据。新闻的评论、评价数据是用户赋予的，不同用户的评论或评价也会不同。

场景相关数据是跟具体新闻、场景相关的，例如日期、时间、地理位置、用户浏览时刻的产品路径（例如浏览新闻）等。

行为相关数据是用户跟新闻的交互数据，例如浏览、阅读、分享等，这类数据是协同过滤、深度学习算法依赖的最重要的数据，也是对推荐效果贡献价值最大的一类数据。

图 3-2 新闻推荐系统相关的数据

通过对大模型和新闻推荐系统依赖的相关数据进行梳理，我们会发现，模型处理、生成的都是语言文本，而推荐系统的数据来源并不全是文本（例如用户唯一 ID、新闻唯一 ID、用户行为数据等），这就涉及一个关键问题：**如何将推荐系统依赖的数据编码为可以供大模型使用的数据**？

3.1.3 将推荐数据编码为大模型可用数据

我们能够想到的最简单、最直接的方法是不直接使用非文本数据。很多推荐系统相关的数据本身就是文本，利用好这类数据也可以进行推荐。你可能会有顾虑：这样太简单粗暴了，丢失了核心数据，肯定会影响推荐效果。

实际上并非如此。大模型具有压缩的世界知识及强大的泛化能力，当将非文本数据以文本的形式输入大模型时，也能起到比传统新闻推荐算法更好的效果。

如果不直接使用非文本数据，我们能想到的最简单的方法就是不直接使用用户唯一 ID、新闻唯一 ID，可以在推荐时在上下文中注入用户信息，而新闻唯一 ID 可以通过新闻的标题等信息注入。图片、新闻、音频等多模态数据等也可以暂不考虑。现在很多大模型是多模态模型，这些模型可以自然将多模态信息利用起来。

除此之外，还有一种方法——**将非文本数据转换为文本数据**。例如，新闻唯一 ID 可以用标题替代，用户也可以基于兴趣表示，如广义的新闻有消息、通讯、新闻评论、新闻特写、调查报告、专访等，可以用这类标签来表示用户。还有一种方法是直接将用户唯一 ID、新闻唯一 ID 作为语言模型的 token，这样就可以把 ID 信息利用起来了。

这里还要注意，在模型输出时也需要做一些处理，使用一些策略。例如，大模型推荐的新闻可能不存在，或者与提供的新闻文字表述有差异。对于这种情况，可以在将推荐新闻提供给大模型之前对其进行编号，让大模型在推荐时输出编号。

3.2 将大模型用于推荐的一般思路

基于第 1 章介绍的大模型的通用能力，我们可以深入思考一下怎样将大模型应用于推荐系统。下面 4 个思路是可行的，这 4 个思路正是本章重点介绍的 4 个范式的来源。

首先，可以利用大模型的语言生成能力为用户生成个性化新闻。例如基于已经发生的新闻事件，按照用户更喜欢的表述方式来组织内容（是内容创造的过程），而不是从已有新闻中选择内容推荐给用户。大模型也可以生成嵌入表示、token 和中间结果，供传统推荐算法使用。

其次，可以将用户的兴趣、候选新闻作为文本灌入模型，输出用户可能喜欢的新闻。注意，这里的输出指从候选集中选择新闻输出给用户，与创造式生成不同。这里主要利用了大模型的指令对齐和泛化能力，新闻推荐问题被抽象成文本生成问题。可以利用大模型的预训练、微调等核心能力训练大模型推荐系统，或者利用大模型直接进行推荐。具体的实现过程在后面的案例部分会重点讲解。

再次，从数据维度来看，大模型依赖文本数据，那么推荐系统中用户、新闻等相关的文本信息都可以作为大模型的输入信息。文本数据可以起到在不同问题、不同场景下的桥梁作用，**帮助大模型更好地解决传统推荐不擅长的问题**。传统推荐模型更多使用用户 ID、新闻 ID、用户浏览、阅读行为等信息，通过在模型中增加用户画像、用户评论、新闻内容相关的文本信息，可以让大模型利用到比传统新闻推荐算法更多的信息，辅助大模型获得更精准的推荐，甚至解决推荐冷启动和推荐解释问题。

最后，可以**将推荐、搜索、知识获取等用户需求融合到统一的对话框架下**，形成一种新的推荐系统解决方案。这里用到的是大模型的对话能力，将在第 8 章讲解。

3.3 将大模型应用于推荐的 4 种范式

基于将大模型应用于推荐系统的一般思路，笔者梳理出将大模型（包括 BERT 等预训练语言模型）应用于新闻推荐系统的 4 种范式，下面分别介绍。

3.3.1 基于大模型的生成范式

在这种范式下，大模型直接生成新闻，并将生成的新闻推荐给用户。这是一个重新创造的过程，生成的新闻不是之前已有的新闻，而是“无中生有”的。注意，新闻事件不是大模型捏造的，这里的生成指借助大模型的生成能力将不同的真实事件进行重新组织，以更符合用户的兴趣偏好和阅读习惯。

一般可以将用户的兴趣偏好作为提示词 / 指令输入大模型，然后由大模型自动生成用户需要的新闻，如图 3-3 所示。

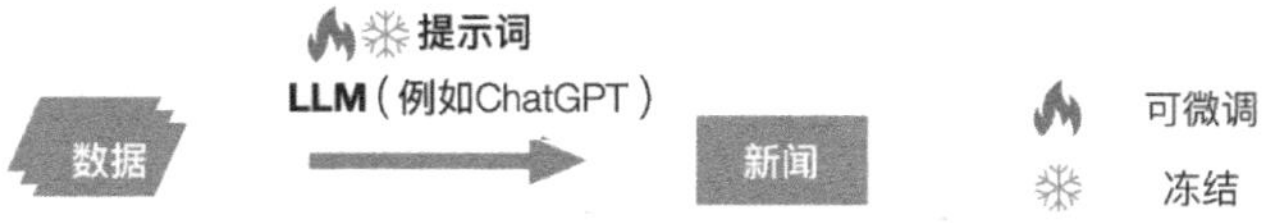

图 3-3 基于大模型的生成范式

在短新闻、元宇宙、游戏创作等领域，可以借助大模型的这种生成能力，临时创作出用户需要的新闻内容。这与传统的基于已有新闻进行个性化推荐很不一样。

这里既可以直接使用参数量在千亿级的超大规模大模型，也可以基于开源或自研的大模型进行领域适应性微调再使用。当然，如果模型参数太多，微调时间、费用成本都非常多，就需要评估之后再做决定。

目前，OpenAI 的 ChatGPT、GPT-4 是效果最好的大模型，但是其在中文场景下的效果不如在英文场景下好。对于中文场景，我们可以使用 ChatGLM、Qwen、Yi 等国产大模型。

3.3.2 基于 PLM 的预训练范式

这种范式基于 PLM[①]、利用推荐系统特定的数据进行预训练，预训练好后直接用于新闻推荐任务，如图 3-4 所示。这与传统的新闻推荐算法没有什么两样，只不过利用了 Transformer 语言模型的生成式架构来实现算法，BERT4Rec、P5 就属于这类算法。

图 3-4 基于 PLM 的预训练范式

我们可以将单个用户的数据，例如用户数据、行为数据、新闻数据等信息文本，按照时间顺序及一定的模板编排成文本信息。这样一个用户的数据就形成了一篇文档，所有用户的此类

① 不一定是大模型，即参数可能较小，例如 100M~1B，如 BERT。

数据就形成了知识库，然后使用 Transformer 语言模型进行预训练。预训练之后，就可以利用大模型的生成能力进行个性化推荐。

这种范式的适用范围非常广，只要推荐系统相关的数据中包含文本信息，就可以利用这一方式来实现。

注意，由于推荐系统相关的数据量可能很小，与预训练 ChatGPT 这类大模型所需要的数据量无法相比，所以这种范式一般选择参数较少的模型，否则容易过拟合。但这也不是绝对的，像 YouTube、抖音这样有海量用户和物品的产品，用户行为数据的体量也是非常大的。

3.3.3 基于大模型的微调范式

这种范式基于中等规模的大模型（如 LLaMA、T5 等）、使用新闻推荐系统相关的数据对大模型进行微调，让微调后的大模型具备适配个性化新闻推荐的能力，如图 3-5 所示。

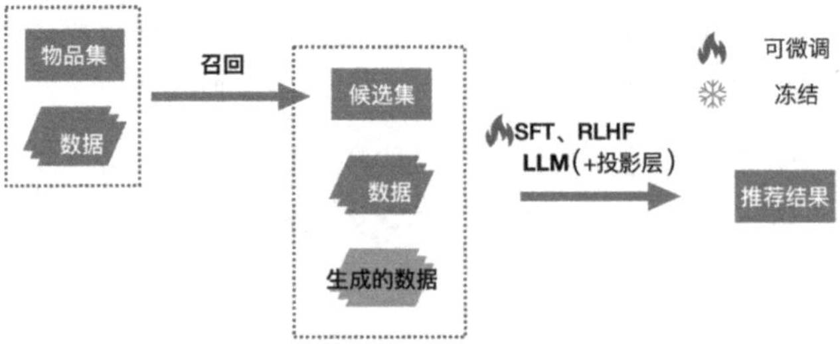

图 3-5 基于大模型的微调范式

由于大模型推理的成本较高，输入的 token 有限，通常通过传统的召回算法对新闻集进行筛选，获得数量有限的候选集让大模型进行二次筛选，二次筛选既可以是对候选集进行排序、也可以是进行评分预测，甚至是多分类，需要根据具体的实现方式决定，例如是否要增加投影层、投影层的结构是什么等，具体实现会在实战案例部分展开讲解。

这种范式最重要的是需要对大模型进行微调，既可以是指令微调，也可以是对齐微调。

指令微调（Instruction Finetune）指在下游任务（这里是新闻推荐任务）中构建<样本, label>对，然后利用监督学习对大模型进行微调。这里的样本、label 都是自然语言形式的指令，方便大模型进行处理。

对齐微调（RLHF）是构建人工<样本, label> 对，然后选择 Reward 模型[①]，采用强化学习的思路微调大模型，让大模型的输出符合人类的需求。

① 一般是基于人类的需要对大模型的输出进行评估的函数。

这里需要提到的是，我们既可以对整个模型微调，也可以通过一定的策略（例如 LoRA）只对模型的（额外）部分参数进行微调。由于大模型参数较多，基于 LoRA 等参数的微调方法是更高效的实现方式。

大模型具备一定的通用能力，通常使用比较少的样本（例如 100 个）就可以获得较好的微调效果。为了让大模型更好地根据人类的指令进行反馈，通常可以选择将经过指令微调的模型作为推荐大模型的基底模型，或者在对推荐大模型进行微调之前进行一轮指令微调（可以借助一些开源的指令微调数据进行指令微调）。

图 3-5 中生成的数据是基于前面提到的数据基础生成的中间数据（例如利用大模型生成的用户兴趣描述文本等），这些数据可以作为输入大模型的一部分指令。

最后提醒一下，基于 LLaMA、T5 等开源大模型进行微调，需要根据公司的硬件资源进行选择，如果没有足够的 GPU，那么可以选择参数更少的同类模型进行微调[①]。

3.3.4 基于大模型的直接推荐范式

这种范式一般基于超大的大模型（如 ChatGPT、Claude 等），利用模型已经学习到的世界知识进行新闻推荐。因为大模型已经包含新闻相关的知识，所以不需要更新大模型的参数（一般认为大模型的参数中存储了世界知识）。这时可以将推荐任务以格式化指令的方式输入大模型，获得最终需要的推荐结果，如图 3-6 所示。

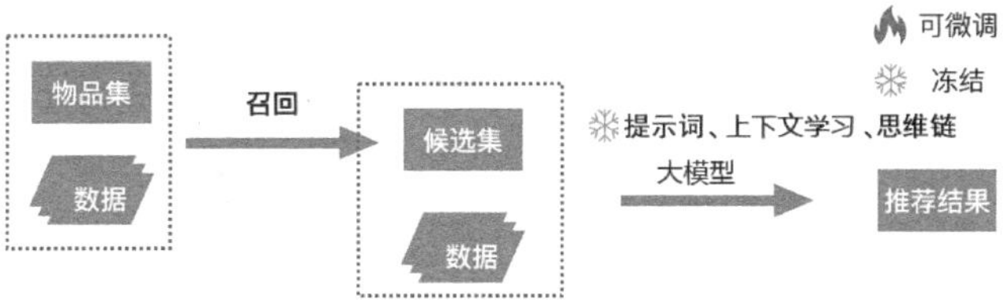

图 3-6 基于大模型的直接推荐范式

指令可以以 3 种方式输入大模型。

第一种形式是提示词。这种方式将用户的操作行为、用户的兴趣偏好，以及需要大模型解决的问题这 3 类重要信息以格式化的方式输入大模型，让大模型按照某种规则输出答案。

> 你是一个新闻推荐系统专家，现在需要按照如下条件为用户进行个性化推荐。
> 用户的新闻浏览历史是：……
> 候选新闻集是：……

① LLaMA 有多种选择，T5 也有 3 种大小可供选择。

你需要基于用户的浏览历史，从候选集中选择 3 个新闻作为输出，选择的新闻需要跟用户的浏览历史具备相关性。你只需要输出结果就可以了，不需要进行多余的解释。

第二种形式是 few-shot ICL，也就是需要在输入大模型的提示词中给出具体的案例，让大模型基于给出的案例现场学习、活学活用，一般可以获得更好的推荐效果。例如：

你是一个新闻推荐系统专家，现在需要你使用案例说明的方法，基于用户浏览历史和候选集为用户进行个性化推荐。

案例如下。

用户的新闻浏览历史是：……

候选新闻集是：……

用户下一个会看的新闻是：……

现在用户的浏览历史是：……，那么用户下一个会看的新闻是什么？你需要从候选新闻集……中选择一个最合适的，你只需要输出结果就可以了，不需要进行多余的解释。

最后一种形式是思维链。思维链在上下文学习的基础上更进一步，通过告诉大模型将问题拆解后进行处理，让大模型按照一定逻辑和步骤解决问题，从而获得更好的新闻推荐效果。

你是一个新闻推荐系统专家，现在需要按照如下条件为用户进行个性化推荐。

用户的新闻浏览历史是：……

候选新闻集是：……

你需要基于用户的浏览历史，从候选集中选择 3 个新闻作为输出。

你可以先基于用户的浏览历史，提取出用户最喜欢的新闻标签，这就是用户的兴趣画像，然后基于用户的兴趣画像从候选新闻集中选出 3 个跟用户兴趣最匹配的作为最终的答案。

你只需要输出结果就可以了，不需要进行多余的解释。

3.4 总结

本章以新闻推荐场景为例，重点讲解了大模型推荐系统的 3 个重要主题：大模型推荐系统的数据来源，包含大模型相关的数据和新闻推荐系统相关的数据；将大模型应用于推荐的一般思路，主要的方法和策略；将大模型应用于推荐的 4 种范式。

本章讲解的 4 种大模型推荐范式非常重要，也是后续章节的指导框架，你需要熟悉每种范式的特点。

04

生成范式：大模型生成特征、训练数据与物品

本章重点讲解大模型的生成范式。

首先，大模型可以生成传统推荐系统依赖的特征、嵌入特征和文本特征，作为工具帮助推荐系统获得更好、更全的特征，让推荐系统的效果更上一层楼。

其次，大模型还可以生成表格类[①]的训练数据和待推荐的物品。现在就让我们正式进入大模型推荐系统的探索之旅。

说明：从本章开始，绝大部分代码可以在本书同步的代码仓库（链接 4-1）中找到。笔者在介绍相关代码时也会给出对应的目录。书中呈现的是核心代码，更完整的代码请参考代码仓库。

4.1 大模型生成嵌入特征

嵌入方法是过去 10 来年最有价值的算法之一，已经在搜索、广告、推荐、NLP、CV 等领域得到了大规模应用，效果非常好。我们自然想到，是否可以利用 PLM，甚至大模型进行嵌入呢？答案是肯定的。

4.1.1 嵌入的价值

利用大模型生成嵌入特征，就是利用新闻的文本信息和用户浏览新闻的文本信息（或用户画像等其他文本信息）生成新闻或者用户的向量表示。新闻的向量表示可以用于计算新闻之间的相似性，以及新闻关联推荐，用户浏览的新闻向量通过适当的“平均/池化”操作可以获得用户的向量表示。利用用户向量和候选新闻向量可以估计用户对候选新闻的点击概率，这就是推

① 利用 Excel、MySQL 等表格存储的数据，这也是推荐系统中最核心的一类数据，用户画像、物品画像都可以以这种形式存放。

荐系统的 CTR 预测问题，图 4-1 是利用嵌入进行推荐的一般框架。

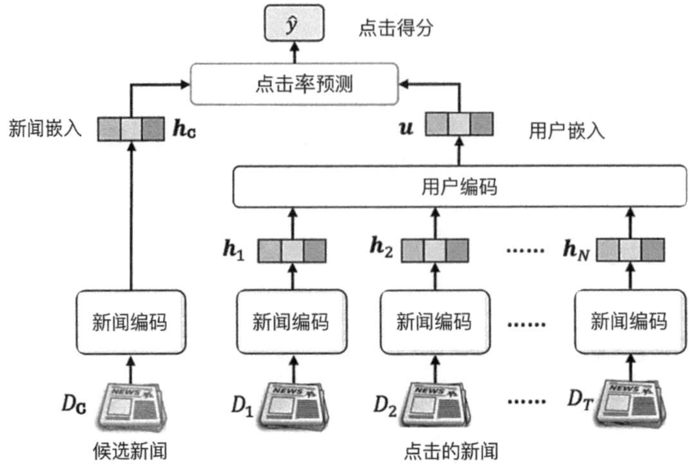

图 4-1　利用嵌入进行推荐的一般框架

图 4-1 是一般的方法，可以配合多种算法实现。其中有 3 个模块是可以利用不同的方法实现的，下面展开说明。参考文献[1,2]里有多种实现方案，你可以参考学习。

- 新闻嵌入。

新闻嵌入（News Encoder）有多种实现方式，可以只使用新闻标题嵌入，或者考虑新闻的标签、分类等，可以使用的技术有 CNN、BERT、基于 Transformer 架构的更复杂的算法等。

- 用户嵌入。

不同用户点击过的新闻数量不一致，所以用户嵌入（User Encoder）需要将新闻嵌入向量进行平均/池化，以形成唯一的用户嵌入表示。池化的方法有很多，最简单的是加权平均，稍微复杂的有 GRU、注意力机制等，更复杂的包括多层 Transformer 模型等。

- 点击率预测。

点击率预测（Click Prediction）希望将用户嵌入向量和物品嵌入向量通过一个函数转为标量值，该值代表了用户对候选新闻的兴趣度或者点击率。可以采用内积、FM、神经网络等方法。

4.1.2　嵌入方法介绍

本节通过案例说明嵌入的具体的实现思路。

1. 利用 sentence-transformers 框架嵌入

这里利用开源的 sentence-transformers 框架[3,4]实现新闻的嵌入表示，用 MIND 数据集的新闻标题代表新闻。

首先，运行下面的代码安装 sentence-transformers 框架。

```
pip install -U sentence-transformers
```

安装好后，选择 3 条新闻进行嵌入表示，具体代码如下。

```
from sentence_transformers import SentenceTransformer

# all-MiniLM-L6-v2 是一个文本嵌入模型，运行时会下载这个模型
model = SentenceTransformer('all-MiniLM-L6-v2')

# 下面是 MIND 数据集中的 3 个新闻标题
sentences = ["Dispose of unwanted prescription drugs during the DEA's Take Back Day",
    "Chile: Three die in supermarket fire amid protests",
    "As Eagles take their bye, a look at how the defense has improved lately | Early Birds"]

# 调用 model.encode()对新闻标题进行嵌入表示
embeddings = model.encode(sentences)

# 打印嵌入结果,all-MiniLM-L6-v2 模型获得的是 384 维的稠密向量表示
for sentence, embedding in zip(sentences, embeddings):
    print("Sentence:", sentence)
    print("Embedding:", embedding)
```

有了新闻的嵌入表示，就可以计算它们之间的相似性，并且按照相似性降序排列。

```
from sentence_transformers import util

# 计算任意两个嵌入的余弦相似性
cos_sim = util.cos_sim(embeddings, embeddings)

# 将两个新闻及其对应的余弦相似性放入 list
all_news_combinations = []
for i in range(len(cos_sim)-1):
    for j in range(i+1, len(cos_sim)):
        all_news_combinations.append([cos_sim[i][j], i, j])

# 按照余弦相似性从高到低排序
all_news_combinations = sorted(all_news_combinations, key=lambda x: x[0], reverse=True)

# 输出新闻及对应的相似性
for score, i, j in all_news_combinations[0:]:
    print("{} \t {} \t {:.4f}".format(sentences[i], sentences[j], cos_sim[i][j]))
```

sentence_transformers 是一个非常好用的框架。下面以 MIND 数据集为例，实现一个最简单的个性化推荐：将用户点击过的新闻的嵌入向量的平均值作为用户嵌入，将新闻嵌入与用户嵌入的余弦相似性作为用户对新闻的偏好得分。具体的代码实现如下[①]。

```
"""
利用 sentence_transformers 框架实现一个最简单的个性化推荐
```

① 代码：src/basic_skills/embedding/sentence_transformers_4_rec.py。

```
1. 用户嵌入：用户浏览过的新闻嵌入的平均值
2. 预测：利用用户嵌入与新闻嵌入的余弦
"""

from sentence_transformers import SentenceTransformer, util
import pandas as pd
import numpy as np
col_spliter = "\t"
DIMS = 384  # all-MiniLM-L6-v2 模型的维数
TOP_N = 10  # 为每个用户生成 10 个新闻推荐

df_news = pd.read_csv("./data/mind/MINDsmall_train/news.tsv", sep=col_spliter)
df_news.columns = ['news_id', 'category', 'subcategory', 'title', 'abstract', 'url',
'title_entity', 'abstract_entity']

df_behavior = pd.read_csv("./data/mind/MINDsmall_train/behaviors.tsv", sep=col_spliter)
df_behavior.columns = ['impression_id', 'user_id', 'time', 'click_history', 'news']

model = SentenceTransformer('all-MiniLM-L6-v2')

# 获取每个新闻及对应的嵌入向量
news_embeddings = {}
for _, row in df_news.iterrows():
    news_id = row['news_id']
    title = row['title']
    embedding = model.encode(title)
    news_embeddings[news_id] = embedding

"""
为单个用户生成 TOP_N 个推荐
"""
def rec_4_one_user(click_history):
    emb = np.zeros(DIMS, dtype=float)
    for news in click_history:
        emb = np.add(emb, news_embeddings[news])
    emb = emb/len(click_history)
    emb = emb.astype(np.float32)
    res = []
    for news_id, emb_ in news_embeddings.items():
        cos_sim = float(util.cos_sim(emb, emb_)[0][0])
        res.append((news_id, cos_sim))
    rec = sorted(res, key=lambda x: x[1], reverse=True)[:TOP_N]
    return rec

"""
为所有用户生成推荐
"""
user_rec = {}
for _, row in df_behavior.iterrows():
    user_id = row['user_id']
    click_history = row['click_history'].split(' ')
    rec = rec_4_one_user(click_history)
    user_rec[user_id] = rec
```

上面的代码实现都是非常基础、非常简单的，你可以在自己的环境中尝试一下。可以找一两个典型用户，通过看他的新闻浏览历史和推荐的新闻，观察一下推荐是否合理。

2. 其他嵌入方法

这里再提供两个比较有意思的实现思路，供你参考学习。

案例 1：UNBERT

参考文献[5]中提供了一个将新闻和用户浏览历史一起生成嵌入表示并进行个性化推荐的框架，输入嵌入是 token 嵌入、片段嵌入、位置嵌入和新闻片段嵌入的和，具体嵌入的架构如图 4-2 所示。

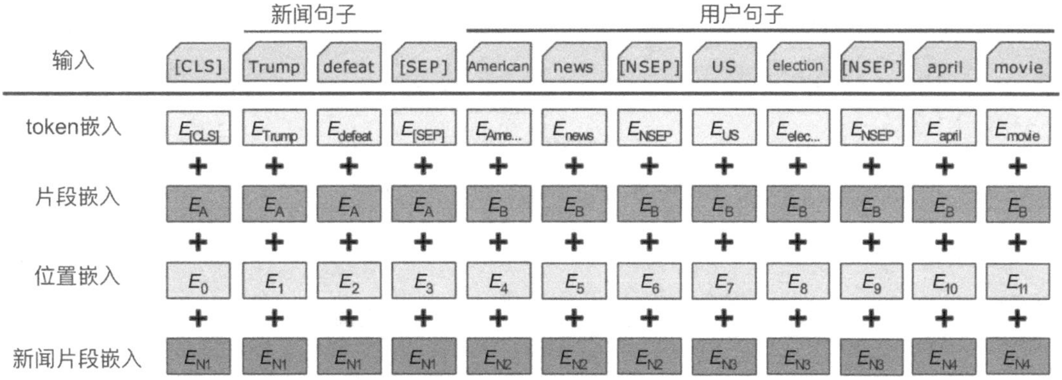

图 4-2 输入嵌入是 token 嵌入、片段嵌入、位置嵌入和新闻片段嵌入的和

这里的片段（Segment）嵌入是新闻或者用户浏览历史这两个片段的嵌入，主要目的是区分新闻和用户。新闻片段嵌入针对每个新闻（用户可能看过多个新闻）进行嵌入，目的是区分不同新闻包含的语义信息。

有了嵌入表示，可以采用与图 4-1 中类似的框架来实现个性化推荐。UNBERT 模型采用了多层 Transformer 框架，如图 4-3 所示，不仅利用具有丰富语言知识的预训练模型来增强文本表示，还捕获单词级别和新闻级别的多粒度用户、新闻匹配信号。

图 4-3 中的e_{w}可以看作单词层面的嵌入表示，e_{n}可以看作新闻层面的嵌入表示[①]。通过点击率预测模块将它们拼接起来，可以整合单词层面和新闻层面的语义信息，然后利用单层的网络进行预测，具体公式如下（W^{c}、b^{c}是模型待学习的参数）。

$$y = \mathrm{softmax}([e_{\mathrm{w}}; e_{\mathrm{n}}] \times W^{\mathrm{c}} + b^{\mathrm{c}})$$

① CLS 是一个特殊的 token，业界普遍采用这种特殊 token 的嵌入来表示整个句子的嵌入表示。

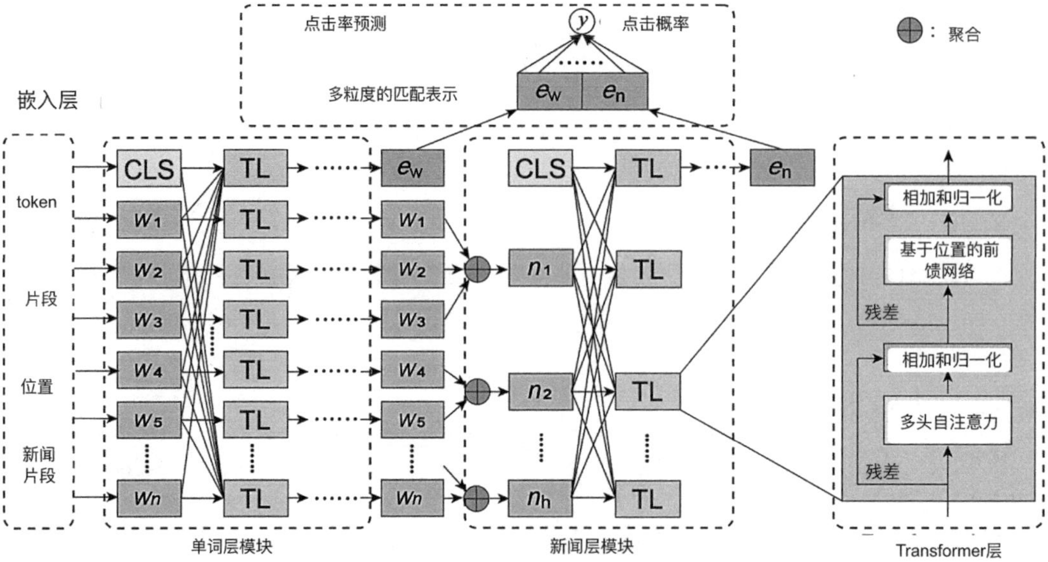

图 4-3 UNBERT 模型（TL 代表 Transfomer Layer）

案例 2：PREC

PREC[6]采用图 4-4 所示的框架对新闻和用户进行嵌入表示。嵌入包含 3 个层次：token 嵌入、位置嵌入和 view 嵌入。这里的 view 是新闻或者用户包含的特征维度：对于新闻，维度有标题、实体、摘要等；对于用户，维度有用户浏览的新闻、用户的位置、用户的画像等，最终的嵌入是这 3 个层次的嵌入之和。

$$E = E_{\text{token}} + E_{\text{position}} + E_{\text{view}}$$

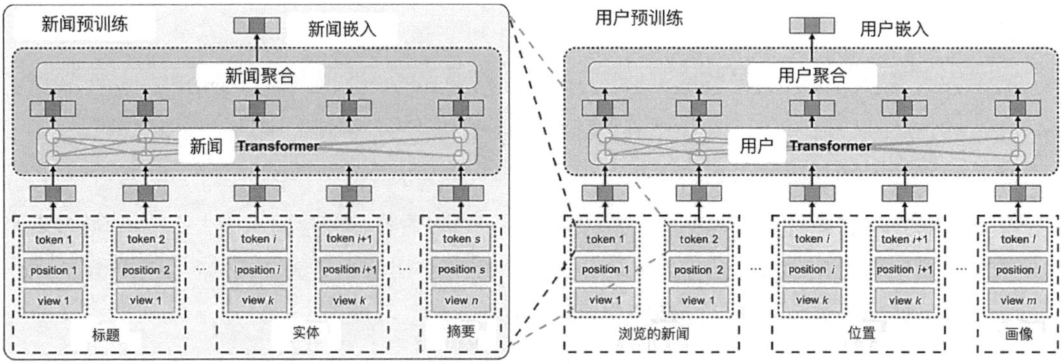

图 4-4 PREC 嵌入框架

4.2 大模型生成文本特征

大模型优秀的语言理解和生成能力可以用于生成描述新闻及用户的兴趣偏好的文本，进而用于新闻的个性化推荐中。

4.2.1 生成文本特征

按照参考文献[7]的思路，我们通过两个代码案例来说明如何利用大模型为 MIND 数据集的新闻生成一个新的、更有表达力的标题，以及基于用户浏览过的新闻生成用户兴趣画像。这些生成的文本可以进一步被大模型“消化”，从而生成更精准的个性化推荐。

4.2.1.1 生成新闻标题

本节利用 Qwen1.5-72B-chat 大模型，基于新闻的标题、摘要、类目生成一个更有表现力的新标题，由于给出了新闻的摘要和类目，有了更多的信息注入，同时大模型本身包含足够多的世界知识，因此是可以对标题进行优化并获得更好的效果的。下面是具体的代码实现[①]。

```
import os
import time
import pandas as pd
from langchain.callbacks.manager import CallbackManager
from langchain.callbacks.streaming_stdout import StreamingStdOutCallbackHandler
from langchain.chains import LLMChain
from langchain.llms import LlamaCpp
from langchain.prompts import PromptTemplate
from tqdm import tqdm
MIN_INTERVAL = 1.5
# 新闻数据中包含的字段说明
keys = dict(
    title='title',
    abstract='abs',
    category='cat',
    subcategory='subcat',
)
current_path = os.getcwd()
# 将新闻读到 dataframe 中
news_df = pd.read_csv(
    filepath_or_buffer=os.path.join(current_path + '/data/news.tsv'),
    sep='\t',
    header=0,
)
# 构建新闻列表，元素是元组，元组前面是新闻 ID，后面是 dict，dict 是新闻相关信息，下面是一个数据样本
# ('N55528', {'title': 'The Brands Queen Elizabeth, Prince Charles, and Prince Philip Swear
```

① 代码：src/basic_skills/generative/generate_portrait/news_title.py。

```
By',
#   'abstract': "Shop the notebooks, jackets, and more that the royals can't live without.",
# 'category': 'lifestyle', 'subcategory': 'lifestyleroyals', 'newtitle': ''})
news_list = []
for news in tqdm(news_df.iterrows()):
    dic = {}
    for key in keys:
        dic[key] = news[1][keys[key]]
    news_list.append((news[1]['nid'], dic))
# 提示词模板
prompt_template = """You are asked to act as a news title enhancer. I will provide you a piece of news, with its original title, category, subcategory, and abstract (if exists).
The news format is as below:
[title] {title}
[abstract] {abstract}
[category] {category}
[subcategory] {subcategory}
where title, abstract, category, and subcategory in the brace will be filled with content.
You can only response a rephrased news title which should be clear, complete, objective and neutral. You can expand the title according to the above requirements. You are not allowed to response any other words for any explanation. Your response format should be:
[newtitle]
where [newtitle] should be filled with the enhanced title. Now, your role of news title enhancer formally begins. Any other information should not disturb your role."""
# 生成的新的新闻标题的存储路径
save_path = current_path + '/output/news_summarizer.log'
# 下面是调用 LLaMA 大模型的语法
callback_manager = CallbackManager([StreamingStdOutCallbackHandler()])
llm = LlamaCpp(

model_path="/Users/liuqiang/Desktop/code/llm/models/gguf/qwen1.5-72b-chat-q5_k_m.gguf
",
    temperature=0.8,
    top_p=0.8,
    n_ctx=6000,
    callback_manager=callback_manager,
    verbose=True,
    stop=["<|im_end|>"]  # 生成的答案中遇到这些词就停止生成
)

prompt = PromptTemplate(
    input_variables=["title", "abstract", "category", "subcategory"],
    template=prompt_template,
)
chain = LLMChain(llm=llm, prompt=prompt)
# 先统计出哪些已经计算了，避免后面重复计算
exist_set = set()
with open(save_path, 'r') as f:
    for line in f:
        if line and line.startswith('N'):
            exist_set.add(line.split('\t')[0])
```

```
# 调用大模型迭代计算新闻标题
for nid, content in tqdm(news_list):
    start_time = time.time()
    if nid in exist_set:
        continue
    try:
        title = content['title']
        abstract = content['abstract']
        category = content['category']
        subcategory = content['subcategory']
        enhanced = chain.run(title=title, abstract=abstract, category=category,
subcategory=subcategory)
        enhanced = enhanced.rstrip('\n')
        with open(save_path, 'a') as f:
            f.write(f'{nid}\t{enhanced}\n')
    except Exception as e:
        print(e)
    interval = time.time() - start_time
    if interval <= MIN_INTERVAL:
        time.sleep(MIN_INTERVAL - interval)
```

运行上述代码，可以获得如下输出，以 N 开头的是新闻 ID， 新闻 ID 下面是生成的新的新闻标题。这些标题基本符合要求，但是在指令跟随方面有所欠缺，有些标题有中括号，有些没有。你可以尝试调整提示词或调用第三方 API（例如月之暗面）加以修正。

```
N55528
[The Royal Family's Favorite Brands: From Notebooks to Jackets
N19639
newtitle] Habits to Avoid for Successful Belly Fat Reduction
N61837
Aid Freeze Impact: In Ukraine's War Trenches, Lt. Molchanets Reveals the Human Cost
N53526
[newtitle] The Impact of Being an NBA Wife on Mental Health
N38324
newtitle] Expert Advice: How Dermatologists 推荐去除皮肤赘生物的方法
N2073
[newtitle] NFL Player Criticism Fines Spark Controversy
N49186
[It's an Unusually Warm October in Orlando, But Cooler Days Are Ahead]
```

4.2.1.2 生成用户兴趣画像

本节基于用户看过的所有新闻的标题，为用户生成兴趣 topic 和 region 信息，其原理与生成新闻标题类似。topic 是新闻的类目，代表用户的主题偏好。region 是新闻讲述的事件发生/关注的地理位置信息，代表用户的地域偏好。下面是具体的代码实现①。

① 代码：src/basic_skills/generative/generate_portrait/user_portrait.py。

```
import json
import os
import time
import pandas as pd
from UniTok import UniDep
from langchain.chains import LLMChain
from langchain.callbacks.manager import CallbackManager
from langchain.callbacks.streaming_stdout import StreamingStdOutCallbackHandler
from langchain.llms import LlamaCpp
from langchain.prompts import ChatPromptTemplate
from langchain_core.prompts import PromptTemplate
from tqdm import tqdm
from prompter import MindPrompter, MindUser
MIN_INTERVAL = 0
current_path = os.getcwd()
mind_prompter = MindPrompter(current_path + '/data/news.tsv')
user_list = MindUser(current_path + '/data/user', mind_prompter).stringify()
# 将新闻读到 dataframe 中
news_df = pd.read_csv(
    filepath_or_buffer=os.path.join(current_path + '/data/news.tsv'),
    sep='\t',
    header=0,
)
# 构建新闻字典，key 为新闻 ID，value 为新闻的标题
news_dict = {}
for news in tqdm(news_df.iterrows()):
    news_dict[news[1]['nid']] = news[1]['title']
depot = UniDep(current_path + '/data/user', silent=True)
nid = depot.vocabs('nid')
system = """You are asked to describe user interest based on his/her browsed news title
list, the format of which is as below:
{input}
You can only response the user interests with the following format to describe the [topics]
and [regions] of the user's interest
[topics]
- topic1
- topic2
...
[region] (optional)
- region1
- region2
...
where topic is limited to the following options:
(1) health
(2) education
(3) travel
(4) religion
(5) culture
(6) food
(7) fashion
(8) technology
```

```
(9) social media
(10) gender and sexuality
(11) race and ethnicity
(12) history
(13) economy
(14) finance
(15) real estate
(16) transportation
(17) weather
(18) disasters
(19) international news
and the region should be limited to each state of the US.
Only [topics] and [region] can be appeared in your response. If you think region are hard
to predict, leave it blank. Your response topic/region list should be ordered, that the
first several options should be most related to the user's interest. You are not allowed
to response any other words for any explanation or note. Now, the task formally begins.
Any other information should not disturb you."""

# 生成的用户兴趣画像的存储路径
save_path = current_path + '/output/user_profiler.log'

# 下面是调用 LLaMA 大模型的语法
callback_manager = CallbackManager([StreamingStdOutCallbackHandler()])
llm = LlamaCpp(

model_path="/Users/liuqiang/Desktop/code/llm/models/gguf/qwen1.5-72b-chat-q5_k_m.gguf
",
    temperature=0.8,
    top_p=0.8,
    n_ctx=6000,
    callback_manager=callback_manager,
    verbose=True,
)
# 先统计出哪些已经计算了，避免后面重复计算
exist_set = set()
with open(save_path, 'r') as f:
    for line in f:
        data = json.loads(line)
        exist_set.add(data['uid'])
empty_count = 0
# 调用大模型迭代计算用户兴趣画像
for uid, content in tqdm(user_list):
    start_time = time.time()
    if uid in exist_set:
        continue
    if not content:
        empty_count += 1
        continue
    try:
        prompt = PromptTemplate(
            input_variables=["input"],
```

```
            template=system,
        )
        chain = LLMChain(llm=llm, prompt=prompt)
        enhanced = chain.run(input=content)
        enhanced = enhanced.rstrip('\n')
        with open(save_path, 'a') as f:
            f.write(json.dumps({'uid': uid, 'interest': enhanced}) + '\n')
    except Exception as e:
        print(e)
    interval = time.time() - start_time
    if interval <= MIN_INTERVAL:
        time.sleep(MIN_INTERVAL - interval)
print('empty count: ', empty_count)
```

运行上述代码，可以获得下面的结果（下面是两个样例）。可以看到，输出的结果的格式是满足要求的，但是部分 topic（例如 entertainment）不在要求的范围内，说明大模型产生了幻觉，这可能是提示词需要优化或者该模型的指令跟随能力不足以解决这个问题导致的。

```
{"uid": 0,
 "interest":
 [topics]
- entertainment
- sports
- politics
- celebrity gossip
- crime
- human interest
[region] (optional)
- USA}

{"uid": 1,
"interest":
[topics]
- health
- crime and law enforcement
- education
- food
- culture
- religion
- history
- international news

[region] (optional)
- Kentucky
- Minnesota
- California
- Brazil}
```

以上生成新的新闻标题和生成用户兴趣画像的代码都比较基础、简单，你可以在自己的开发环境中运行一下（如果资源有限，可以选择更小的模型）。

4.2.2 生成文本特征的其他方法

下面通过两个案例来详细说明在特定场景下生成文本特征的实现方法。

案例 1：RLMRec 生成物品与用户画像

RLMRec[8]提供了一种利用大模型模板生成物品与用户画像的框架，如图 4-5 所示。由于模板的指令非常完整，要求相对较高，需要一个效果很好的模型才能实现，所以本案例是使用 ChatGPT 实现的。

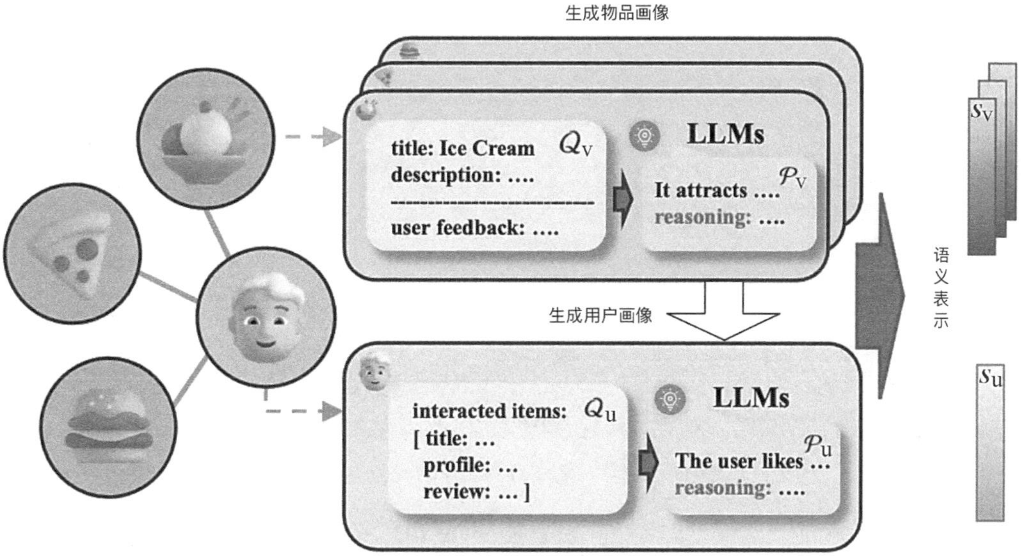

图 4-5 RLMRec 中生成物品与用户画像的框架

用户画像应包含用户喜欢的特定类型物品的描述，从而全面反映他们的品味和偏好。图 4-6 是生成用户画像的模板，模板中对输出的数据结构、字段等提出了非常明确的要求。

物品画像应该明确地表明它最容易吸引的用户类型，并提供与这些用户的偏好和兴趣相一致的物品特征和品质的清晰描述。图 4-7 是生成物品画像的模板，模板同样对输出的数据结构、字段、字数等提出了明确的要求。

You will serve as an assistant to help me determine **which types of books a specific user is likely to enjoy**.
I will provide you with information about books that the user has purchased, as well as his or her reviews of those books.
Here are the instructions:
1. Each purchased book will be described in JSON format, with the following attributes:
{ "title": "the title of the book", (if there is no title, I will set this value to "None")
"**description**": "a description of **what types of users will like this book**",
"review": "the user's review on the book" (if there is no review, I will set this value to "None") }
2. The information I will give you:
PURCHASED ITEMS: a list of JSON strings describing the items that the user has purchased.

Requirements:
1. Please provide your decision in **JSON format**, following this structure:
{ "summarization": "A summarization of what types of books this user is likely to enjoy" (if you are unable to summarize it, please set this value to "None")
"**reasoning**": "briefly explain your reasoning for the summarization" }
2. Please ensure that the "summarization" is no longer than 100 words.
3. The "reasoning" has no word limits.
4. Do not provided any other text outside the JSON string.

指令

PURCHASED ITEMS: [
{ "title": "Croak",
"description": "**Young adult readers who enjoy paranormal and fantasy themes** would enjoy Croak.",
"review": "**Loved the writing style**, was different than most of what I have read. The narrative was like a storyteller, you could hear someone telling the story to you. …"}

{ "title": "Deadly Cool (Hartley Featherstone)",
"description": "Teenage girls who **enjoy a mix of humor, mystery, and high school drama** would enjoy Deadly Cool by Gemma Halliday. With plenty of red herrings and a quick pace, this book will keep …",
"review": "**I really enjoyed reading this**, was laughing out loud in the middle of the night. ..."}

{ "title": "Stitch (Stitch Trilogy, Book 1)",
"description": "**Fans of young adult paranormal romance novels** with a dash of mystery and suspense would enjoy Stitch (Stitch Trilogy, Book 1).",
"review": "…. **Book started out really well, had me totally hooked from the start**. Love me a good ghost story, …. "}
… (*Omitted due to page limit*)]

提示词

{ "summarization": "This user **enjoys young adult fiction that** blends paranormal or supernatural elements with romance, mystery, humor, and coming-of-age themes. They also appreciate stories with complex world-building … .",
"reasoning": "Based on the reviews and descriptions of the purchased items, **the user seems to be drawn to young adult fiction that features paranormal or supernatural elements, such as ghosts and magical powers.** They also enjoy a mix of genres, including romance, mystery, humor, and coming-of-age themes. … ." }

生成的用户画像

图 4-6 生成用户画像的模板

You will serve as an assistant to help me summarize **which types of users would enjoy a specific book**.
I will provide you with the title and a description of the book. Here are the instructions:
1. I will provide you with information in the form of a JSON string that describes the book:
{ "title": "the title of the book", (if there is no title, I will set this value to "None")
"description": "a description of the book", (if there is no description, I will set this value to "None") }

Requirements:
1. Please provide your answer in **JSON format**, following this structure:
{ "summarization": "A summarization of what types of users would enjoy this book" (if you are unable to summarize it, please set this value to "None")
"**reasoning**": "briefly explain your reasoning for the summarization" }
2. Please ensure that the "summarization" is no longer than 200 words.
3. Please ensure that the "reasoning" is no longer than 200 words.
4. Do not provide any other text outside the JSON string.

指令

{ "title": "The Bell Jar: A Novel (Perennial Classics)",
"description": "Plath was an excellent poet but is known to many for this largely autobiographical novel. The Bell Jartells the story of a gifted young woman's mental breakdown beginning during a summer internship as a junior editor at a magazine in New York City in the early 1950s. The real Plath committed suicide in 1963 and left behind this scathingly sad, honest and perfectly-written book, which remains one of the best-told tales of a woman's descent into insanity.--This text refers to the Hard coveredition. "}

提示词

{ "summarization": "The Bell Jar would appeal to those interested in reading about **mental health and women's experiences**. Specifically, readers who **enjoy raw and honest depictions of mental illness and its effects on a young woman's life** would appreciate this book.",
"reasoning": "The Bell Jar delves into the mental breakdown of a young woman and her experiences navigating mental health and societal expectations as a woman in the 1950s. The book's autobiographical nature and raw, honest depiction of mental illness make it a compelling read for those interested in exploring these themes. Additionally, readers looking for works that examine the intersection of gender and mental illness would find The Bell Jar particularly thought-provoking." }

生成的物品画像

图 4-7 生成物品画像的模板

案例 2：PALR 框架生成用户兴趣画像

PALR 框架[9]通过大模型生成用户兴趣画像，见图 4-8 中间部分，然后基于生成的自然语言表示的用户画像、交互历史序列及推荐候选集（召回），为用户生成推荐（排序）。

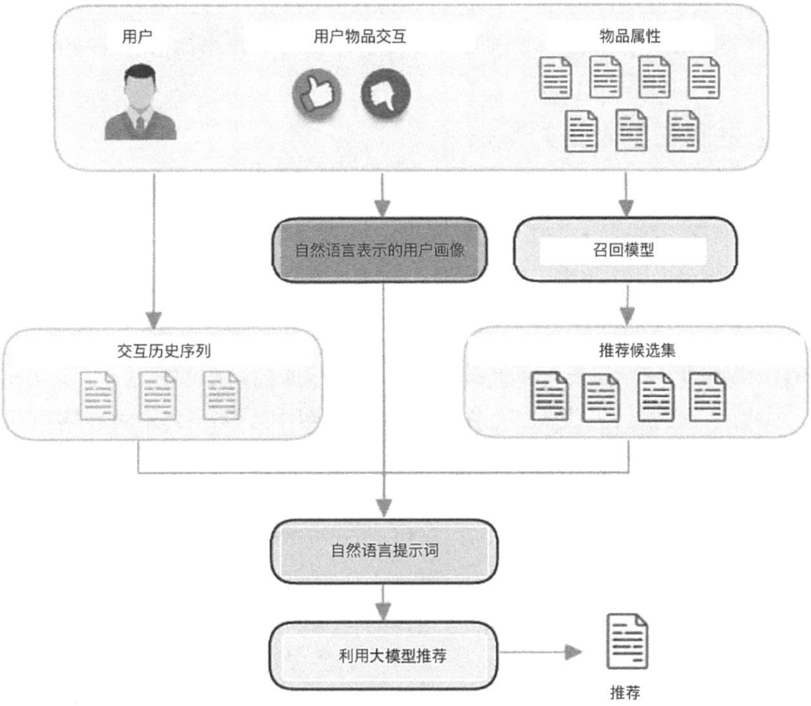

图 4-8 PALR 框架

为了利用大模型生成用户兴趣画像，需要使用生成用户兴趣画像的语言模板对用户行为进行编码，如图 4-9 所示。然后利用大模型对模型进行微调，微调后的模型就具备了生成用户兴趣画像的能力。这里将电影的关键词（标签）作为用户兴趣画像的表述。

Input: Your task is to use two keywords to summarize user's preference based on history interactions. The Output is an itemized list based on importance. The output template is: {1. KEY_WORD_1: "HISTORY_MOVIE_1", "HISTORY_MOVIE_2"; 2, KEY_WORD_2: "HISTORY_MOVIE_3"}
The history movies and their keywords are:
"Gigi": Romantic, Musical, Classic;
"Pokémon: The First Movie": Pokémon, Adventure, Action;
"Star Wars: Episode IV - A New Hope": Science Fiction, Epic, Space Opera;
"The Terminator": Terminator, Time Travel, Action;
"Back to the Future": Time-travel, Adventure, Friendship;
"Quest for Camelot": Adventure, Fantasy, Friendship;

Output: The user enjoys adventure and science-fiction movies.

图 4-9 生成用户兴趣画像的语言模板

4.3 大模型生成训练数据

我们知道常规的机器学习模型（如 logistics 回归、FM、深度学习等）以表格特征[①]作为模型的特征，而大模型要么利用无监督学习进行训练，要么利用以文本形式呈现的<输入，输出>样本对进行监督微调（SFT）。这两类训练数据都可以通过大模型生成，下面展开讲解。

4.3.1 大模型直接生成表格类数据

大模型具备生成文本的能力，这是大模型最直接、最容易被大众感知的能力。文本生成可以直接用于个性化推荐的数据生成中。我们知道在很多场景下，推荐系统存在数据不足的问题（如产品刚发布，没有太多用户和用户行为数据），那么利用大模型辅助生成数据就是一个非常朴素的想法。

参考文献[10]提供了一种基于大模型微调生成表格数据的样本的方法——GReaT。先将表格数据转换为文本输入大模型进行微调，如图 4-10 所示。图中步骤(a)表示将表格数据转换为有意义的文本，步骤(b)表示特征顺序置换，步骤(c)表示将获得的句子用于大模型微调。

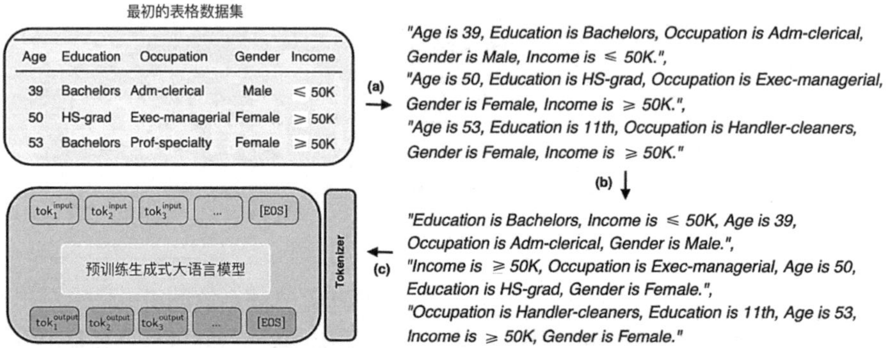

图 4-10 将表格数据转换为文本输入大模型进行微调

微调后的模型可以基于一定的策略生成新样本，如图 4-11 所示。图中步骤(a)表示将单个特征名称或特征值对的任意组合转换为文本，从而使用预训练的大模型生成新的数据，步骤(b)表示将数据输入微调后的大模型完成采样，步骤(c)表示转换为表格。

该方法可以保证生成的样本与原始样本分布一致，这对于数据量不足的推荐场景是比较好的补充。与其他方法相比，GReaT 允许在没有对模型进行重新训练（只需要在大模型上进行微

① 使用表格存储特征，表中的一列对应一个特征。

调）的情况下，将特征子集任意组合[①]进行数据采样。除了可以用来生成新的样本数据，还可以对数据的缺失值进行补充。

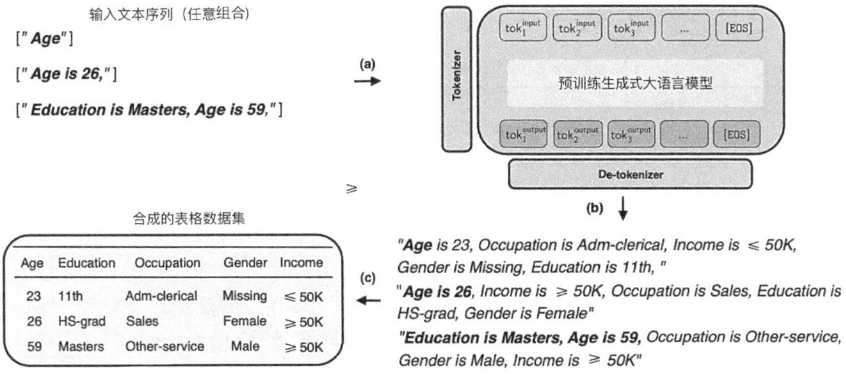

图 4-11 将微调后的模型基于一定的策略生成新样本

GReaT 目前已经在 GitHub 上开源，使用简单的代码即可通过表格类数据生成更多的样本数据。

```
from be_great import GReaT
from sklearn.datasets import fetch_california_housing # California Housing dataset
data = fetch_california_housing(as_frame=True).frame
model = GReaT(大模型='distilgpt2', batch_size=32, epochs=25)
model.fit(data)
synthetic_data = model.sample(n_samples=100)
```

针对某个样本数据，如果你训练好了 GReaT 模型，那么当新收集的数据中包含缺失值时，就可以利用 GReaT 填补缺失值，具体代码如下。

```
# test_data: pd.DataFrame 格式的样本数据
# model: GReaT 在原始样本数据之上训练的模型
# 下面为了模拟有缺失值的新数据，对测试数据随机剔除
import numpy as np
for clm in test_data.columns:
   test_data[clm]=test_data[clm].apply(lambda x: (x if np.random.rand() > 0.5 else
np.nan))
imputed_data = model.impute(test_data, max_length=200)
```

4.3.2 大模型生成监督样本数据

目前，国内出现了大量大模型，其中一个原因是有 LLaMA 等开源模型作为基础，大模型开发者“站在了巨人的肩膀上”；另外一个重要原因是大多数发布大模型的公司会使用 GPT-4[②]

① 可以将任何特征名称或特征名称和值组合。

② 主要原因是可以将 GPT-4 给出的答案作为正确答案。

生成训练的监督样本。基于开源的大模型测试数据集或者人工标注的数据（见表 4-1），通过 GPT-4 获得对应的答案，从而获得<输入，输出>样本对，这些样本对可以作为大模型微调的监督样本，图 4-12 是一个具体的例子。

表 4-1 大模型的不同能力对应的建模任务和相关的数据集

层　次	能　　力	建模任务	数据集
基础	语言生成	语言建模	Penn Treebank、WikiText-103、The Pile、LAMBADA
		条件文本生成	WMT（2014/2016/2019/2020/2021/2022）、Flores-101、DiaBLa、CNN/DailyMail、XSum、WikiLingua、OpenDialKG
		代码生成	PPS、HumanEval、MBPP、CodeContest、MTPB、DS-1000、ODEX
	知识利用	封闭 QA	Natural Questions, ARC、TruthfulQA、Web Questions、TriviaQA、PIQA、LC-quad2.0、GrailQA, KQApro、CWQ、MKQA、ScienceQA
		开放 QA	Natural Questions、OpenBookQA、ARC、TriviaQA、Web Questions、MS MARCO、QASC、SQuAD、WikiMovies
		知识补全	WikiFact、FB15k-237、Freebase、WN18RR、WordNet、LAMA、YAGO3-10、YAGO
	复杂推理	知识推理	CSQA、StrategyQA、HotpotQA、ARC、BoolQ、PIQA、SIQA、HellaSwag、WinoGrande、COPA、OpenBookQA、ScienceQA、proScript、ProPara、ExplaGraphs、ProofWriter、EntailmentBank、ProOntoQA
		符号推理	CoinFlip、ReverseList、LastLetter、Boolean Assignment、Parity、Colored Object、Penguins in a Table、Repeat Copy、Object Counting
		数学推理	MATH、GSM8k、SVAMP、MultiArith、ASDiv、MathQA、AQUA-RAT、MAWPS、DROP、NaturalProofs、PISA、miniF2F、ProofNet
高阶	人类对齐	真实性	TruthfulQA、HaluEval
		有帮助	HH-RLHF
		无害性	HH-RLHF、Crows-Pairs、WinoGender、RealToxicityPrompts
	与外部环境交互	家庭场景	VirtualHome、BEHAVIOR、ALFRED、ALFWorld
		网络环境	WebShop、Mind2Web
		开放世界	MineRL、MineDojo
	工具使用	代码执行	GSM8k、TabMWP、Date Understanding
		计算器	GSM8k、MATH、CARP
		模型接口	GPT4Tools、Gorilla
		数据接口	WebQSP、MetaQA、WTQ、WikiSQL、TabFact、Spider

在实际使用时，大模型会通过批量调用接口针对开源的测试数据集（及公司自己积累的数据集）从 GPT-4 获取结果，获取结果后还可能需要借助人工抽查、规则策略或者（大）模型对

返回结果的置信度评分等手段提升<输入，输出>对的质量，这样微调的效果才会更好。

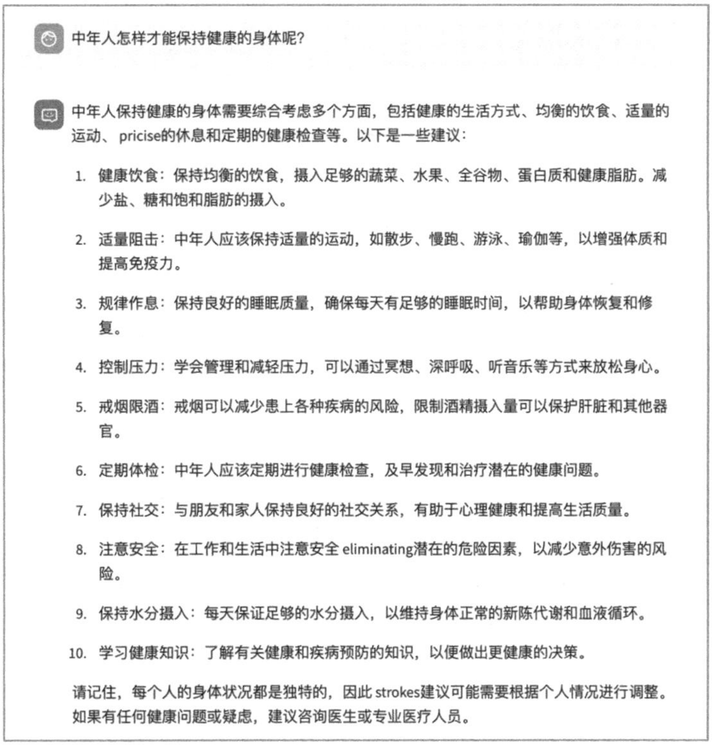

中年人怎样才能保持健康的身体呢?

中年人保持健康的身体需要综合考虑多个方面，包括健康的生活方式、均衡的饮食、适量的运动、pricise的休息和定期的健康检查等。以下是一些建议：

1. 健康饮食：保持均衡的饮食，摄入足够的蔬菜、水果、全谷物、蛋白质和健康脂肪。减少盐、糖和饱和脂肪的摄入。
2. 适量阻击：中年人应该保持适量的运动，如散步、慢跑、游泳、瑜伽等，以增强体质和提高免疫力。
3. 规律作息：保持良好的睡眠质量，确保每天有足够的睡眠时间，以帮助身体恢复和修复。
4. 控制压力：学会管理和减轻压力，可以通过冥想、深呼吸、听音乐等方式来放松身心。
5. 戒烟限酒：戒烟可以减少患上各种疾病的风险，限制酒精摄入量可以保护肝脏和其他器官。
6. 定期体检：中年人应该定期进行健康检查，及早发现和治疗潜在的健康问题。
7. 保持社交：与朋友和家人保持良好的社交关系，有助于心理健康和提高生活质量。
8. 注意安全：在工作和生活中注意安全 eliminating潜在的危险因素，以减少意外伤害的风险。
9. 保持水分摄入：每天保证足够的水分摄入，以维持身体正常的新陈代谢和血液循环。
10. 学习健康知识：了解有关健康和疾病预防的知识，以便做出更健康的决策。

请记住，每个人的身体状况都是独特的，因此 strokes建议可能需要根据个人情况进行调整。如果有任何健康问题或疑虑，建议咨询医生或专业医疗人员。

图 4-12　国内某个开源大模型基于问题给出的回答①

4.4　大模型生成待推荐物品

利用大模型生成的待推荐物品与传统的推荐系统中的待推荐物品有很大区别。传统推荐系统中的待推荐物品是已经存在的，而利用大模型生成待推荐的物品是一个从无到有的过程，这正是生成式大模型的主要价值之一。

4.4.1　为用户生成个性化新闻

下面以 MIND 数据集为例，利用开源大模型为用户生成个性化新闻。我们将生成过程拆解为两个步骤：第一步生成用户喜欢的新闻类型、标题；第二步基于第一步生成的新闻类型、标题生成满足用户个性化需求的新闻。

① 图中保留了回答中出现的各种问题。

1. 生成用户喜欢的新闻类型、标题

下面先给出代码[①]，代码中有完整的注释，对于不熟悉的类或者框架，可以在百度上查询并学习。

```
import json
import os
import time
import pandas as pd
from langchain.callbacks.manager import CallbackManager
from langchain.callbacks.streaming_stdout import StreamingStdOutCallbackHandler
from langchain_core.prompts import PromptTemplate
from langchain_community.llms import LlamaCpp
from langchain.chains import LLMChain
from tqdm import tqdm
from prompter import MindPrompter, MindColdUser
MIN_INTERVAL = 0
current_path = os.getcwd()
mind_prompter = MindPrompter(current_path + '/data/news.tsv')
user_list = MindColdUser(current_path + '/data/user', mind_prompter).stringify()
# 将新闻读到 dataframe 中
news_df = pd.read_csv(
    filepath_or_buffer=os.path.join(current_path + '/data/news.tsv'),
    sep='\t',
    header=0,
)
system = """You are asked to capture user's interest based on his/her browsing history,
and generate a piece of news that he/she may be interested. The format of history is as
below:
{input}
You can only generate a piece of news (only one) in the following json format, the json
include 3 keys as follows:
<title>, <abstract>, <category>
where <category> is limited to the following options:
- lifestyle
- health
- news
- sports
- weather
- entertainment
- autos
- travel
- foodanddrink
- tv
- finance
- movies
- video
- music
```

① 代码：src/basic_skills/generative/generate_news/personalized_news_summary_generator.py。

```
- kids
- middleeast
- northamerica
- games

<title>, <abstract>, and <category> should be the only keys in the json dict. The news
should be diverse, that is not too similar with the original provided news list. You are
not allowed to response any other words for any explanation or note. JUST GIVE ME JSON-FORMAT
NEWS. Now, the task formally begins. Any other information should not disturb you."""
save_path = current_path + '/output/personalized_news_summary.log'
# 下面是调用 LLaMA 大模型的语法
callback_manager = CallbackManager([StreamingStdOutCallbackHandler()])
llm = LlamaCpp(
model_path="/Users/liuqiang/Desktop/code/llm/models/gguf/qwen1.5-72b-chat-q5_k_m.gguf
",
    temperature=0.8,
    top_p=0.8,
    n_ctx=6000,
    callback_manager=callback_manager,
    verbose=True,
)
# 先统计出哪些已经计算了，避免后面重复计算
exist_set = set()
with open(save_path, 'r') as f:
    for line in f:
        data = json.loads(line)
        exist_set.add(data['uid'])
# 调用大模型迭代计算用户可能会喜欢的新闻
for uid, content in tqdm(user_list):
    start_time = time.time()
    if uid in exist_set:
        continue
    if not content:
        continue
    try:
        prompt = PromptTemplate(
            input_variables=["input"],
            template=system,
        )
        chain = LLMChain(llm=llm, prompt=prompt)
        enhanced = chain.run(input=content)
        enhanced = enhanced.rstrip('\n')
        with open(save_path, 'a') as f:
            f.write(json.dumps({'uid': uid, 'news': enhanced}) + '\n')
    except Exception as e:
        print(e)
    interval = time.time() - start_time
    if interval <= MIN_INTERVAL:
        time.sleep(MIN_INTERVAL - interval)
```

上面的代码实现了利用用户的新闻浏览历史生成用户喜欢的新闻标题和类型。下面是两个生成的案例，其中 uid 是用户唯一 ID，news 对应的是用户喜欢的新闻标题和类型。

```
{"uid": 4, "news":
  {
   "title": "New Study Finds Link Between Gut Health and Mental Well-being",
   "abstract": "A groundbreaking research reveals the intricate relationship between the
health of our gut microbiome and our mental health.",
   "category": "health"
  }
}
{"uid": 7, "news":
  {
   "title": "Jimmy Carter Inspires New Fitness Program for Seniors",
   "abstract": "Following Jimmy Carter's recent recovery from a pelvic fracture, a new
fitness program tailored for seniors has been launched.",
   "category": "health"
  }
}
```

2. 生成个性化的新闻

进一步地，我们还可以利用大模型基于用户喜欢的新闻标题和类型，为用户生成个性化的新闻。下面是具体的代码实现①。

```
import json
import os
import time
from langchain.callbacks.manager import CallbackManager
from langchain.callbacks.streaming_stdout import StreamingStdOutCallbackHandler
from langchain.chains import LLMChain
from langchain.prompts import PromptTemplate
from langchain_community.llms import LlamaCpp
from tqdm import tqdm
MIN_INTERVAL = 0
current_path = os.getcwd()
save_path = current_path + '/output/personalized_news.log'
prompt_template = """
you are a news writing expert, The information of the news a user browsed are as follows:
"news": {news}
The news in the curly braces above are a list of all the news that the user has browsed,
which may contain multiple news articles.
the information in the news stand for the category of news the user likes.
Now please write a new for the user, the news must relevant to the interest of the user,
the news you write must less than 300 words.
"""
# 下面是调用 LLaMA 大模型的语法
callback_manager = CallbackManager([StreamingStdOutCallbackHandler()])
```

① 代码：src/basic_skills/generative/generate_news/personalized_news_generator.py。

```
llm = LlamaCpp(
    model_path="/Users/liuqiang/Desktop/code/llm/models/gguf/
qwen1.5-72b-chat-q5_k_m.gguf",
    temperature=0.8,
    top_p=0.8,
    n_ctx=6000,
    callback_manager=callback_manager,
    verbose=True,
)
prompt = PromptTemplate(
    input_variables=["news"],
    template=prompt_template,
)
chain = LLMChain(llm=llm, prompt=prompt)
# 先统计出哪些已经计算了，避免后面重复计算
exist_set = set()
with open(save_path, 'r') as f:
    for line in f:
        data = json.loads(line)
        exist_set.add(data['uid'])
# 打开文件并创建文件对象
file = open(current_path + '/output/personalized_news_summary.log', "r")
# 使用 readlines() 方法将文件内容按行存入列表 lines
lines = file.readlines()
# 关闭文件
file.close()
# 输出文件内容
for line in tqdm(lines):
    info = eval(line)
    uid = info['uid']
    news = info['news']
    start_time = time.time()
    if uid in exist_set:
        continue
    if not news:
        continue
    try:
        enhanced = chain.run(news)
        enhanced = enhanced.rstrip('\n')
        news_ = {"uid": uid, "news": enhanced}
        with open(save_path, 'a') as f:
            f.write(f'{str(news_)}\n')
    except Exception as e:
        print(e)
    interval = time.time() - start_time
    if interval <= MIN_INTERVAL:
        time.sleep(MIN_INTERVAL - interval)
```

运行上面的程序，就为每个用户生成了个性化的新闻，下面是一个案例。

```
Title: "Boxing Legend Floyd Mayweather Jr. Announces Collaboration with Luxury Spirits
Brand"
```

```
Abstract: Renowned boxing champion Floyd Mayweather Jr. is stepping into the world of luxury
spirits with an exciting collaboration. Mayweather, known for his impeccable taste and
opulent lifestyle, has partnered with a prestigious spirits brand to create a
limited-edition premium whiskey.

The collaboration between Mayweather and the luxury spirits brand aims to fuse the worlds
of sports and luxury. The yet-to-be-named whiskey is reported to have been aged to
perfection, with a rich and complex flavor profile.

Scheduled for release later this year, the limited-edition Floyd Mayweather Jr.
collaboration whiskey is expected to attract considerable attention from luxury spirits
enthusiasts and sports fans alike.

Category: sports
```

4.4.2 生成个性化的视频

大模型也能用于视频生成，参考文献[11]提出了一个基于大模型生成小视频并用于个性化推荐的 AI 生成（AI Generator）内容框架 GeneRec，如图 4-13 所示。该框架利用大模型对推荐库中已有的视频进行编辑（Editor）修改或者新生成（Creator）小视频。为了让生成的内容更加个性化，AI 生成内容需要与指令（Instructor）配合，结合用户指令（User Instruction）与反馈（Feedback），例如用户浏览、点击、点赞、踩等，进行更加个性化的内容创作。

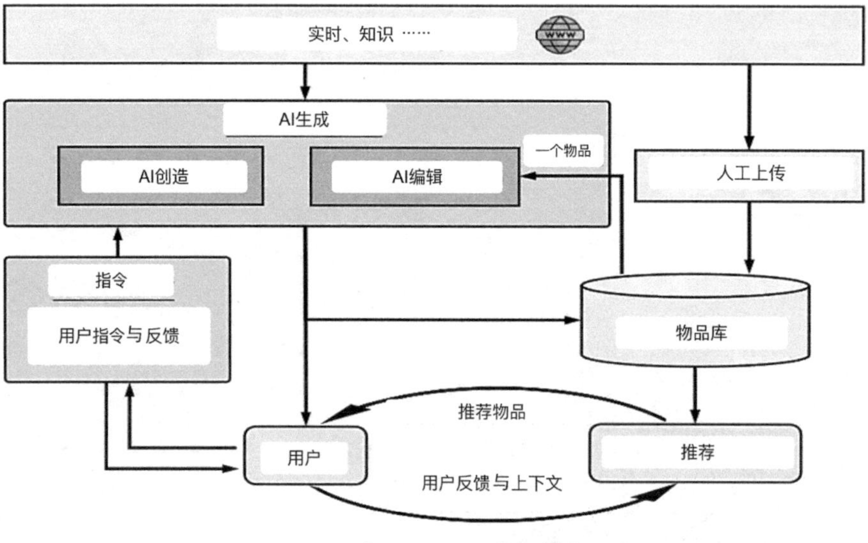

图 4-13 AI 生成内容框架 GeneRec

这里说的生成小视频的范围比较广，从零开始创作算生成，基于已有的小视频完成微创作也算生成。下面对 AI 生成内容中涉及的视频编辑和创造过程进行说明并提供案例。

考虑到个性化缩略图可能会更好地吸引用户点击小视频，可以利用大模型完成个性化缩略图选择和生成任务，为用户呈现更具吸引力和个性化的微视频缩略图。

对于缩略图选择，可以利用用户过去喜欢的小视频学习用户对缩略图的偏好特征，然后通过训练好的模型针对某个小视频选择最合适的缩略图，如图 4-14 所示。

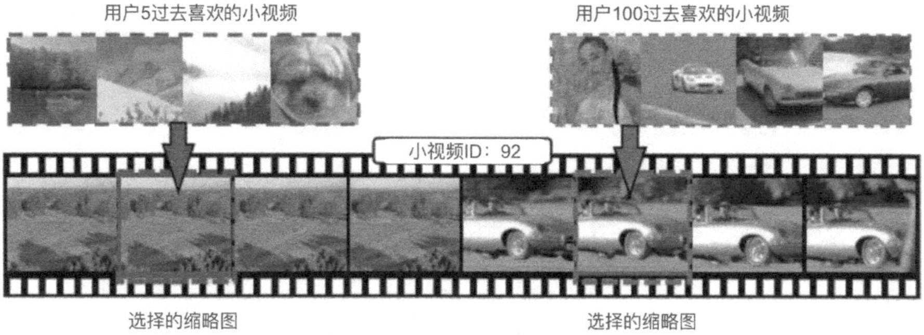

图 4-14　缩略图选择

可以基于用户过去喜欢的小视频和当前视频，利用扩散模型等大模型直接生成缩略图，如图 4-15 所示。

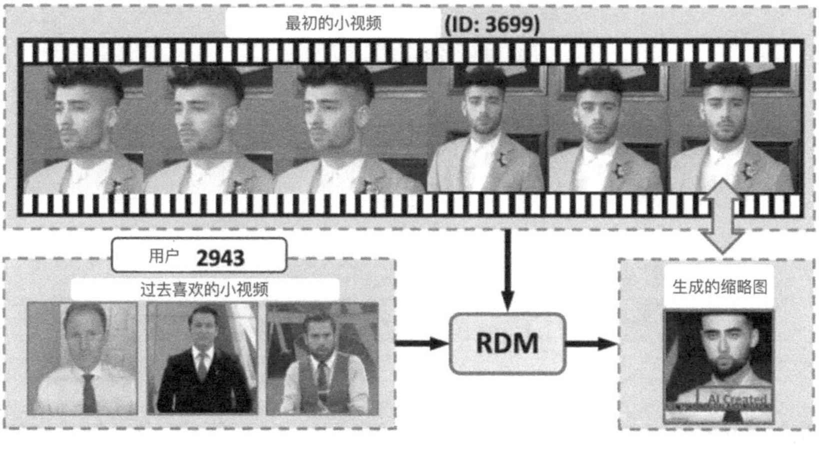

图 4-15　缩略图生成

对比较长的小视频（例如超过 3 分钟），还可以利用 CLIP 技术进行个性化剪辑，如图 4-16 所示，目标是只推荐用户喜欢的剪辑片段，这样可以节省用户的时间并改善用户的使用体验。

上面的缩略图选择和剪辑基本保持了视频原样，原视频没有改变。我们还可以对视频内容进行真正意义上的编辑，包括对视频风格进行迁移，如图 4-17 所示；以及对视频内容进行编辑调整，如图 4-18 所示。

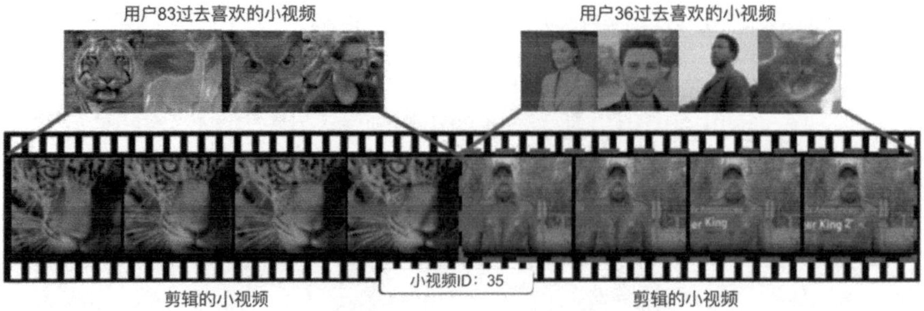

图 4-16　基于用户历史偏好对小视频进行个性化剪辑

图 4-17　利用 VToonify 技术对视频风格进行迁移

图 4-18　利用 MCVD 技术对对视频内容进行编辑调整

当然，最复杂的操作方式是从零开始创造一个小视频。Runway 公司发布的 Gen-2、Pika 以及字节跳动发布的 MagicVideo-V2，都可以基于文本生成视频。图 4-19 是利用 MCVD 技术生成的小视频。

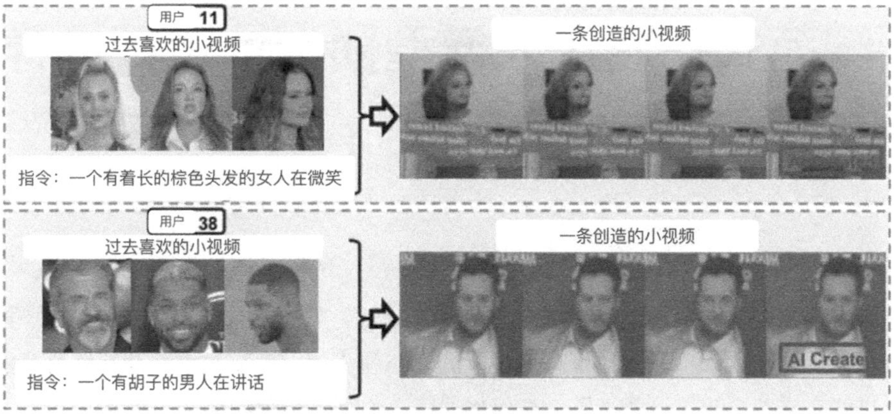

图 4-19 利用 MCVD 技术生成的小视频

4.5 总结

本章借助 MIND 数据集和开源大模型，用代码实现了向量嵌入和生成文本特征，生成的嵌入特征可以直接用于推荐，也可以整合到传统的模型中进行个性化推荐。我们也可以直接利用大模型进行推荐。嵌入方法是推荐系统中非常重要的一种方法，利用大模型进行嵌入表示，可以获得更好的语义理解，能够抓住用户和新闻之间的深层语义关系，最终获得更好的推荐效果，甚至可以解决冷启动和跨领域推荐问题。

借助大模型优秀的文本生成能力、概要总结能力，可以生成相关的文本特征，这些文本特征可以更好地描述新闻和用户兴趣偏好，进而被更好地用于后续的推荐业务中。

大模型既可以生成表格类数据，也可以生成用于微调的监督训练样本。游戏中的虚拟空间、智能汽车中的路况等都可以通过大模型生成，大大提升效率并节省成本。目前，合成数据是大模型最有价值的应用方向之一。

大模型的生成能力可以辅助我们进行创作，本章中利用大模型生成个性化新闻和小视频是两个容易理解的案例。如果将大模型与机器人、3D 打印等技术结合，那么具备大模型能力的具身智能体还能生产出实物商品，例如做一道个性化的美味菜肴，设计一身最适合客户体型的衣服等。

05
预训练范式：通过大模型预训练进行推荐

大模型的输入主要是自监督的海量文本信息，主流架构是 Transformer。如果基于推荐系统相关数据预训练一个大模型，也需要采用类似的思路和步骤。由于推荐系统有其自身的特点，本章重点讲解在推荐系统这一背景下，如何预训练一个解决推荐问题的大模型。

本章首先讲解预训练推荐大模型的一般思路和方法，然后讲解两个案例，最后以 MIND 数据集为例，通过代码实现推荐系统大模型的预训练。

5.1　预训练的一般思路和方法

本节梳理大模型预训练的一般思路和方法。

5.1.1　预训练数据准备

推荐系统的数据主要包括用户数据、物品数据、场景数据、行为数据。基于推荐系统数据的特性，如果要将推荐系统相关的数据转为自监督的文本数据供大模型进行预训练，那么可以利用用户行为序列[①]，行为序列与无监督文本序列非常相似。一般可以采用如下 3 种方式将用户行为序列转换为适合大模型处理的数据格式。

1. 直接利用用户行为序列

用户行为序列对应的 ID（新闻 ID）虽然不是文本（一般是整数或者字符串），但是可以采用与文本一样的建模方式处理。可以采用掩码的方式将行为序列中间一个或者多个行为挡住，利用模型预测掩码部分，处理方式与 BERT 类似。还可以基于前面的行为序列预测后面一个或

① 按照用户点击物品的时间排序。

者多个行为序列，类似 GPT 的处理方式。PTUM 模型采用的就是该处理方式。另外，参考文献[1]中提出的 BERT4Rec 也采用了类似方式。

2. 将用户行为序列 ID 转为相关的文本

这种方式用新闻的标题等文本信息替换 ID，采用模板的方式将用户行为序列转为文本，下面是一个案例。

> 用户过去一段时间点击过的新闻是 title_1、title_2、……、title_n，用户下一个点击的新闻是 title_t。

具体的模板可以非常灵活。按照上面的方式可以将所有用户行为序列构建为自监督样本，然后将其作为大模型的输入。

当然，为了包含更多有价值的信息，让大模型预训练得更加精准，可以将新闻的摘要、标签等信息整合到提示词中，具体实现将在案例中说明。

3. 在用户行为序列中整合用户的特征

除了新闻相关的文本信息，还可以整合用户相关的特征，让模型更加个性化。下面是一个案例。

> 用户 ID：uid 用户名：username
> 用户的点击历史是：title_1、title_2、……、title_n
> 用户下一个点击的新闻是 title_t

其实第 2 种方式中不同用户的点击历史已经隐含了用户的个性化信息（不同用户点击的新闻是不一样的），只不过第 3 种方式将用户更多的信息（例如用户 ID、用户名等）放入预训练语料，这可以让大模型更好地学习到不同用户的差异。

5.1.2 大模型架构选择

推荐系统的实现方式有多种，例如直接推荐、推荐解释、评分预测、序列推荐等。以前的推荐系统针对不同场景分别训练模型，在大模型时代，这几种推荐范式可以用统一的框架实现，大大增加了训练的数据量，因此可以训练规模更大的预训练模型。下面讲解的 P5 模型就是这样实现的。

由于推荐系统涉及的数据规模无法与海量的文本相比，一般预训练推荐系统的大模型参数规模相对较小（例如几千万到几亿个），所以可以采用较小的 Transformer 架构。具体实现上可以采用掩码或 GPT，通常将 BERT、GPT1、GPT2、T5 等模型的架构作为基底，再利用上面提到的推荐系统数据集进行预训练。

关于上面几个模型的架构细节，你可以自行详细了解。第 1 章也对 Transformer 架构的基本原理做过详细介绍，这里不再展开。图 5-1 展示了 Transformer 架构及对应的 BERT4Rec 架构。

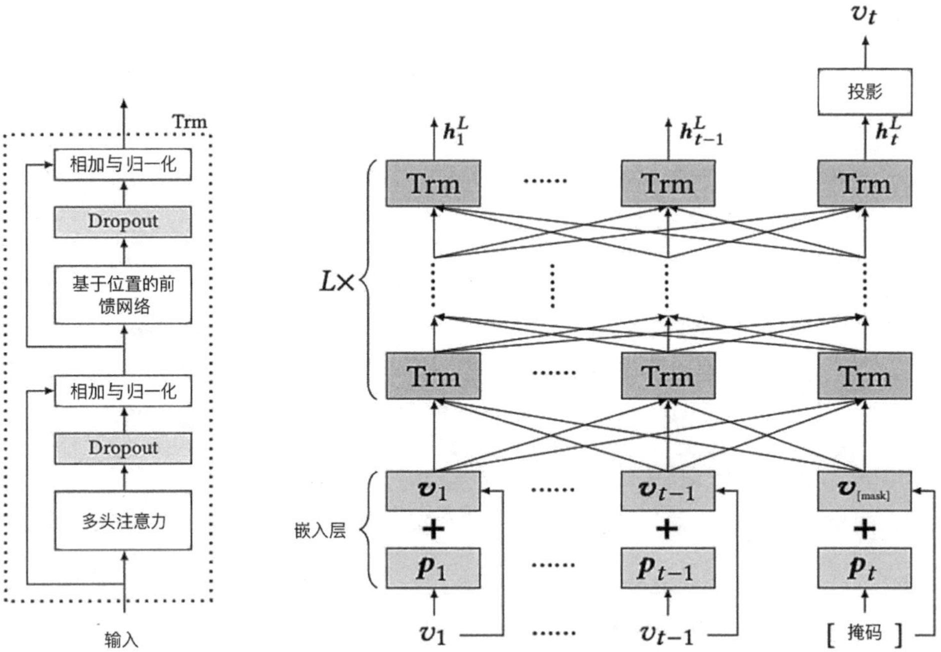

图 5-1 Transformer 架构（左）及对应的 BERT4Rec 架构（右）

图 5-1 右侧底部的$v_1, v_2, \cdots, v_{t-1}$是新闻 ID，上面的$p_1, p_2, \cdots, p_{t-1}, p_t$和$v_1$, v_2, …, v_{t-1}, $v_{[\text{mask}]}$分别是$v_1, v_2, \cdots, v_{t-1}$对应的位置嵌入和 ID 嵌入表示。Trm是 Transformer 层。右上角的投影是分类层或者回归层，可以进行预测（例如预测下一个新闻），我们可以将投影层画完整，如图 5-2 所示。

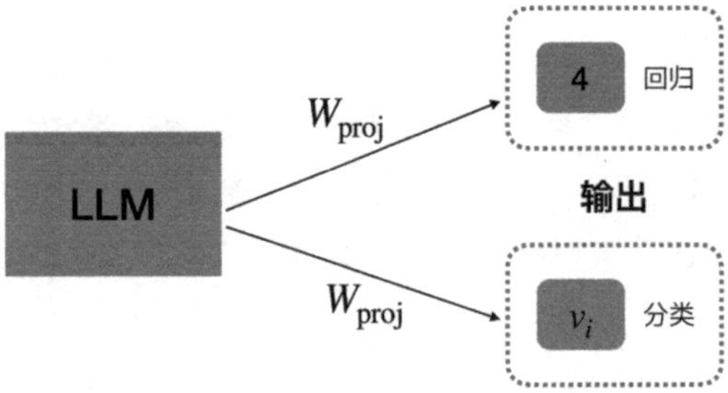

图 5-2 通过在 Transformer 中增加一层进行预测

BERT4Rec 是相对早期的实现方案，架构不复杂，5.2 节会讲解 PTUM 和 P5 这两个更复杂的架构。如果你有兴趣也可以阅读参考文献[2]中 M6-Rec 模型的架构，它是基于阿里达摩院的

M6 大模型预训练的大模型推荐系统。

5.1.3 大模型预训练

准备好预训练数据并确定了模型架构后，就可以对模型进行预训练了。目前有很多开源的框架提供了预训练的处理逻辑和对应的工具代码，我们可以非常方便地进行预训练。下面提供两种可行的预训练方案。

1. 基于 Transformers 库的预训练

Transformers 库是 Hugging Face 社区开源的一个非常流行的处理大模型的框架，支持 PyTorch、TensorFlow、JAX 作为后端训练框架。GitHub 社区中有预训练大模型的代码 run_clm.py[3]，使用起来非常简单，下面是一个训练脚本。

```
python run_clm.py \
   --model_name_or_path gpt2 \  #预训练的模型类型，这里是 gpt2
   --train_file path_to_train_file \ #预训练数据文件
   --validation_file path_to_validation_file \ #验证数据文件
   --config_overrides="n_embd=768,n_head=12,n_layer=12,n_positions=1024" \ #模型参数
   --per_device_train_batch_size 8 \ #预训练的 batch size
   --per_device_eval_batch_size 8 \ #验证的 batch size
   --do_train \ #需要进行预训练
   --do_eval \ #需要进行验证
   --output_dir /tmp/test-clm #预训练好的模型的输出路径
```

在笔者的 MacBook Pro（M3 Max 芯片、16 核 CPU、40 核 GPU、128GB 显存）上可以利用 MPS（Metal Performance Shaders） backend①进行预训练，40 分钟左右可以训练 3 个 epoch②。上述代码也可以在英伟达的 GPU 上运行。

2. 基于苹果的 MLX 框架预训练

如果使用 MacBook，那么还可以利用苹果开源的 MLX 机器学习框架[4]进行预训练③，这个框架是苹果的机器学习团队专为 MacBook 打造的，性能高于基于 MPS 的 PyTorch，支持各种大模型的预训练和微调，并且有相当丰富的代码案例。

利用 MLX 进行预训练非常简单，下面是一个具体的案例，你可以从参考文献[5]中获得更多的案例，其中涵盖了主流的大模型。

```
python main.py \ # main.py 请参考参考文献[9]
--gpu \ #利用 GPU 进行预训练
```

---

① PyTorch 从 2022 年发布的 1.12 版本开始就通过 MPS 支持苹果的 GPU，可以将 MPS 等价为苹果生态的 CUDA。

② 使用最早版本的 GPT-2，参数量约 1.2 亿个。

③ 这是一个类似 PyTorch 的机器学习框架。

```
--context_size 1024 \ # 模型 token 的 context size
--num_blocks 12 \ #Transformer 块的个数
--dim 768  \  #嵌入层和隐藏层的维数
--num_heads 12  \ # Transformer 模型的 multi-head 个数
--checkpoint  \ #需要进行 checkpoint，如果预训练过程中断，则可以从 checkpoint 恢复
--num_iters 1000  \ #预训练迭代次数
--learning_rate 3e-4  \ #模型的学习率
--weight_decay 1e-5  \ #权重 decay 的幅度
--lr_warmup 200  \ #LR linear warmup iterations
--steps_per_report 3 \ #每 3 步打印 loss
--dataset wikitext2 #利用 wikitext2 数据预训练模型
```

上面只是简单提供了预训练大模型的两种可行方案，5.3 节会基于 MIND 数据集，实现一个真正的推荐系统大模型的预训练。

上面两个案例在单个机器上预训练大模型，如果机器配置不高，模型参数较多，预训练的数据量比较大，预训练就会非常慢。如果你有多个显卡，需要加速预训练过程，或者模型太大，单个卡无法完成训练，那么可以使用一些大模型的分布式预训练的库，比较流行的库包括 ColossalAI、DeepSpeed、Megatron-LM 等，第 9 章会详细介绍。

5.1.4 大模型推理（用于推荐）

在完成大模型的预训练后，还需要进行推理才能让大模型用起来，即为用户生成个性化的推荐。推理的流程如图 5-3 所示，输入数据是用户行为（可能需要加上新闻文本、用户文本信息），输出是推荐结果，参见 5.1.1 节中的 3 种数据转换方式。

图 5-3 利用预训练的推荐大模型进行推理的流程

在真实使用场景中，推理速度非常重要，目前有很多框架支持大模型的高性能推荐。比较流行的加速大模型推理的框架有 Transformers 库、llama.cpp（使用 C/C++推理，可以较好支持 MacBook）、vLLM（基于 CUDA 生态）、TensorRT-LLM（由英伟达开源，支持 CUDA 生态）、MLX 等。这里以 Transformers 库和 llama.cpp 为例说明如何提升推荐系统大模型的推理速度。

1. 使用 Transformers 库进行推理

Transformers 库已经提供了非常丰富的生态用来对大模型进行推理，如果你预训练好了大模型，或者选定了开源的大模型，那么可以直接用 Transformers 库进行推理。下面是一个具体的代码案例，供你参考。

```
from transformers import pipeline
from transformers import AutoTokenizer, AutoModelForCausalLM
```

```
from langchain.chains import LLMChain
from langchain_community.llms.huggingface_pipeline import HuggingFacePipeline
from langchain.prompts import PromptTemplate

MODEL = "/Users/liuqiang/Desktop/code/llm/models/Yi-34B-Chat" #从 Hugging Face 上下载的模
# 型，如果是利用上面步骤预训练的模型，则填写预训练模型的地址

tokenizer = AutoTokenizer.from_pretrained(MODEL)
model = AutoModelForCausalLM.from_pretrained(MODEL)
pipe = pipeline(
    "text-generation",
    model=model,  # 这是模型的具体存储路径
    tokenizer=tokenizer,
    max_length=1024, # 最大输入长度
    temperature=0.1, # 温度参数
    top_p=0.9, # top_p 参数
    repetition_penalty=1.15
)

llm = HuggingFacePipeline(pipeline=pipe)
prompt_template = f"""
        '<指令>根据用户的新闻点击历史为用户进行个性化推荐，答案请使用中文 </指令>\n'
        '<已知信息>{{context}}</已知信息>\n' # 这里可以是用户的新闻点击历史
        '<问题>{{question}}</问题>\n'  #例如问用户下一个会点击的新闻是什么
"""

prompt = PromptTemplate(
    input_variables=["context", "question"],
    template=prompt_template,
)

try:
    chain = LLMChain(prompt=prompt, llm=llm)
    res = chain.invoke(input={"context": context, "question": query})
except Exception as e:
    print(e)
print(res)
```

2. 使用 llama.cpp 进行推理

llama.cpp 对 MacBook 支持较好，可以将大模型部分层的参数缓存到 GPU 上，因此能充分利用 MacBook 的 GPU，推理速度很快。推理的具体实现方式与上面类似，下面给出对应的代码案例。

```
from langchain.chains import LLMChain
from langchain_community.llms import LlamaCpp

MODEL = "/Users/liuqiang/Desktop/code/llm/models/gguf/yi-34b-chat.Q5_K_M.gguf"
# 模型地址，如果利用 llama.cpp 则需要使用 gguf 格式的大模型

n_gpu_layers = 128  # 根据模型和 GPU 大小设置参数
```

```
n_batch = 4096  # 可以设置为 1 到 n_ctx之间的任何值，根据计算机的 RAM 大小设置
llm = LlamaCpp(
    model_path=MODEL,
    n_gpu_layers=n_gpu_layers,
    n_batch=n_batch,
    f16_kv=True,  # 设置为 True，避免运行过程中遇到问题
    temperature=0.1,
    top_p=0.9,
    n_ctx=10000,
    verbose=True,
    stop=["<|im_end|>"]  # 生成的答案中出现这些词就停止
)

prompt_template = f"""
        '<指令>根据用户的新闻点击历史为用户进行个性化推荐，答案请使用中文 </指令>\n'
        '<已知信息>{{context}}</已知信息>\n' # 这里可以是用户的新闻点击历史
        '<问题>{{question}}</问题>\n'  #例如问用户下一个会点击的新闻是什么
"""

prompt = PromptTemplate(
    input_variables=["context", "question"],
    template=prompt_template,
)

try:
    chain = LLMChain(prompt=prompt, llm=llm)
    res = chain.invoke(input={"context": context, "question": query})
except Exception as e:
    print(e)
print(res)
```

上面是具体的推理步骤代码，在真实业务场景中还需要将大模型部署成服务，这可以使用 FastAPI 等 Python Web 框架实现，也可以采用开源的方案，例如 SGLang、Lepton AI。大模型服务的相关内容将在工程实践部分讲解，这里不再赘述。

5.2 案例讲解

本节在 5.1 节的基础上延伸，重点讲解两个预训练大模型推荐系统的框架，让你可以更好地了解大模型推荐系统的架构特点及具体的实现方案。

5.2.1 基于 PTUM 架构的预训练推荐系统

PTUM 是 Pre-Training User Model 的缩写，指基于用户行为的预训练模型，模型的架构比较简单，如图 5-4 所示。PTUM 同时利用掩码行为预测和后续行为预测，可以获得更好的泛化能力和预测效果，这一思路类似于 1.3.1 节提到的将语言建模过程作为微调的辅助目标，GPT-1 就

是这样预训练的。下面分别对掩码行为预测和后续行为预测展开讲解。

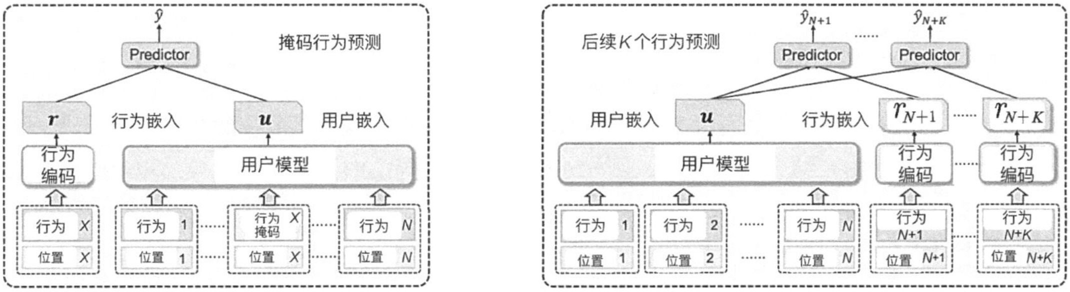

图 5-4　PTUM 的架构

1. 掩码行为预测

掩码行为预测（Masked Behavior Prediction，MBP）就是将用户行为序列中间的一个或者多个行为掩盖起来，然后建模预测掩盖的行为，类似 BERT 的建模思路。图 5-4 左侧的 Predictor 是预测函数$\hat{y} = f(\boldsymbol{u}, \boldsymbol{r})$，其中，$\boldsymbol{u}, \boldsymbol{r}$分别是用户行为和待预测的 item 的嵌入向量，掩码预测的是左边行为 X 的概率。f可以是神经网络模型，也可以是简单的向量余弦相似度函数。由于用户行为的所有可能情况其实就是 item 的数量，因此预测用户的行为是一个多分类问题，所以可以采用交叉熵损失函数，具体如下。

$$\mathcal{L}_{\text{MBP}} = -\sum_{y\in\mathcal{S}_1}\sum_{i=1}^{P+1} y_i \lg(\hat{y}_i) \quad (5\text{-}1)$$

上式中的$\mathcal{S}_1$是从用户行为构造的掩码预测训练数据集。y_i和$\hat{y}_i$分别是掩码真实的和预测的 label（item ID）的概率。P是负样本的数量，针对每个掩码训练数据，从其他用户行为中随机抽取P个 item 作为负样本。

2. 后续行为预测

后续行为预测（Next K Behaviors Prediction，NBP）基于用户过去的行为预测接下来的k个行为，类似 GPT 系列模型中预测下一个单词出现的概率。图 5-4 中的$\hat{y}_{N+1}$和 $\hat{y}_{N+K}$与上面一样，是预测的后续 item 的概率，也可以是神经网络模型或向量余弦函数。损失函数还是采用交叉熵，具体如式（5-2）所示。

$$\mathcal{L}_{\text{NBP}} = -\frac{1}{K}\sum_{y\in\mathcal{S}_2}\sum_{k=1}^{K}\sum_{i=1}^{P+1} y_{i,k} \ln\left(\hat{y}_{i,k}\right) \quad (5\text{-}2)$$

式（5-2）中的$\mathcal{S}_2$是从用户行为构造的后续行为预测训练数据集，$y_{i,k}$和$\hat{y}_{i,k}$分别是真实的和预测的后续第k个行为是 item i的概率。这里P也是负样本的个数。

将式（5-1）和式（5-2）结合起来，就得到了PTUM模型的损失函数，如式（5-3）所示，其中λ是超参数，代表的是后续行为预测所占的权重，可以通过交叉验证的方式取一个合适的值。

$$\mathcal{L} = \mathcal{L}_{\text{MBP}} + \lambda \mathcal{L}_{\text{NBP}} \tag{5-3}$$

图5-4中既有行为嵌入也有位置嵌入，PTUM对item进行嵌入然后构建Transformer模型，item嵌入（编码）需要结合其他算法，例如GRU、BERT等。PTUM模型比较简单，这里不再赘述，可以通过参考文献[6]了解更多细节。

5.2.2 基于P5的预训练推荐系统

笔者认为，预训练个性化提示词预测框架[7]（Pretrain, Personalized Prompt, and Predict Paradigm，P5）是一个更加通用的、具有大模型精髓的框架，因此重点讲解。P5将五大类推荐问题统一在一个自然语言处理框架下，这样可以通过预训练一个模型一次性解决这5类问题，这正是大模型泛化能力的最好证明。图5-5给出P5解决的5类推荐问题及对应的模型预训练数据。

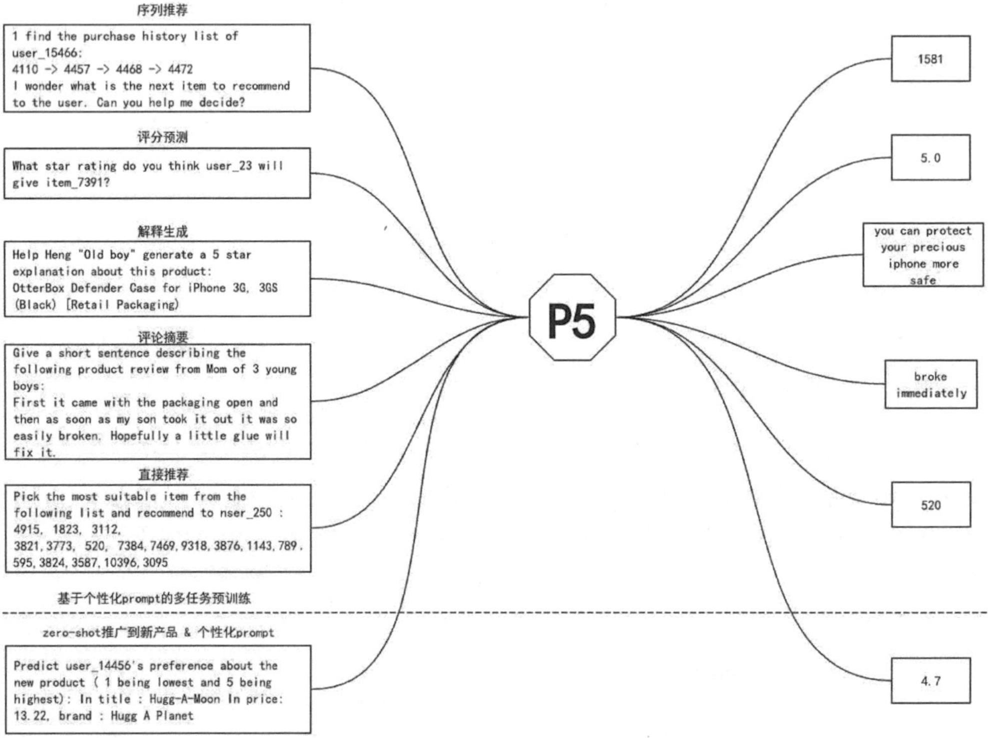

图5-5 P5解决的5类推荐问题及对应的模型预训练数据

从图 5-5 中可以看到，P5 不是完全意义上的自监督学习，评分预测、解释生成等是需要监督数据的，但是序列推荐可以基于用户行为构建自监督样本，然后“喂”给大模型。下面详细说明 P5 预训练的实现流程。

1. 预训练数据准备

P5 基于不同的推荐类型构建对应的提示词模板（Prompt Template），然后对收集的推荐系统原始数据进行处理，最后按照定义好的模板组织数据，这样就可以构建大模型预训练需要的训练语料了。

根据参考文献[7]中设计的个性化提示词模板，通过原始数据构建输入-目标对，只需将提示词中的字段（大括号中的部分）替换为原始数据中的相应信息，P5 预训练数据模板如图 5-6 所示。P5 的 5 类任务的原始数据有三个独立的来源。具体而言，评分预测、评论摘要、推荐解释提示词具有共享的原始数据，见图 5-6(a)。序列推荐（见图 5-6(b)）和直接推荐（见 5-6(c)）使用相似的原始数据，但序列推荐需要用户交互历史。

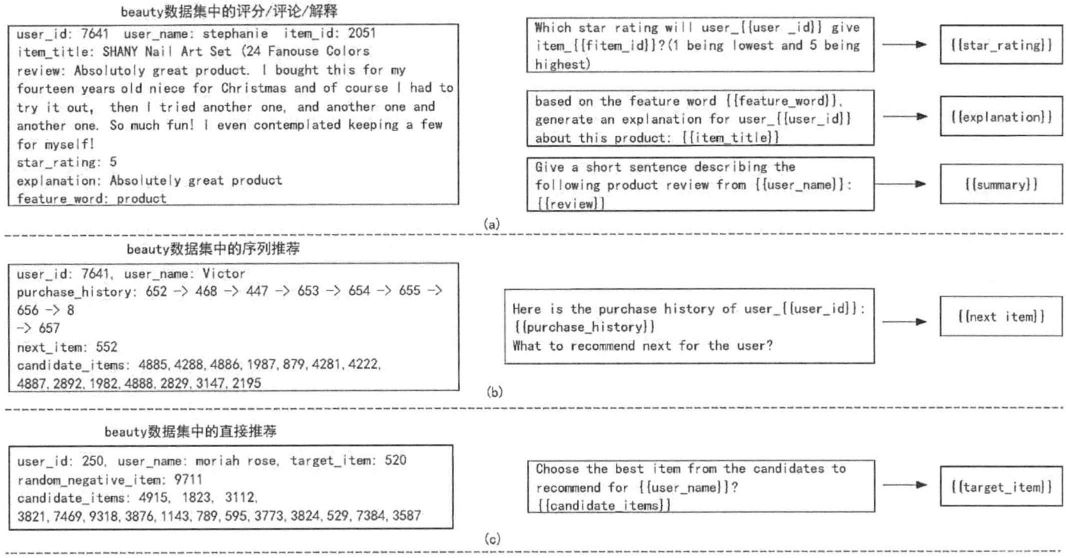

图 5-6　P5 预训练数据模板

图 5-6 中中间是输入模板（Input Template），右侧是目标模板（Target Template）。例如，最后一行的输入模板和目标模板分别是：

```
输入模板：Choose the best item from the candidates to recommend for {{user_name}}? \n
{{candiate_items}}
目标模板：{{target_item}}
```

这里只给出了几个简单的数据模板示例，参考文献[7]的附录中有完整的模板。5.3 节的代码案例会采用类似的思路处理，这里不再赘述。

2. P5 的模型架构

个性化提示词集便于创建大量可用的预训练数据，这些数据涵盖了广泛的推荐任务。得益于提示词模板，所有预训练数据共享统一格式的输入–目标 token 序列，打破了不同任务之间的界限。在大模型“自然语言条件生成”的统一框架下，预训练多个推荐任务构建的统一数据集可以用于所有的单个推荐任务。

有了预训练的数据，下面就可以选择对应的模型架构了。P5 将 T5 作为基底模型，包括一个小型模型和一个基础模型：6075 万个参数的 P5-small 和 2328 万个参数的 P5-base。P5 预训练模型架构如图 5-7 所示。

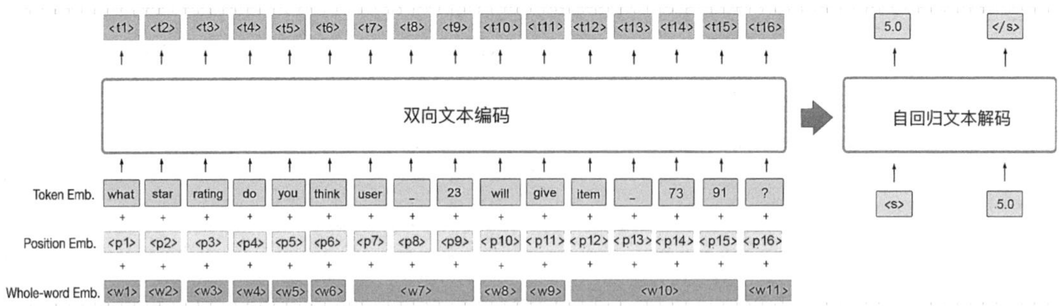

图 5-7 P5 预训练模型架构

对于示例输入提示词“what star rating do you think user_23 will give item_7391?”，P5 采用编码器–解码器框架：先用双向文本编码器对输入进行编码，再通过文本解码器自回归生成答案。

参考文献[7]还通过整词嵌入（whole-word embedding）***W*** 来指示连续的子词（sub-word）token 是否来自同一原始词。例如，如果直接将 ID 号为 7391 的 item 表示为“item_7391”，则单词将被句子片段标记化（Sentence-Piece Tokenizer）拆分为 4 个独立的 token（item、_、73、91）。在共享的整词嵌入⟨w10⟩的帮助下，可以将 item、_、73、91 作为同一个词的信息整合到模型中，因此，P5 可以更好地识别具有个性化信息的部分。

与特定任务的推荐模型相比，P5 依赖在大规模个性化提示词集上基于多任务提示词的预训练，这使得 P5 能够适应不同的推荐任务，甚至能推广 / 泛化到新的个性化提示词场景。

针对 P5 模型，采用预测下一个词的框架来构建模型，那么针对一条训练样本，损失函数可以按照式（5-4）定义，这里的X是输入文本序列（上面提到的输入提示词），$y_{<j}$代表生成的第$1\sim j-1$个 token，然后预测第j个 token y_j，P_θ就是预测y_j的概率。

$$\mathcal{L}_\theta^P = -\sum_{j=1}^{|y|} \ln P_\theta\left(y_j \mid y_{<j}, X\right) \tag{5-4}$$

3. P5 的预训练

有了数据和模型架构，预训练就比较容易了。P5 的代码已经在 GitHub 上开源，Transformers 库提供了模型预训练的函数和类。下面简单说明基于 Transformers 库的预训练思路。

Transformers 库的 Trainer 类提供了对大模型进行预训练的所有封装，可以进行预训练。下面是一个简单的代码示例，供你参考。

```
from transformers import (
    T5Config,
    T5ForConditionalGeneration,
    AutoTokenizer,
    Trainer,
    TrainingArguments
)

config = T5Config.from_pretrained("t5-small")
model = T5ForConditionalGeneration.from_pretrained("t5-small", config=config)
tokenizer = AutoTokenizer.from_pretrained("t5-small")

args=TrainingArguments(
    warmup_steps=warmup_steps, # warmup 步数
    num_train_epochs=epochs, #epochs 数量
    learning_rate=lr, # 学习率
    optim=optim, # 优化方法
    evaluation_strategy="steps",
    save_strategy="steps",
    eval_steps=200,
    save_steps=200,
    output_dir=output_dir,
    save_total_limit=3,
    load_best_model_at_end=True
)

trainer = Trainer(
    model=model, #对应的模型
    args=training_args, # 预训练相关参数，例如学习率等
    train_dataset=train_dataset, # 预训练数据集
    eval_dataset=eval_dataset, # 评估数据集，如果没有则填 None
    tokenizer=tokenizer, # token
    compute_metrics=compute_metrics # 评估的指标
)
```

将上面的伪代码完善为一个具体的 Python 脚本 train.py 后，就可以利用 PyTorch 进行预训练了。下面是使用 PyTorch 在单机上启动多个进程进行预训练的示例，单机预训练耗时较长，

可以使用多个 GPU 进行加速。

```
torchrun --standalone \
    --nnodes=1 \ # 节点数量
    --nproc-per-node=4 \ #启动 4 个进程运行
    train.py \ #待预训练的模型脚本
    --datasets Beauty \ #具体的数据集
    --epochs 10 \  # epochs 数量
    --batch_size 128 \ #batch 大小
```

上面是简单的实现思路，5.3 节的代码案例也是基于 T5 架构实现的，会给出详细的代码实现过程。

4. P5 的推理

预训练好的 P5 模型已经在 Hugging Face 社区开源（模型 ID：makitanikaze/P5），本节使用该模型展示推理过程。

```
# Use a pipeline as a high-level helper
from transformers import pipeline, T5ForConditionalGeneration,AutoTokenizer

model_path = "/Users/liuqiang/Desktop/code/llm4rec/P5/snap/p5_beauty_base"  # 下载后的本
# 地路径

model = T5ForConditionalGeneration.from_pretrained(model_path)
tokenizer = AutoTokenizer.from_pretrained(model_path)

tokenizer.pad_token_id = (
    0  # unk. we want this to be different from the eos token
)
tokenizer.padding_side = "left"

generate_num = 3

prediction = model.generate(
    input_ids=input_ids,
# token 后的，例如 input_ids = tokenizer("Considering {dataset} user_{user_id}
# has interacted with {dataset} items {history} . What is the next recommendation for the
# user ?", return_tensors="pt").input_ids
    max_length=30, # 最大长度
    num_beams=generate_num, # 集束搜索大小
    num_return_sequences=generate_num, # 生成的数量
    output_scores=True, #返回生成的预测得分
    return_dict_in_generate=True,
)

prediction_ids = prediction["sequences"] # 预测的 token 张量

generated_sents = tokenizer.batch_decode(  # 最终生成的结果
    prediction_ids, skip_special_tokens=True
)
```

运行上面代码，最终结果基于 input_ids 中的提示词预测用户接下来会购买的商品，如下所示。

```
['Beauty item_1679', 'Beauty item_1668', 'Beauty item_1240', 'Beauty item_1263',...]
```

5.3 基于 MIND 数据集的代码实战

本节以 MIND 数据集为例，进一步用代码实现大模型的预训练，手把手教你从零开始预训练一个自己的推荐系统大模型。

本节依然将 T5 作为基底模型，采用与 P5 类似的框架实现推荐大模型的预训练。

5.3.1 预训练数据集准备

我们基于 P5 模型预训练数据的格式来处理 MIND 数据集。

```
U13740 N55189 N42782 N34694 N45794 N18445 N63302 N10414 N19347 N31801
U73700 N10732 N25792 N7563 N21087 N41087 N5445 N60384 N46616 N52500 N33164 N47289 N24233
N62058 N26378 N49475 N18870
U34670 N45729 N2203 N871 N53880 N41375 N43142 N33013 N29757 N31825 N51891
U79199 N37083 N459 N29499 N38118 N37378 N24691 N27235 N34694 N13137 N35022 N16617 N39762
N35452 N58580 N1258 N24492 N31801 N43142 N14761
```

上面的每行都代表一条样本。每行的第一个字符串是用户 ID，后面的字符串是用户点击过的新闻 ID，按照时间升序排列。为了模型更加精准，只保留点击了 5 条或更多新闻的用户。根据这一数据格式，可以使用 MIND 数据集的 behaviors.tsv 表，其中的 User ID 字段是用户 ID，User Click History 字段是用户点击过的历史新闻。

1. 生成预训练的序列数据

可以使用 generate_user_sequence.py 函数将 behaviors.tsv 表中的数据转换为上面的格式[①]。

```
import csv
user_sequence_list = []
with open('../data/mind/behaviors.tsv', 'r') as file:
    reader = csv.reader(file, delimiter='\t')
    for row in reader:
        uid = row[1]
        history = row[3]
        if len(history.split(" ")) >= 5:  # 用户至少要有 5 次历史点击行为
            r = uid + " " + history
            user_sequence_list.append(r)
```

① 代码：/src/basic_skills/train-llm/data-process/generate_user_sequence.py。

```
user_sequence_path = "../data/mind/user_sequence.txt"
with open(user_sequence_path, 'a') as file:
    for r in user_sequence_list:
        file.write(r + "\n")
```

经过上述处理，我们就生成了用户行为序列数据，这个数据在代码仓库的路径是/src/basic_skills/train-llm/data/mind/user_sequence.txt。

2. 生成预训练数据

为了更好地处理模型，需要将用户行为序列进行编码，我们为用户 ID 和新闻 ID 顺序编码，从第一个用户开始，逐个为用户的连续点击行为分配编号连续的 ID。当一个用户迭代完成后，进入下一个用户的迭代过程，为任何尚未被分配的新闻分配一个新的、递增的 ID。顺序编码方法仅用于预训练数据，以避免评估阶段的潜在数据泄露。

注意：user_sequence.txt 中的每个用户点击的最后两个新闻会被用于测试和验证，不在预训练数据考虑之列。生成预训练数据的具体代码实现如下[①]。

```
import os
import json
import sys
import fire
sys.path.append('../')
from utils import sequential_indexing, load_prompt_template, check_task_prompt,
get_info_from_prompt
from utils import construct_user_sequence_dict, read_line

def main(data_path: str, item_indexing: str, task: str, dataset: str, prompt_file: str,
sequential_order: str, max_his: int, his_sep: str, his_prefix: int, skip_empty_his: int):
    file_data = dict()
    file_data['arguments'] = {
        "data_path": data_path, "item_indexing": item_indexing, "task": task,
        "dataset": dataset, "prompt_file": prompt_file, "sequential_order":
sequential_order,"max_his": max_his, "his_sep": his_sep, "his_prefix": his_prefix,
"skip_empty_his": skip_empty_his
    }
    file_data['data'] = []
    tasks = list(task)
    user_sequence = read_line(os.path.join(data_path, dataset, 'user_sequence.txt'))
    user_sequence_dict = construct_user_sequence_dict(user_sequence)
    reindex_user_seq_dict, item_map = sequential_indexing(data_path, dataset,
                                              user_sequence_dict, sequential_order)
    # get prompt
    prompt = load_prompt_template(prompt_file, tasks)
    info = get_info_from_prompt(prompt)
    check_task_prompt(prompt, tasks)
    # Load training data samples
    training_data_samples = []
```

① 代码：/src/basic_skills/train-llm/data-process/generate_dataset_train.py。

```
    for user in reindex_user_seq_dict:
        items = reindex_user_seq_dict[user][:-2]
        for i in range(len(items)):
            if i == 0:
                if skip_empty_his > 0:
                    continue
            one_sample = dict()
            one_sample['dataset'] = dataset
            one_sample['user_id'] = user
            if his_prefix > 0:
                one_sample['target'] = 'item_' + items[i]
            else:
                one_sample['target'] = items[i]
            if 'history' in info:
                history = items[:i]
                if max_his > 0:
                    history = history[-max_his:]
                if his_prefix > 0:
                    one_sample['history'] = his_sep.join(["item_" + item_idx for item_idx
in history])
                else:
                    one_sample['history'] = his_sep.join(history)
            training_data_samples.append(one_sample)
    print("load training data")
    print(f'there are {len(training_data_samples)} samples in training data.')
    # construct sentences
    for i in range(len(training_data_samples)):
        one_sample = training_data_samples[i]
        for t in tasks:
            datapoint = {'task': dataset + t, 'data_id': i}
            for pid in prompt[t]['seen']:
                datapoint['instruction'] = prompt[t]['seen'][pid]['Input']
                datapoint['input'] = prompt[t]['seen'][pid]['Input'].format(**one_sample)
                datapoint['output'] =
prompt[t]['seen'][pid]['Output'].format(**one_sample)
                file_data['data'].append(datapoint.copy())

    print("data constructed")
    print(f"there are {len(file_data['data'])} prompts in training data.")
    # save the data to json file
    output_path = f'{dataset}_{task}_{item_indexing}_train.json'

    with open(os.path.join(data_path, dataset, output_path), 'w') as openfile:
        json.dump(file_data, openfile)

if __name__ == "__main__":
    fire.Fire(main)
```

上面的代码会依赖一些辅助函数，这些函数存放在代码仓库/src/basic_skills/train-llm/utils.py中，你可以自己查看，这里不再赘述。后续代码中没有定义的函数都在 utils.py 中，不再说明。我们可以通过下面的脚本运行上面的程序。

```
python generate_dataset_train.py --data_path
/Users/liuqiang/Desktop/code/llm4rec/llm4rec_abc/src/train-llm/data/ \
 --item_indexing  sequential --task sequential,straightforward --dataset mind
--prompt_file ../prompt.txt \
 --sequential_order original --max_his 10 --his_sep ' , ' --his_prefix 1 --skip_empty_his
1
```

表 5-1 给出了 generate_dataset_train.py 脚本的参数说明。注意，这里通过 Python 的 fire 包将参数注入代码。

表 5-1 generate_dataset_train.py 脚本的参数说明

参　数	说　明
data_path	数据目录
item_indexing	新闻的索引方式，这里采用 sequential，是顺序索引
task	推荐任务，提供序列（sequential）推荐和直接（straightforward）推荐两种方式
dataset	这里采用 MIND 数据集
prompt_file	提示词模板文件
sequential_order	按照用户在文件 user_sequence.txt 中本来的顺序对用户索引
max_his	预训练时用户的历史取 max_his，这里是 10，也就是只用最近的 10 个点击行为预训练模型
his_sep	用户历史的分隔符，本节用逗号
his_prefix	历史中是否加前缀，1 代表是。如果一个新闻的索引是 1023，那么加前缀就是 item_1023
skip_empty_his	是否跳过历史为空的用户，1 代表是，也就是历史为空的用户不会用于预训练模型

运行 generate_dataset_train.py 脚本会生成 4 个文件，表 5-2 分别解释说明。

表 5-2 运行 generate_dataset_train.py 脚本后生成的文件

文件名	解释说明
item_sequential_indexing_original.txt	新闻 ID 索引，从 1001 开始
user_indexing.txt	用户 ID 索引，从 1 开始
user_sequence_sequential_indexing_original.txt	将最原始的 user_sequence.txt 数据的用户 ID 和新闻 ID 替换成索引后的数据
mind_('sequential', 'straightforward')_sequential_train.json	大模型预训练数据。这个数据是 JSON 格式的 数据格式如下 {"arguments": {"data_path": "/Users/liuqiang/Desktop/code/llm4rec/llm4rec_abc/src/train-llm/data/", "item_indexing": "sequential", "task": ["sequential", "straightforward"], "dataset": "mind", "prompt_file": "../prompt.txt", "sequential_order": "original", "max_his": 10, "his_sep": " , ", "his_prefix": 1, "skip_empty_his": 1}, "data": [{"task": "mindsequential", "data_id": 0, "instruction": "Considering {dataset} user_{user_id} has interacted with {dataset} items {history} . What is the

续表

文件名	解释说明
	next recommendation for the user ?", "input": "Considering mind user_1 has interacted with mind items item_1001 . What is the next recommendation for the user ?", "output": "mind item_1002"}]}

表 5-2 最后一行右边的预训练数据案例中包含 instruction 和 input。instruction 是提示词模板，input 是通过将用户行为数据（user_sequence_sequential_indexing_original.txt）替换为提示词模板中的参数获得的。提示词模板有 22 个，具体如下。

```
(1) sequential; seen; Considering {dataset} user_{user_id} has interacted with {dataset} items {history} . What is the next recommendation for the user ?; {dataset} {target}
(2) sequential; seen; Here is the purchase history of {dataset} user_{user_id} : {dataset} item {history} . I wonder what is the next recommended item for the user .; {dataset} {target}
(3) sequential; seen; {dataset} user_{user_id} has purchased {dataset} items {history}, predict next possible item to be bought by the user ?; {dataset} {target}
(4) sequential; seen; I find the purchase list of {dataset} user_{user_id} : {dataset} items {history} , I wonder what other itmes does the user need . Can you help me decide ?; {dataset} {target}
(5) sequential; seen; According to what items {dataset} user_{user_id} has purchased : {dataset} items {history} , Can you recommend another item to the user ?; {dataset} {target}
(6) sequential; seen; What would {dataset} user_{user_id} be likely to purchase next after buying {dataset} items {history} ?; {dataset} {target}
(7) sequential; seen; By analyzing the {dataset} user_{user_id} 's purchase of {dataset} items {history} , what is the next item expected to be bought ?; {dataset} {target}
(8) sequential; seen; Can you recommend the next item for {dataset} user_{user_id} , given the user 's purchase of {dataset} items {history} ?; {dataset} {target}
(9) sequential; seen; After buying {dataset} items {history} , what is the next item that could be recommended for {dataset} user_{user_id} ?; {dataset} {target}
(10) sequential; seen; The {dataset} user_{user_id} has bought items : {dataset} items {history} , What else do you think is necessary for the user ?; {dataset} {target}
(11) sequential; unseen; What is the top recommended item for {dataset} user_{user_id} who interacted with {dataset} item {history} ?; {dataset} {target}
(12) straightforward; seen; What should we recommend for {dataset} user_{user_id} ?; {dataset} {target}
(13) straightforward; seen; {dataset} user_{user_id} is looking for some items . Do you have any recommendations ?; {dataset} {target}
(14) straightforward; seen; Do you have any suggested items for {dataset} user_{user_id} ?; {dataset} {target}
(15) straightforward; seen; Which recommendation should we provide to {dataset} user_{user_id} ?; {dataset} {target}
(16) straightforward; seen; How can we assist {dataset} user_{user_id} with a recommendation ?; {dataset} {target}
(17) straightforward; seen; What would be a suitable recommendation for {dataset} user_{user_id} ?; {dataset} {target}
(18) straightforward; seen; What would be a helpful recommendation for {dataset} user_{user_id} ?; {dataset} {target}
(19) straightforward; seen; Can you recommend an item for {dataset} user_{user_id} ?; {dataset} {target}
```

```
(20) straightforward; seen; Based on {dataset} user_{user_id} 's interests and
requirements , what item would you suggest to try ?; {dataset} {target}
(21) straightforward; seen; For {dataset} user_{user_id} , what item stands out as a top
recommendation that they should consider ?; {dataset} {target}
(22) straightforward; unseen; What is the top recommendation for {dataset} user_{user_id} ?;
{dataset} {target}
```

表 5-3 对提示词中的几个字段进行说明，方便你更好地理解提示词和相关代码。

表 5-3　提示词字段说明

字　段	说　明
sequential	sequential 指序列推荐，也就是基于用户的点击历史，预测他接下来要点击的新闻
straightforward	straightforward 是直接推荐，也就是不告诉模型用户的点击历史，预测用户下一个要点击的新闻
seen unseen	从每个任务中，选择一个提示词模板作为可见/不可见提示词（在预训练集中没有相关模板构建的数据），用于评估模型的零样本泛化能力
dataset	预训练模型的数据集，这里采用的是 MIND 数据集，在代码中用小写
user_id	用户 ID，具体会根据用户行为序列填充提示词，形成预训练数据
history	用户过去的新闻点击历史
target	预测用户下一个要点击的新闻

3. 生成测试、验证数据

有了上面的训练数据就可以对推荐大模型进行预训练了。为了更好地评估预训练好的大模型，还需要生成测试和验证数据，下面给出具体的代码实现①。

```
import os
import json
import sys
import fire
sys.path.append('../')
from utils import sequential_indexing, load_prompt_template, check_task_prompt,
get_info_from_prompt
from utils import construct_user_sequence_dict, read_line, load_test, load_validation

def main(data_path: str, item_indexing: str, task: str, dataset: str, prompt_file: str,
sequential_order: str,
        max_his: int, his_sep: str, his_prefix: int, skip_empty_his: int,
        mode: str, prompt: str):

    file_data = dict()
    file_data['arguments'] = {
        "data_path": data_path, "item_indexing": item_indexing, "task": task,
        "dataset": dataset, "prompt_file": prompt_file, "sequential_order":
```

① 代码：/src/train-llm/basic_skills/data-process/generate_dataset_eval.py

```
sequential_order,
       "max_his": max_his, "his_sep": his_sep, "his_prefix": his_prefix,
"skip_empty_his": skip_empty_his,
       "mode": mode, "prompt": prompt
   }
   file_data['data'] = []
   tasks = list(task)

   user_sequence = read_line(os.path.join(data_path, dataset, 'user_sequence.txt'))
   user_sequence_dict = construct_user_sequence_dict(user_sequence)
   reindex_user_seq_dict, item_map = sequential_indexing(data_path, dataset,
                                             user_sequence_dict, sequential_order)

   # get prompt
   prompt_ = load_prompt_template(prompt_file, tasks)
   info = get_info_from_prompt(prompt_)
   check_task_prompt(prompt_, tasks)
   # Load data samples
   if mode == 'validation':
      data_samples = load_validation(reindex_user_seq_dict, info, dataset, his_prefix,
max_his, his_sep)
      prompt_info = prompt.split(':')
      output_path = f'{dataset}_{task}_{item_indexing}_validation_{prompt}.json'
   elif mode == 'test':
      data_samples = load_test(reindex_user_seq_dict, info, dataset, his_prefix,
max_his, his_sep)
      prompt_info = prompt.split(':')
      output_path = f'{dataset}_{task}_{item_indexing}_test_{prompt}.json'
   else:
      raise NotImplementedError
   # construct sentences
   for i in range(len(data_samples)):
      one_sample = data_samples[i]
      for t in tasks:
         datapoint = {'task': dataset + t,
                     'instruction':
prompt_[t][prompt_info[0]][prompt_info[1]]['Input'],
                     'input':
prompt_[t][prompt_info[0]][prompt_info[1]]['Input'].format(**one_sample),
                     'output':
prompt_[t][prompt_info[0]][prompt_info[1]]['Output'].format(**one_sample)}
         file_data['data'].append(datapoint.copy())

   with open(os.path.join(data_path, dataset, output_path), 'w') as openfile:
      json.dump(file_data, openfile)

if __name__ == "__main__":
   fire.Fire(main)
```

代码中出现了两个新的参数，表 5-4 给出它们的解释。

表 5-4　代码中两个新参数的解释

参　数	说　明
mode	mode 只有两个取值：test 和 validation，分别表示生成测试数据和验证数据
prompt	prompt 的取值也有两个：seen:0 和 unseen:0

可以通过如下脚本生成测试数据。

```
python generate_dataset_eval.py --dataset mind --data_path
/Users/liuqiang/Desktop/code/llm4rec/llm4rec_abc/src/train-llm/data/ \
 --item_indexing  sequential --task sequential,straightforward --prompt_file
/Users/liuqiang/Desktop/code/llm4rec/llm4rec_abc/src/train-llm/prompt.txt \
 --mode validation --prompt seen:0 --sequential_order original --max_his 10 --his_sep ' ,
' --his_prefix 1 --skip_empty_his 1

python generate_dataset_eval.py --dataset mind --data_path
/Users/liuqiang/Desktop/code/llm4rec/llm4rec_abc/src/train-llm/data/ \
 --item_indexing  sequential --task sequential,straightforward --prompt_file
/Users/liuqiang/Desktop/code/llm4rec/llm4rec_abc/src/train-llm/prompt.txt \
 --mode test --prompt seen:0 --sequential_order original --max_his 10 --his_sep ' , '
--his_prefix 1 --skip_empty_his 1

python generate_dataset_eval.py --dataset mind --data_path
/Users/liuqiang/Desktop/code/llm4rec/llm4rec_abc/src/train-llm/data/ \
 --item_indexing  sequential --task sequential,straightforward --prompt_file
/Users/liuqiang/Desktop/code/llm4rec/llm4rec_abc/src/train-llm/prompt.txt \
 --mode test --prompt unseen:0 --sequential_order original --max_his 10 --his_sep ' , '
--his_prefix 1 --skip_empty_his 1
```

上面的 3 个脚本最终会生成 3 个 JSON 格式的数据，其中包括 2 个测试数据、1 个验证数据（在代码仓库的/src/basic_skills/train-llm/data 目录下）。表 5-5 进行了说明。

表 5-5　测试数据和验证数据说明

文件名	解释说明
mind_('sequential', 'straightforward')_sequential_test_seen:0.json	seen 的测试数据
mind_('sequential', 'straightforward')_sequential_test_unseen:0.json	unseen 的测试数据
mind_('sequential', 'straightforward')_sequential_validation_seen:0.json	seen 的验证数据

5.3.2　模型预训练

我们的新闻推荐模型基于 T5 架构，可以直接利用 T5 的基底模型和 config，下面是预训练的代码[①]。

```
import os
import fire
```

① 代码：/src/basic_skills/train-llm/pre-train/t5_pre-train.py

```
import transformers
from datasets import load_dataset
from transformers import (
    T5Config,
    T5ForConditionalGeneration,
    AutoTokenizer,
    Trainer,
    TrainingArguments
)

def main(backbone: str, data_path: str, item_indexing: str, task: str, dataset: str,
valid_prompt: str, cutoff: int, model_dir: str, batch_size: int, valid_select: int,
epochs: int, lr: float, warmup_steps: int, gradient_accumulation_steps: int,
logging_steps: int, optim: str, eval_steps: int, save_steps: int, save_total_limit: int):
    config = T5Config.from_pretrained(backbone)
    model = T5ForConditionalGeneration.from_pretrained(backbone, config=config)
    tokenizer = AutoTokenizer.from_pretrained(backbone)
    train_data_file = os.path.join(data_path, dataset,
                                   f'{dataset}_{task}_{item_indexing}_train.json')
    valid_data_file = os.path.join(data_path, dataset,

f'{dataset}_{task}_{item_indexing}_validation_{valid_prompt}.json')
    train_data = load_dataset("json", data_files=train_data_file, field='data')
    valid_data = load_dataset("json", data_files=valid_data_file, field='data')
    def tokenize(prompt, add_eos_token=True):
        result = tokenizer(
            prompt, truncation=True, max_length=cutoff, padding=False, return_tensors=None,
        )
        if (isinstance(result["input_ids"][-1], int) and result["input_ids"][-1] !=
tokenizer.eos_token_id
                and len(result["input_ids"]) < cutoff
                and add_eos_token
        ):
            result["input_ids"].append(tokenizer.eos_token_id)
            result["attention_mask"].append(1)
        elif isinstance(result["input_ids"][-1], list) and add_eos_token:
            for i in range(len(result['input_ids'])):
                if result["input_ids"][i][-1] != tokenizer.eos_token_id and
len(result["input_ids"][i]) < cutoff:
                    result["input_ids"][i].append(tokenizer.eos_token_id)
                    result["attention_mask"][i].append(1)
        result["labels"] = result["input_ids"].copy()
        return result
    def process_func(datapoint):
        encoding = tokenize(datapoint['input'], add_eos_token=True)
        labels = tokenize(datapoint['output'], add_eos_token=True)
        encoding['labels'] = labels['input_ids'].copy()
        # return encoding
        return {**datapoint, **encoding}
    tokenizer.pad_token_id = (
        0  # unk. we want this to be different from the eos token
```

```
    )
    tokenizer.padding_side = "left"
    train_set = train_data['train'].shuffle().map(process_func, batched=True)
    valid_set = valid_data['train'].shuffle().map(process_func, batched=True)
    output_dir = os.path.join(model_dir, dataset, item_indexing, backbone)
    trainer = Trainer(
        model=model,
        train_dataset=train_set,
        eval_dataset=valid_set if valid_select > 0 else None,
        args=TrainingArguments(
            per_device_train_batch_size=batch_size,
            gradient_accumulation_steps=gradient_accumulation_steps,
            warmup_steps=warmup_steps,
            num_train_epochs=epochs,
            learning_rate=lr,
            logging_steps=logging_steps,
            optim=optim,
            evaluation_strategy="steps" if valid_select > 0 else "no",
            save_strategy="steps",
            eval_steps=eval_steps if valid_select > 0 else None,
            save_steps=save_steps,
            output_dir=output_dir,
            save_total_limit=save_total_limit,
            load_best_model_at_end=True if valid_select > 0 else False,
            group_by_length=False,
        ),
        data_collator=transformers.DataCollatorForSeq2Seq(
            tokenizer, pad_to_multiple_of=8, return_tensors="pt", padding=True
        ),
    )
    trainer.train()  # 模型预训练
    model.save_pretrained(output_dir)  # 保存预训练好的模型
    tokenizer.save_pretrained(output_dir)  # 保存 token

if __name__ == "__main__":
    fire.Fire(main)
```

这里又出现了一些新的参数，如表 5-6 所示。

表 5-6 模型预训练代码参数说明

参 数	说 明
backbone	基底模型，这里是 t5-small
valid_prompt	验证的 prompt，这里取 seen:0
cutoff	数据超过这个长度就截断
model_dir	预训练好的模型存储路径
batch_size	每一批次处理多少个数据
valid_select	是否利用验证集的 loss 选择模型

续表

参　数	说　明
epochs	预训练的数据跑多少轮
lr	模型的学习率
warmup_steps	经过多少步学习率逐步增加到预设的最大值
gradient_accumulation_steps	经过多少步更新梯度
logging_steps	迭代多少次
optim	梯度下降的优化器
eval_steps	迭代多少次进行一次评估
save_steps	迭代多少次进行一次 checkout
save_total_limit	一共 checkout 多少次

需要注意的是，数据在放入模型进行预训练时需要 token 化，这就是上面代码中的 tokenizer 和 process_func 两个函数所做的工作。有了这些准备工作，就可以将相关参数传入 Transformers 库的 Trainer 类中进行预训练了，可以用下面的脚本进行预训练。

```
#!/bin/bash
dir_path="../logs/mind/"

if [ ! -d "$dir_path" ]; then
    mkdir -p "$dir_path"
fi

PYTORCH_ENABLE_MPS_FALLBACK=1 torchrun t5_pre-train.py --item_indexing sequential \
--task sequential,straightforward --dataset mind --epochs 1 --batch_size 1024 \
--backbone t5-small --cutoff 1024 --data_path
/Users/liuqiang/Desktop/code/llm4rec/llm4rec_abc/src/train-llm/data \
--valid_prompt seen:0 --model_dir
/Users/liuqiang/Desktop/code/llm4rec/llm4rec_abc/src/train-llm/models \
--lr 1e-3 --valid_select 1 --warmup_steps 100 --gradient_accumulation_steps 10
--logging_steps 10 --optim 'adamw_torch' \
--eval_steps 200 --save_steps 200 --save_total_limit 3
```

在我的计算机上预训练以上脚本需要 24 小时左右，时间非常长（这还是 epochs=1 的时候）。预训练完成后模型会被保存起来，预训练好的模型包含图 5-8 中的文件，其中 checkpoint-800 表示在预训练过程中训练了 800 个 batch 之后将模型参数保存下来，以便后续预训练出现问题时从 checkpoint 开始训练。以.json 结尾的是一些模型配置参数，其他两个比较大的文件（model.safetensors 和 spiece.model）是模型相关参数。

```
.
└── t5-small
    ├── checkpoint-1000
    ├── checkpoint-1200
    ├── checkpoint-800
    ├── config.json
    ├── generation_config.json
    ├── model.safetensors
    ├── special_tokens_map.json
    ├── spiece.model
    ├── tokenizer.json
    └── tokenizer_config.json
```

图 5-8　预训练后的模型文件

5.3.3 模型推理与验证

按照上面的步骤预训练好模型后，就可以利用测试数据集进行验证了，通过推理来检验推荐模型的效果。下面是具体的代码实现[①]。

```
import os
import logging
import fire
from torch.utils.data import DataLoader
from datasets import load_dataset
from tqdm import tqdm
import sys
import numpy as np
from transformers import (
    T5ForConditionalGeneration,
    AutoTokenizer,
)
sys.path.append('../')
from utils import EvaluationDataset, evaluation_results, get_metrics_results

def main(log_dir: str, checkpoint_path: str, data_path: str, item_indexing: str, task:
str,
        dataset: str, cutoff: int, test_prompt: str, eval_batch_size: int, metrics: str):
    # setup
    log_file = os.path.join(log_dir, dataset,
                        checkpoint_path.replace('.', '').replace('/', '_') + '.log')
    for handler in logging.root.handlers[:]:
        logging.root.removeHandler(handler)
    logging.basicConfig(filename=log_file, level=logging.INFO,
                    format='%(asctime)s - %(name)s - %(levelname)s - %(message)s')
    logging.getLogger().addHandler(logging.StreamHandler(sys.stdout))
    model = T5ForConditionalGeneration.from_pretrained(checkpoint_path)
    tokenizer = AutoTokenizer.from_pretrained(checkpoint_path)
    tokenizer.pad_token_id = (
        0  # unk. we want this to be different from the eos token
    )
    tokenizer.padding_side = "left"
    # load test data
    test_data_file = os.path.join(data_path, dataset,
f'{dataset}_{task}_{item_indexing}_test_{test_prompt}.json')
    logging.info("test_data_file=" + test_data_file)
    test_data = load_dataset("json", data_files=test_data_file, field='data')
    model.eval()
    metrics = list(metrics)
    generate_num = max([int(m.split('@')[1]) for m in metrics])
    task_list = np.unique(test_data['train']['task'])
    for t in task_list:
        logging.info(f'testing on {t}')
```

① 代码：/src/basic_skills/train-llm/evaluation/t5_evaluate.py。

```
        subset_data = test_data.filter(lambda example: example['task'] == t)
        dataset = EvaluationDataset(subset_data['train'], tokenizer, cutoff)
        dataloader = DataLoader(dataset, batch_size=eval_batch_size, shuffle=False)
        test_total = 0
        metrics_res = np.array([0.0] * len(metrics))
        for batch in tqdm(dataloader):
            """
            下面是一个 batch 的案例:
                {'input_ids': tensor([[    3, 21419, 12587,  ...,     0,     0,     0],
                ...,
                [    3, 21419, 12587,  ...,     0,     0,     0]]),

                'attention_mask': tensor([[1, 1, 1,  ..., 0, 0, 0],
                ...,
                [1, 1, 1,  ..., 0, 0, 0]]),

                'label': tensor([[12587,  2118,   834, 22504,  2577,     1,     0],
                [12587,  2118,   834, 19993,  4867,     1,     0],
                ...,
                [12587,  2118,   834, 19993,  5062,     1,     0]])}
            """
            prediction = model.generate(  # 大模型生成函数
                input_ids=batch["input_ids"],  # torch.LongTensor of shape (batch_size,
sequence_length)
                attention_mask=batch["attention_mask"],  # torch.FloatTensor of shape
(batch_size, sequence_length)
                max_length=30,
                num_beams=generate_num,
                num_return_sequences=generate_num,
                output_scores=True,
                return_dict_in_generate=True,
            )
            output_ids = batch['label']
            prediction_ids = prediction["sequences"]  # 利用大模型进行预测输出的向量化表示，
需要解码
            prediction_scores = prediction["sequences_scores"]
            gold_sents = tokenizer.batch_decode(  # 用户真实的点击记录
                output_ids, skip_special_tokens=True
            )
            generated_sents = tokenizer.batch_decode(  # 大模型预测的点击记录
                prediction_ids, skip_special_tokens=True
            )  # 生成的推荐列表结构: ['mind item_1679', 'mind item_2837', 'mind item_1089',
'mind item_1240']
            rel_results = evaluation_results(generated_sents, gold_sents,
prediction_scores, generate_num)
            test_total += len(rel_results)
            metrics_res += get_metrics_results(rel_results, metrics)
        metrics_res /= test_total
        for i in range(len(metrics)):
            logging.info(f'{metrics[i]}: {metrics_res[i]}')
```

```
if __name__ == "__main__":
    fire.Fire(main)
```

表 5-7 对新出现的参数给出了解释。

表 5-7 模型推理代码参数说明

参　数	说　明
test_prompt	取 seen:0 和 unseen:0 两个值，分别用前面讲到的 mind_('sequential', 'straightforward')_sequential_test_seen:0.json 和 mind_('sequential', 'straightforward')_sequential_test_unseen:0.json 数据集验证模型的效果
eval_batch_size	多少步计算一次评估指标
metrics	评估模型效果的度量指标，本章使用 hit@5、hit@10、ndcg@5 和 ndcg@10 这 4 个度量指标（utils.py 中有具体的代码）

下面的两个脚本分别评估表 5-7 中的两个测试数据集。

```
python t5_evaluate.py --dataset mind --task sequential,straightforward --item_indexing
sequential --backbone t5-small \
--checkpoint_path /Users/liuqiang/Desktop/code/llm4rec/llm4rec_abc/src/train-llm/
models/mind/sequential/t5-small \
 --test_prompt seen:0 --log_dir '../logs' \
--data_path /Users/liuqiang/Desktop/code/llm4rec/llm4rec_abc/src/train-llm/data \
--cutoff 1024 --eval_batch_size 32 --metrics hit@5,hit@10,ndcg@5,ndcg@10

python t5_evaluate.py --dataset mind --task sequential,straightforward --item_indexing
sequential --backbone t5-small \
--checkpoint_path
/Users/liuqiang/Desktop/code/llm4rec/llm4rec_abc/src/train-llm/models/mind/sequential
/t5-small \
--test_prompt unseen:0 --log_dir '../logs' \
--data_path /Users/liuqiang/Desktop/code/llm4rec/llm4rec_abc/src/train-llm/data \
--cutoff 1024 --eval_batch_size 32 --metrics hit@5,hit@10,ndcg@5,ndcg@10
```

运行上面的代码，获得的评估指标如下。

```
hit@5: 0.010642579260385459
hit@10: 0.020659124446630595
ndcg@5: 0.006426694605760801
ndcg@10: 0.00965856762769121
```

5.4 总结

本章讲解利用大模型预训练原生的推荐系统的思路和方法。由于推荐系统自身的数据特性[①]，其在数据准备和模型选择上与常规的大模型有一定差异。

① 包含用户行为序列和用户自身的特性。

为了套用大模型的自监督学习进行预训练，可以采用 3 种方式准备数据：直接利用用户行为序列、将用户行为序列 ID 转为相关的文本、在用户行为序列中整合用户的特征。推荐系统的数据量与互联网上的海量的文本还有很大差距，因此在架构选择上可以采用 BERT、GPT1、GPT2、T5 等参数规模在几百万个到几亿个的大模型。

利用大模型进行预训练的方式虽然实现了个性化推荐，但由于模型规模较小，其泛化能力、指令跟随能力较弱，笔者更推荐基于已经预训练好的更大的大模型，利用推荐系统相关数据进行微调的方案，这是下一章的主题。

本章还讲解了开源的预训练推荐系统框架 PTUM 和 P5 的核心思想。其中，P5 的适用范围更广，能够很好地利用大模型进行自然语言推理，并且可以泛化到多个推荐场景，希望你可以认真阅读 P5 相关的参考资料，真正掌握该框架的本质。

P5 预训练的模型框架是基于 T5 的，P5 最大的创新在于将 5 类推荐任务统一在同一个范式下，这样可以获得如下两个好处。

一是可以获得更多的预训练数据。大量的预训练数据正是让大模型强大的基础，P5 将 5 类数据一起使用，弥补了推荐系统数据量少的不足，因此可以将比 BERT 更大的模型（T5）作为基底模型。

二是将 5 类推荐任务统一在一个范式下，一次预训练就可以解决 5 类问题，因此 P5 是一个多任务学习系统。同时，由于 P5 是基于大模型进行预训练的，因此还具备了大模型的 zero-shot 的能力。

本章基于 T5 框架，参考 OpenP5 的代码实现，一步步展示了如何从零开始预训练一个专为推荐系统服务的大模型。通过对本章的学习，你一定能深刻体会到一个大模型从数据处理到预训练完成再到推理评估的不易。我们一起见证了一个较小的大模型的诞生过程，这是一件非常有成就感的事情！

06

微调范式：微调大模型进行个性化推荐

本章讲解如何基于微调大模型的范式进行个性化推荐，也就是基于推荐系统独特的数据（例如用户行为数据）构建训练样本，然后通过监督学习的思路对已有的开源大模型进行参数微调，让大模型更加适配个性化推荐任务。

本章聚焦微调大模型，6.1 节介绍微调的价值、步骤、方法、困难与挑战；6.2 节通过两个具体的案例说明如何微调大模型进行个性化推荐，以便你更好地理解微调大模型进行推荐的算法原理和应用场景；6.3 节基于 MIND 数据集给出实现微调的代码。

6.1 微调的方法

微调大模型是大模型中非常重要的主题，也有一定的技术门槛，本节先梳理微调相关的知识点，方便你进行后续案例和代码的学习。

6.1.1 微调的价值

大模型是基于海量文本数据进行预训练的，当训练数据和模型规模足够大具备涌现能力时，大模型就具备了一定的解决下游任务的能力，例如文本生成、摘要、翻译，甚至是代码、逻辑推理。但推荐系统是特定的下游任务，与文本类的、大模型比较擅长的任务差距较大。很多学者直接用 ChatGPT 等大模型进行推荐，发现推荐效果可能不一定有经过特定训练的深度学习推荐模型好。

基于上面的背景，通过将推荐系统特定的领域知识构建成监督学习样本对，再灌输给大模型进行微调就可以让大模型更好地适配推荐这一特定场景。很多学者的研究成果也表明，利用推荐数据进行微调的大模型会表现出非常好的效果，甚至超过了基于传统深度学习算法精调的模型。大模型具有很好的泛化能力和知识迁移能力，微调少量的监督样本就可以激发出大模型强大的个性化推荐能力。

使用推荐系统特定领域的数据对大模型进行微调，是让大模型推荐系统取得更加好的效果，并且超越传统推荐算法的可行方法。

6.1.2 微调的步骤

图 6-1 展示了微调大模型架构。微调主要基于推荐系统相关的数据（用户画像、物品画像、用户行为、场景数据）、候选集（Candidate）、gen_data[①]，或者其他用于大模型微调的数据，构建监督学习训练样本，再选择合适的开源的基底大模型和合适的目标函数进行微调，包括如下 5 个步骤。

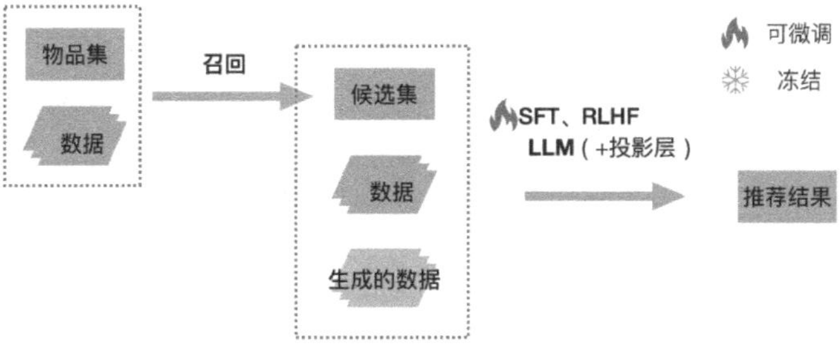

图 6-1 微调大模型架构

1. 选择合适的基底大模型

一般选择参数量比较小的开源大模型（例如 7B、13B 等）作为基底大模型，模型太大了训练成本、推理成本很高，并且推理速度可能较慢，达不到企业级推荐的要求。合适的大模型可以是 LLaMA 7B 或 LLaMA 13B，它们是 Meta 开源的大模型，也是目前业内最火的开源大模型，表 6-1 给出了一些示例，供你参考。对于中文语境，可以选择国内几个基于中文语料预训练的大模型。

表 6-1 可以微调的大模型示例

开源大模型	可选参数量	开源公司	说　明
LLaMA	7B、13B	Meta	目前最火的开源大模型，参考链接 6-1
Gemma	2B、7B	Google	Google DeepMind 开源的大模型，参考链接 6-2
Flan-T5	3B、11B	Google	参考链接 6-3
BLOOMZ	7B	BigScience	参考链接 6-4
Alpaca	7B	Stanford	参考链接 6-5

① 基于前面提到的数据，利用算法生成的中间辅助数据，是可选的。

续表

开源大模型	可选参数量	开源公司	说　明
BELLE	7B、13B	链家网	基于中文微调 LLaMA 而成，参考链接 6-6
ChatGLM2	6B	智谱 AI	双语对话语言模型，参考链接 6-7
Baichuan2	7B、13B	百川智能	参考链接 6-8
Yi	6B	零一万物	参考链接 6-9
Qwen、Qwen1.5	0.5B、1.8B、4B、7B、14B	阿里—通义千问	参考链接 6-10

2. 根据监督样本选择合适的目标函数

一般微调是监督机器学习问题，需要一个比较明确的目标函数进行优化，通过优化更新模型参数，最终让模型适配下游的推荐系统任务。具体需要根据提供的监督训练样本 <输入，输出> 的形式而定，输入一般是文本（这是大模型决定的），而输出可以是文本，也可以是预测的评分或者分类任务等。所以根据这两个不同目标可以有两类目标函数。

另外，最好选择经过指令微调（Instruction Tune）的大模型，这类大模型可以更好地（效果更好、泛化能力更强）基于人类自然语言输入获得输出结果。如果基底大模型没有经过指令微调，也可以在进行推荐数据微调之前进行一轮指令微调。

<文本，文本> 监督样本的目标函数

一般来说，微调大模型有两种方式：一种是对全部模型参数进行微调；另一种是微调部分（额外增加的）参数。当然，第二种方式对模型参数改动更小（也可能不改动，而是增加新的参数），微调速度会更快，并且能够保证模型在之前的任务上的效果不变①。下面我们分别介绍这两种微调方法对应的目标函数。

- 微调整个模型。

如果微调整个模型，则可以采用式（6-1）所示的目标函数，这里的(x,y)是输入–输出监督样本对，都是文本的形式，Z是所有输入–输出监督样本对构成的训练集，y_t是y的第t个 token，$y_{<t}$是y_t之前的所有 token，Φ是大模型的所有参数。$P_\Phi(y_t \mid x, y_{<t})$是条件概率，也就是基于输入样本$x$和$y_t$之前的所有 token $y_{<t}$预测的 y_t 的概率。

$$\max_{\Phi} \sum_{(x,y)\in Z} \sum_{t=1}^{|y|} \ln\left(P_\Phi(y_t \mid x, y_{<t})\right) \tag{6-1}$$

- 微调额外参数（LoRA）。

① 反例是，经过推荐系统数据微调，模型在之前表现很好的任务上的效果反而变差了。

在微调大模型时，直接对模型进行微调是计算密集型且耗时的。考虑到这些因素，我们可以采用轻量级的微调策略来执行指令调优。轻量级微调的核心前提是，大模型拥有大量的参数，并且它们的信息集中在较低的内在维度上。通俗一点儿说，就是模型在推理时，只有部分参数真正起作用。

因此，我们可以通过仅微调一小部分参数来实现与整个模型相当的性能。具体来说，使用 LoRA 微调（见图 1-17）冻结预训练的模型参数，将可训练的秩分解矩阵引入 Transformer 架构的每一层，以进行轻量级微调。因此，通过优化秩分解矩阵，我们可以有效地合并补充信息，同时将原始参数保持在冻结状态。基于 LoRA 的参数有效的微调方法的目标函数如式 6-2 所示。Θ就是 LoRA 对应的参数，其他参数的意义与式（6-1）中的相同。

$$\max_{\Theta}\sum_{(x,y)\in Z}\sum_{t=1}^{|y|}\ln\left(P_{\Phi+\Theta}\left(y_t \mid x, y_{<t}\right)\right) \tag{6-2}$$

<文本，回归 / 分类 label> 监督样本的目标函数

如果希望最终的大模型推荐系统预测物品的评分或者进行分类，那么可以在大模型顶部增加一个投影层（Projection Layer），这样就可以对大模型进行分类或者回归训练了，如图 6-2 所示。下面分别说明两者的目标函数。

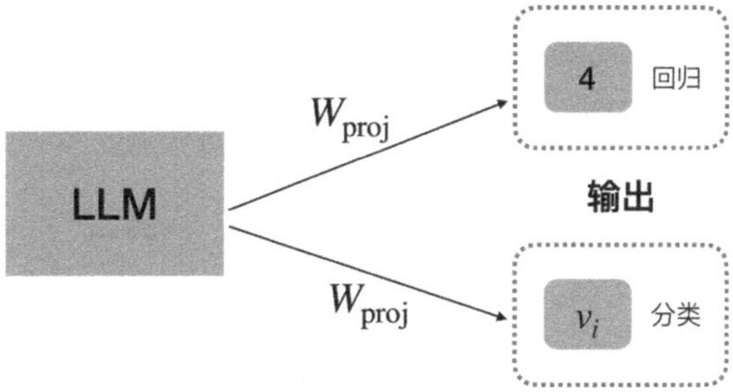

图 6-2　在大模型顶部增加一个投影层，进行分类或者回归训练

- 回归问题。

如果将最终的推荐问题看成回归问题，就是预测用户对推荐物品的评分（0 ~ 10 分），那么最终的目标函数可以是式（6-3）所示的样子。其中，N 是训练样本的个数，$\text{logits}_{\text{dec}} = W_{\text{proj}} \times h_{\text{dec}}$，$\text{h}_{\text{dec}}$是大模型的最后一层 Transformer 的输出，$\text{logits}_{\text{dec}}^{i}$ 是第i个分量。对于回归问题，使用 MSE（Mean Squared Error）损失函数。

$$L_{\text{regression}} = \frac{1}{|N|}\sum_{i=1}^{N}\left(\text{logits}_{\text{dec}}^{i} - r^{i}\right)^{2} \tag{6-3}$$

- 分类问题。

如果将最终的推荐问题看成分类问题，那么可以是 0-1 分类[①]，也可以是多分类[②]，这时目标函数可以是式（6-4）所示的样子。这里的r^i是第i个训练样本的真实 label，其他参数与上面的类似，这里不再说明。对于分类问题，使用交叉熵（Cross Entropy）损失函数。

$$L_{\text{cross\_entropy}} = -\sum_{i=1}^{N} r^i \ln\left(\text{logits}_{\text{dec}}^i\right) \tag{6-4}$$

从式（6-3）和式（6-4）可以看出，可以将大模型的参数固定不变，只优化投影矩阵W_{proj}对应的参数，相比大模型的参数量少了几个量级，这时候的微调方法是一种参数有效的方法。

3. 准备微调的监督数据

监督数据指形如(x, y)的训练样本，x, y一般是文本形式的，将用户行为、用户兴趣偏好、候选集等信息通过一定的模板构成指令输入（Instruction Input），例如：

你需要预测用户对电影的评分，评分从 1 分到 5 分。下面会给你用户的评分历史记录，格式是：电影标题，类型，评分。

例子：

问题：

用户的评分历史是：

movie_1，喜剧，4

movie_2，爱情、科幻，5

……

现在用户看了电影“movie_k, 动作”，你给该电影打分，只需要打分就可以，不需要做解释。

答案：4

问题：

用户的评分历史是：

movie_6，伦理，5

movie_8，恐怖、科幻，3

……

---

① 预测用户是否点击某个物品。

② 例如预测 10 个用户可能给出的分值，甚至会预测用户会选择某个物品，这时分类的数量就是物品的数量，这是一个超大规模的多分类问题。

现在用户看了电影“movie_j, 爱情”，你给该电影打分，只需要打分就可以，不需要做解释。

上面的x可以看作评分预测问题，也可以看作 1~5 的分类问题，基于上面的x，可行的训练样本的 label y可以如下。

```
3
```

如果是前面提到的<文本，文本>训练样本，那么y可能是一段文本。按照这里提供的示例，基于推荐的训练样本数据可以构建这样的样本对。一般大模型具备很好的泛化能力，只需要几十上百对训练样本就可以获得比较好的效果。

4. 基于监督数据进行微调训练

有了上面的准备工作，这一步就是具体的微调了。这时需要基于选择的模型、目标函数、准备的训练数据，进行适当的训练代码开发，然后选择适当的硬件平台（GPU 配置）进行微调训练，训练过程中使用的技巧也与训练大模型类似，这里不再赘述。具体的微调实现方法在 6.3 节中详细说明。

5. 测试与推断

当模型微调好后，可以在测试集中测试一下模型的效果，一般的测试评估指标与常规的推荐系统类似，例如 RMSE、MAE、MAP、精准度、召回率、NDCG、ROC、AUC 等。这时通常还需要与一些传统的模型（例如矩阵分解、协同过滤、深度学习、SASRec 等）进行对比，看看基于大模型的推荐模型是否表现出更好的效果。除此以外，资源使用情况、推断的速度等也是在现实场景中需要考虑的重要指标。

如果大模型推荐系统的效果满足业务要求，就可以将大模型推荐系统部署成推断服务，供业务使用。在线上场景使用时，需要做 A/B 测试，并且要时刻关注线上指标的变化情况，关注大模型推荐系统是否稳定。

6.1.3 微调的方法

目前有两种主流的大模型微调方法：指令微调和 RLHF（基于人类反馈的增强学习），本节重点讲解 RLHF。RLHF 在某些推荐系统场景中会用到，6.2 节会给出 RLHF 在招聘职位推荐中的应用案例。

基于 PPO 算法的 RLHF 方法是将大模型与人类的价值观（有用、真实、无害）对齐的主要方法，这也是 ChatGPT 采用的方法，图 6-3 给出了 RLHF 方法的三个步骤。步骤 1：监督微调（SFT）；步骤 2：训练奖励模型（RM）；步骤 3：使用 PPO 算法针对奖励模型优化策略。步骤 1、2 中人工标注的数据会用于训练模型，在步骤 2 中，A、B、C、D 是基于模型生成的样本，由标注人员进行排名。下面对这 3 个步骤进行详细说明。

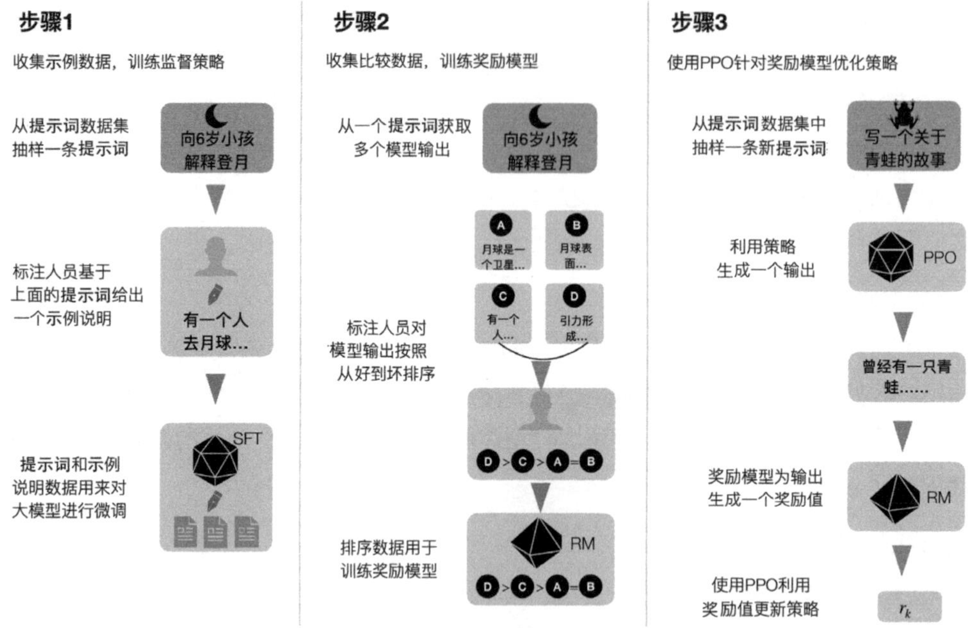

图 6-3 RLHF 方法的三个步骤

1. 收集示例数据，训练监督策略

在步骤 1 中，标注人员基于输入大模型（例如 GPT-3）的提示词和人类标准构建示例（Demonstration），也就是监督的输入–输出样本对。一般来说，提示词示例要多样，要覆盖到模型构建者希望解决的领域中的各种情况，从而增强模型的泛化能力。有了训练的样本对，再利用监督学习对需要使用 RLHF 算法进行微调的大模型（例如 GPT-3）进行微调。

2. 收集比较数据，训练奖励模型

基于待对齐的模型（例如 GPT-3），收集模型多个输出之间的待比较的数据集，然后标注人员对同一个提示词的多个输出进行排序，排序的依据依然是有帮助、真实性、无害性。最后，利用刚刚标注的排序数据训练一个奖励模型（RM）来预测人类的偏好。

3. 使用 PPO 针对奖励模型优化策略

将奖励模型（RM）的输出作为奖励①，然后使用 PPO 算法对监督策略进行微调，以优化策

① 标量值，例如在 0 ~ 1 之间，越靠近 1 表示模型的输出越符合人类的需求。

略的奖励，即希望通过强化学习微调后的策略模型获得更大的奖励值，这就意味着微调后的策略模型更能满足人类的需求。

步骤 2 和步骤 3 可以持续迭代，收集关于当前最佳策略的更多比较数据，该最佳策略用于训练新的奖励模型，然后微调新策略。在实践中，大多数比较数据来自监督策略，有些来自 PPO 策略。

另外，步骤 1 其实可以省去，也就是先不进行监督训练，直接进行 RLHF 强化学习训练，不过增加了步骤 1 效果会更好，笔者个人的理解是因为有了监督微调，大模型可以更好地对齐人类需求，RLHF 进一步与人类的需求进行对齐。

6.1.4 微调的困难与挑战

要获得好的微调效果需要克服很多困难，这主要体现在如下 3 方面。

1. 选择基底模型

目前比较流行的开源大模型是 LLaMA，在英文场景中效果比较好，如果推荐场景是中文的，那么如何选择基底大模型就是一个难题。国内虽然也有一些开源的选择，但是它们用于推荐的效果还需要探索[①]。

2. 训练样本

需要多少训练样本、如何构建简单学习的样本模板、如何构造训练样本、选择哪些目标函数都需要结合实际情况进行权衡，可能也需要进行大量的测试。我们在后面的案例中也会提到一些针对具体场景进行微调的方法。另外，你可以参考相关的论文，将论文提供的方法及参数作为参考的起始条件。

3. 选择微调方法

前面提到了微调整个模型、基于 LoRA 微调、增加投影层微调 3 种方法，需要结合具体的推荐场景及模型选择。这里建议你采用基于 LoRA 微调、增加投影层微调等参数有效的方法，整体资源利用率更高，尝试的成本和代价也更小。

本节的知识点非常重要，希望你很好地掌握它们，也可以参考相关论文加深对知识点的理解和记忆。

---

① 目前，关于大模型推荐系统的论文基本是基于英文数据的，中文大模型推荐系统相关的材料较少。

6.2 案例讲解

本节是对上一节知识的巩固，希望本节的案例能够帮助你更好地了解在具体场景下如何对大模型进行微调以适应推荐业务。

第一个案例构建了一个将大模型应用于推荐系统的微调框架 TALLRec[1]，该框架可以应用在各类推荐任务（例如电影推荐、图书推荐等）中。第二个案例是基于互联网招聘的具体业务问题，即在招聘场景中如何为求职者推送工作描述（Job Description，JD），这个案例创新性地利用 RLHF 框架对模型进行微调，以更加精准的方法为候选集进行 JD 推荐。

6.2.1 TALLRec 微调框架

TALLRec（Tuning framework for Aligning LLMs with Recommendation）是一个非常通用的利用大模型对齐推荐系统场景的微调框架。主要用于调整大模型的语言处理任务和推荐任务之间的巨大差距，希望通过微调大模型的方式对齐推荐系统，让大模型具备更加优秀的推荐能力。下面重点讲解 TALLRec 框架的核心架构和实现原理。

1. TALLRec 框架介绍

利用 TALLRec 框架进行微调主要有两个步骤：第一步是将推荐数据集模板化为适合大模型微调的指令数据（Instruction Data）格式；第二步是采用 LoRA 等参数有效的微调方法进行微调。微调好的模型可以用于效果评估测试，如果效果达标就可以部署供业务使用了。

TALLRec 框架如图 6-4 所示。左上角展示了一个序列推荐的例子，利用用户的交互历史预测他对下一个物品的兴趣偏好。右上角展示了将该场景中的推荐数据组织为用于推荐微调（rec-tuning）的指令数据（Instruction Data）的方法。底部展示了 TALLRec 框架的流程，通过 LoRA 来提高 TALLRec 框架的效率。

2. 指令数据模板的构建

指令微调（Instruction Tuning）是大模型微调过程的一个重要组成部分，这是一种被广泛使用的技术，通过微调多样化的人工标注的指令和反馈来提升大模型的能力。微调过程会赋予模型强大的泛化能力，从而使其能够熟练处理新任务，并确保其对新场景和新挑战的适应性。一般来说，指令微调的模板构建有四个步骤，图 6-5 是一个翻译任务的指令微调中的微调数据的示例。

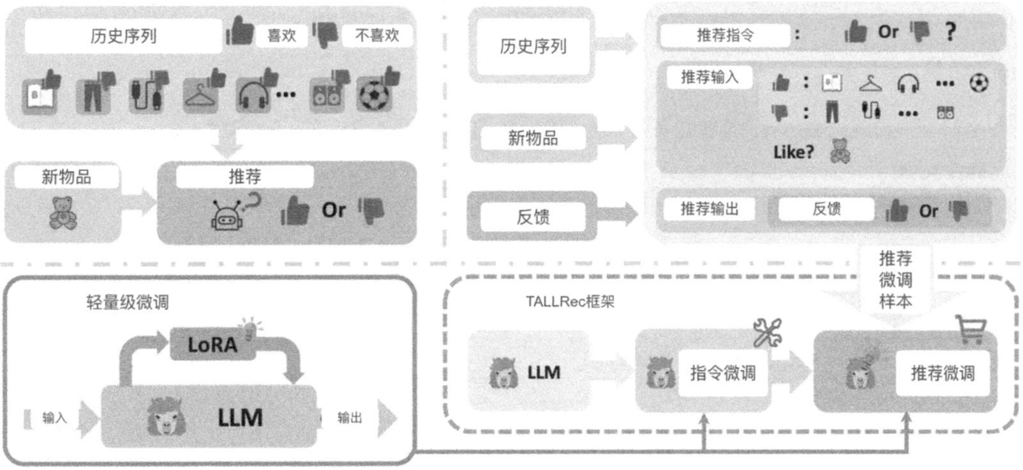

图 6-4　TALLRec 框架

Instruction Input	
Task Instruction:	Translate from English to Chinese.
Task Input:	Who am I ?
Instruction Output	
Task Output:	我是谁?

图 6-5　翻译任务的指令微调中的微调数据的示例

步骤 1：识别任务，并使用自然语言说清指令，以有效完成任务。

该指令可以包含任务的明确定义，以及该问题的具体解决方案。这些描述被称为任务指令（Task Instruction）。图 6-5 中为“将英文翻译为中文”。

步骤 2：利用自然语言说明任务的输入和输出，即“Task Input”和“Task Output”。

图 6-5 中的“Task Input”和“Task Output”分别是“Who am I？”和“我是谁？”。

步骤 3：将“Task Instruction”和“Task Input”组装成“Instruction Input”，将“Task Output”作为对应的“Instruction Output”。

每个用于微调的样本都需要完成这一过程，这些样本即灌入大模型进行微调的样本对。

步骤 4：基于“Instruction Input”和“Instruction Output”样本对微调大模型。

可以对模型的所有参数进行微调，也可以微调很少一部分参数，例如，TALLRec 就是基于 LoRA 进行局部参数微调的。

针对推荐系统，上面的定义也是适用的，只不过将 Task 改为 Rec（Recommendation），结合上面的介绍和图 6-4 右上角的示例，表 6-2 给出一个推荐任务的 Instruction Input 和 Instruction Output 示例。

表 6-2 推荐任务的 Instruction Input 和 Instruction Output 示例

指令类型	指令内容	说　明
Instruction Input	Rec Instruction：预测用户是否喜欢物品 Rec Input：该用户过去的兴趣历史是{(item_1, 1), (item_2, 0), ..., (item_*k*, 1)}，那么用户是否会喜欢新的 item_*j* 呢？	这里的 1 和 0 分别代表用户喜欢和不喜欢 item_1、item_2 等是待推荐物品的标题等文本信息
Instruction Output	Rec Output：（item_*j*, 1）	

3. 二次微调原理

TALLRec 框架的底层大模型是开源的 LLaMA-7B，对其进行了两次微调：指令微调（Instruction Tuning）和推荐微调（rec-tuning）。

步骤 1：指令微调。

指令微调使用一般的监督微调数据，目的是让大模型可以更好地理解人类的输入指令，按照人类的输入输出进行反馈，让大模型具备更好的泛化能力，这里用到的微调数据是参考文献[3]中提供的 self-Instruction 数据，用到的目标函数是 6.1 节式（6-1）中所示的函数，对整个模型进行微调。

步骤 2：推荐微调。

这一步骤是步骤 1 之后，利用推荐样本进行进一步微调，让大模型适配推荐业务场景，获得更好的推荐效果。我们可以基于表 6-2 构建 Rec Input——User Preference: $item_1$, $item_4$, ..., $item_n$. User Unpreference: $item_2$, $item_3$, ..., item $_{n-1}$. Whether the user will enjoy the target movie/book: $item_{n+1}$[①]和 Rec Output——Yes./No.（喜欢/不喜欢），然后根据表 6-2 中的 Rec Input 和 Rec Output 构建出 Instruction Input 和 Instruction Output。这样就可以对大模型进行微调了，在推荐这一步，我们利用 LoRA 进行参数有效的微调，以减少微调的参数量，具体的目标函数是式（6-2）中所示的函数。

由于微调过程使用了 LoRA，参数量至多只有原来的千分之一，所以微调非常高效，论文作者是在一台英伟达 RTX 3090（24GB）GPU 上进行微调的。

经过步骤 1 微调后的大模型已经具备比较好的泛化能力了，步骤 2 只需要不到 100 个微调样本就可以获得非常好的效果。同时，该模型具备很好的泛化能力，例如，基于电影推荐场景

① 这里将用户喜欢的和不喜欢的物品分开列出了。

进行微调后可以直接应用于图书推荐，并且效果很不错。

6.2.2 GIRL：基于人类反馈的微调框架

GIRL[2]（Generative job Recommendation paradigm based on LLM）框架是一种生成式推荐框架，利用大模型生成个性化的 JD，然后基于求职者简历（CV）、个性化 JD，以及 RLHF 微调大模型为求职者进行 JD 推荐，笔者认这个实现方案非常好，将 RLHF 用得恰到好处。下面对 GIRL 框架进行详细介绍。

1. 三种 JD 推荐范式

传统的 JD 推荐将求职者 CV 和库中所有有效的 JD 进行匹配，按照 JD 和求职者 CV 的匹配得分进行排序，将最适合求职者的 JD 推荐给求职者（当然还要考虑地域、薪资等因素），这就是图 6-6 中常规的工作推荐范式，这里不再赘述。

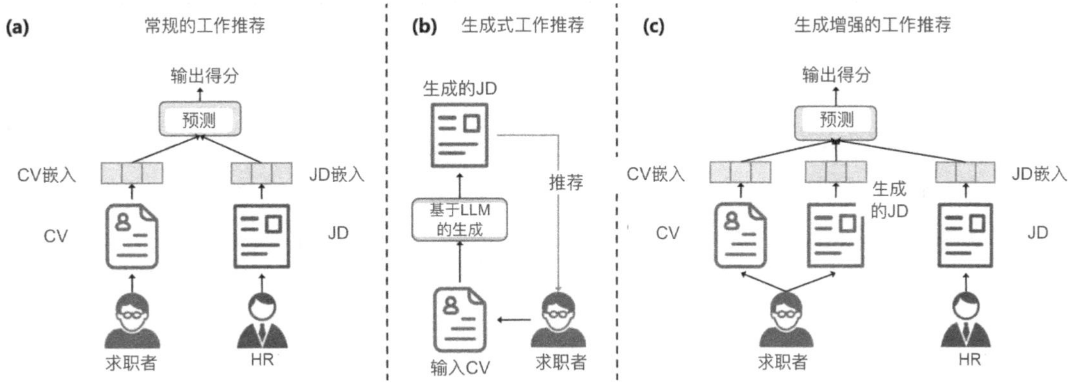

图 6-6 3 种不同的 JD 推荐范式

GIRL 提出了两种新的 JD 推荐范式：生成式工作推荐和生成增强的工作推荐，如图 6-6 所示。生成式工作推荐利用大模型为求职者生成个性化的 JD，生成的 JD 是最匹配求职者兴趣的；生成增强的工作推荐借助生成的 JD 为求职者进行个性化 JD 推荐，推荐的工作更匹配。这两种范式生成的 JD 至少有两个价值：一是为求职者提供就业指导，并且具备可解释性（自然语言形式）；二是作为数据供推荐系统进行更加精准的推荐（生成增强的工作推荐）。

2. 基于 RLHF 的 JD 生成框架

通过大模型为求职者生成个性化的 JD 在 GIRL 框架中是通过 RLHF 算法实现的。GIRL 框架是分为三步实现的，如图 6-7 所示。

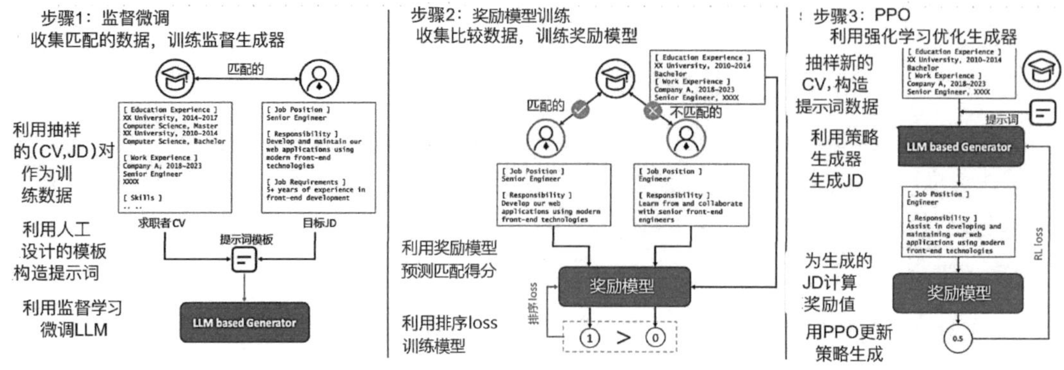

图 6-7　GIRL 框架

步骤 1：监督微调

这一步的目的是通过微调样本来指导大模型基于用户的 CV 生成合适的 JD。微调样本是匹配的（CV，JD）对，见图 6-6(a)，招聘者投了这个 JD，发布 JD 的 HR 也约了求职者面试，也就是求职者和招聘企业互相满意的（CV，JD）对。

为了让大模型进行简单微调，需要构建监督微调的提示词模板，这非常容易，因为 CV 和 JD 都是自然语言的形式，图 6-8 就是一个可行的模板，其中，Human、Assistant 是角色；Please generate ... following candidate:是指令（Instruction），指导大模型要做什么；Basic information ... and Netty.就是用户的 CV，即 Task Input；而 Job title: ... is preferred.就是 JD，即 Task Output（在模型推断时，这部分留白就可以了）。

针对每一个匹配的（CV，JD）对，按照图 6-8 构建监督样本，然后采用监督微调的方法训练大模型（$\mathcal{G}: C \to J'$），大模型的作用是基于给定的 CV 生成 JD，具体的目标函数参见 6.1.2 节，这里不再赘述。

步骤 2：奖励模型训练

训练奖励函数（$\mathcal{U}: (C, J) \to \mathbf{R}$）也需要构建样本对。在 6.1.3 节，利用大模型对提示词生成多个答案，然后根据生成答案是否满足人类目标排序，再训练奖励函数，见图 6-6(b)。GIRL 采用比较巧妙的方式实现类似的功能。具体是怎么做的呢？

从用户行为数据（包括求职者的行为和 HR / 猎头的行为）中收集匹配和不匹配的（CV，JD）对①，将与 CV 匹配的工作集合记为J^+，与 CV 不匹配的工作集合记为J^-，通过优化下面的成对排序（Pairwise Ranking）损失函数来训练奖励模型（σ是 Sigmoid 激活函数，C即 CV）。

---

① 匹配的前面提到了，不匹配的意思是求职者投递了简历，但是 HR / 猎头觉得不合适。

Human:
Please generate a suitable job description based on the curriculum vitae of the following candidate:
Basic information: The candidate is a 27-years-old female with a bachelor's degree, majoring in Software Engineering.
personal profile:
1. She has research experience in the field of data processing and computation, and development experience with components from Elasticsearch, HBase, and the Flink ecosystem.
2. She possesses strong abilities to read and understand source code, having reviewed core source code from JDK8, Spring, Spring Boot, and Netty.

Assistant:
Job title: Java Developer
Salary range: 25k-40k* 15
Responsibilities:
1. Support the recommendation product and algorithm departments, rapidly iterate daily needs, complete effect analysis and continuous improvements.
2. Track industry developments, timely introduction of external advanced experiences.

Qualifications:
1. Proficient in Java programming basics, with excellent abilities and experience in Java IO and multithreading programming.
2. In-depth understanding of JVM, JVM tuning experience, and experience with distributed systems and concurrency scenarios are preferred.
3. Proficient in applying mainstream development frameworks and open-source systems such as Spring Boot, MyBatis, MySQL, Redis, ES, Kafka, etc.
4. Good stress resistance, communication, learning, collaboration skills, and a strong sense of responsibility.
5. Prior experience in recommendation/search engineering development in Internet companies is preferred.

图 6-8　监督训练的提示词模板

$$\mathcal{L}_{\text{rmt}} = \ln \sigma\left(\mathcal{U}(C,J^{+}) - \mathcal{U}(C,J^{-})\right)$$

这种方法使奖励模型能够根据 HR 的反馈来捕捉市场偏好。此外，我们可以使用奖励模型来预测求职者与职位描述之间的匹配度，从而提前验证推荐算法的适用性。

步骤 3：PPO

这一步骤基于 PPO 算法，对齐大模型与利用奖励模型衡量的 HR 的偏好，见图 6-6 的(c)，这让大模型不仅考虑了求职者的需求，也考虑了这些职位实际的市场受欢迎度①。

具体的训练过程是：首先收集一批步骤 1、2 中没有使用过的 CV②，基于步骤 1 的大模型（$\mathcal{G}: C \to J'$）生成对应的 JD 集合，然后利用步骤 2 中的$\mathcal{U}: (C,J) \to \mathbf{R}$生成（CV，JD）对对应的奖励值，最后通过 PPO 方法更新$\mathcal{G}$和 $\mathcal{U}$的参数[2]。

3. 生成加强的 JD 推荐方案

基于 RLHF 对 JD 生成的大模型（$\mathcal{G}: C \to J'$）进行微调后，可以生成更匹配用户期望和市

---

① 你可以想一想，为什么这么说？

② 你可以考虑一下为什么要用没有使用过的 CV？

场需求的 JD，那么自然可以想到，我们可以将生成的 JD 作为辅助信息，把$\mathcal{G}: C \rightarrow J'$看作一个特征抽取大模型，提升 JD 推荐的效果，见图 6-6(c)，下面展开说明。

假设某个用户的简历是C，待推荐的 JD 是J，J'是大模型$\mathcal{G}$利用简历C生成的 JD，推荐系统要计算C与J的匹配度得分，我们可以采用如下方式计算。

我们可以利用编码器对C进行编码：$C = \text{Encoder}(C)$[①]。同样的方法可以对J'、J分别进行编码：$j' = \text{Encoder}(J')$、$j = \text{Encoder}(J)$。然后利用 MLP 神经网络计算简历C与 JD J的匹配得分，公式如下。

$$\text{score} = \text{MLP}([c;j;j']) \tag{6-5}$$

计算出了用户的简历C与任何一个 JD J的匹配得分，向用户推荐的过程是：先召回该用户的所有简历，通过式（6-5）计算每份简历与用户的简历C的匹配得分，然后按照得分降序排列，选择 Top N 作为最终给用户的 JD 推荐。

6.3 基于 MIND 数据集实现微调

本节基于 MIND 数据集实现一个微调推荐系统，采用参数有效的微调方案——LoRA 微调，另外，采用 TALLRec 推荐系统架构实现微调推荐系统的架构。

6.3.1 微调数据准备

我们基于 MIND 数据集构建微调数据[②]。LoRA 微调需要的数据格式如下。

```
{"instruction": "Given the user's preference and unpreference, identify whether the user
will like the target movie by answering \"Yes.\" or \"No.\".",
"input": "User Preference: \"Opinion: Colin Kaepernick is about to get what he deserves:
a chance\"\nUser Unpreference:
\"Browns apologize to Mason Rudolph, call Myles Garrett's actions 'unacceptable'\",
\"I've been writing about tiny homes for a year and finally spent 2 nights in a 300-foot
home to see what it's all about here's how it went\",\"The Kardashians Face Backlash Over
'Insensitive' Family Food Fight in KUWTK Clip\",
 \"THEN AND NOW: What all your favorite '90s stars are doing today\",\"Report: Police
investigating woman's death after Redskins' player Montae Nicholson took her to
hospital\",\"U.S. Troops Will Die If They Remain in Syria,
 Bashar Al-Assad Warns\",\"3 Indiana judges suspended after a night of drinking turned
into a White Castle brawl\",
 \"Cows swept away by Hurricane Dorian found alive   but how?\",\"Surviving Santa Clarita
```

① Encoder 可以是一个复杂的深度学习编码器，例如 BERT。

② 基于 MIND small 的 Validation 数据微调，这个数据集虽然相对较小，微调也很慢。

```
school shooting victims on road to recovery: Latest\",\"The Unlikely Star of My Family's
Thanksgiving Table\",\"Meghan Markle and Hillary Clinton Secretly Spent the Afternoon
Together at Frogmore Cottage\",\"Former North Carolina State, NBA player Anthony Grundy
dies in stabbing, police say\",\"85 Thanksgiving Recipes You Can Make Ahead\",\"Survivor
Contestants Missy Byrd and Elizabeth Beisel Apologize For Their Actions\",\"Pete Davidson,
Kaia Gerber Are Dating, Trying to Stay 'Low Profile'\" ,\"There's a place in the US where
its been over 80 degrees since March\",\"Taylor Swift Rep Hits Back at Big Machine, Claims
She's Actually Owed $7.9 Million in Unpaid Royalties\",\"The most talked about movie moments
of the 2010s\",
   \"Belichick mocks social media in comments on Garrett incident\",\"13 Reasons Why's
Christian Navarro Slams Disney for Casting 'the White Guy' in The Little Mermaid\"\nWhether
the user will like the targe news \"66 Cool Tech Gifts
   Anyone Would Be Thrilled to Receive\"?",
   "output": "No."},
...
]
```

将用户行为数据和新闻数据转换为上述格式，因此需要读取 news.tsv 和 behaviors.tsv 两个文件。news.tsv 文件中有 News ID 和对应的新闻标题，而 behaviors.tsv 文件中有一个 Impression News 字段，里面包含用户点击和没有点击的新闻，刚好可以用于构建微调数据：Impression News 字段最后一个 News ID 用于预测用户是否喜欢该新闻，前面的字段可以作为用户过去的行为偏好（参见上面示例中的 input）。利用这两个文件，我们可以构建具体的微调数据集，下面是详细的代码实现[①]。

```
import csv
import json
from enum import Enum

class Action(Enum):
   YES = "Yes."
   NO = "No."

instruction = ("Given the user's preference and unpreference, identify whether the user
will like the target movie by "
            "answering \"Yes.\" or \"No.\".")
news_dict = {}  # 从 news.tsv 获取每个新闻 ID 到标题的映射字典
with open('../data/mind/news.tsv', 'r') as file:
   reader = csv.reader(file, delimiter='\t')
   for row in reader:
      news_id = row[0]
      news_title = row[3]
      news_dict[news_id] = news_title
data_list = []  # 利用 behaviors.tsv 文件获取用户喜欢和不喜欢的新闻
with open('../data/mind/behaviors.tsv', 'r') as file:
   reader = csv.reader(file, delimiter='\t')
   for row in reader:
```

① 代码：src/basic_skills/finetune-llm/data-process/generate_json_data.py。

```
        impression = row[4]
        impre_list = impression.split(" ")
        if len(impre_list) >= 5:  # 用户至少要有5个曝光历史
            preference = []
            unpreference = []
            for impre in impre_list[:-1]:  # 将前面的新闻作为微调数据，最后一个新闻作为预测
                [impre_id, action] = impre.split("-")
                title = news_dict[impre_id]
                if int(action) == 1:
                    preference.append("\""+title+"\"")
                else:
                    unpreference.append("\""+title+"\"")
            input = "User Preference: " + ','.join(preference) + "\n" + "User Unpreference: 
" + ','.join(unpreference)
            [impre_id, action] = impre_list[-1].split("-")
            output = Action.YES.value if int(action) == 1 else Action.NO.value
            input = input + "\n" + "Whether the user will like the targe news " + "\"" + 
news_dict[impre_id] + "\"?"
            res_dic = {
                "instruction": instruction,
                "input": input,
                "output": output
            }
            data_list.append(res_dic)
res = json.dumps(data_list)
user_sequence_path = "../data/mind/train.json"  # 将生成的微调数据保存起来
with open(user_sequence_path, 'a') as file:
    file.write(res)
```

上述代码会在 data 目录下生成一个 JSON 微调数据 train.json。下一节我们利用这个微调数据对推荐模型进行微调。

6.3.2 模型微调

本节利用 6.3.1 节构建的微调数据，基于 LoRA 对 chinese-alpaca-2-7B 模型①进行微调，微调好的模型具备个性化推荐能力。本节提供 4 个微调实现方案，其中重点介绍基于 alpaca-lora 框架的微调。

1. 基于 alpaca-lora 框架的微调

参考文献[1]提供了一种方便的微调方法，本节采用参考文献[4]中的代码实现微调②。

```
import os
import sys
```

① 这是一个利用中文语料对 Stanford's Alpaca 模型进行微调得到的模型。

② 代码：/src/basic_skills/finetune-llm/finetune_tallrec.py。

```
from typing import List
import fire
import torch
from datasets import load_dataset
from peft import (
    LoraConfig,
    get_peft_model,
    get_peft_model_state_dict,
    prepare_model_for_int8_training,
    set_peft_model_state_dict,
)
from transformers import LlamaForCausalLM, LlamaTokenizer, Trainer,
DataCollatorForSeq2Seq, TrainingArguments
from utils.prompter import Prompter

def train(
    # model/data params
    base_model: str = "",  # the only required argument
    data_path: str = "./data/mind/train.json",
    output_dir: str = "./lora-alpaca",
    # training hyperparams
    batch_size: int = 128,
    micro_batch_size: int = 4,
    num_epochs: int = 3,
    learning_rate: float = 3e-4,
    cutoff_len: int = 256,
    val_set_size: int = 2000,
    # lora hyperparams
    lora_r: int = 8,
    lora_alpha: int = 16,
    lora_dropout: float = 0.05,
    lora_target_modules: List[str] = ["q_proj", "v_proj"],
    # llm hyperparams
    train_on_inputs: bool = True,  # if False, masks out inputs in loss
    add_eos_token: bool = False,
    group_by_length: bool = False,  # faster, but produces an odd training loss curve
    # wandb params
    wandb_project: str = "",
    wandb_run_name: str = "",
    wandb_watch: str = "",  # options: false | gradients | all
    wandb_log_model: str = "",  # options: false | true
    resume_from_checkpoint: str = None,  # either training checkpoint or final adapter
    prompt_template_name: str = "alpaca",  # The prompt template to use, will default to
alpaca.
):
    assert (
        base_model
    ), "Please specify a --base_model, e.g. --base_model='huggyllama/llama-7b'"
    gradient_accumulation_steps = batch_size // micro_batch_size
    prompter = Prompter(prompt_template_name)
    device_map = "auto"
```

```
world_size = int(os.environ.get("WORLD_SIZE", 1))
ddp = world_size != 1
if ddp:
    device_map = {"": int(os.environ.get("LOCAL_RANK") or 0)}
    gradient_accumulation_steps = gradient_accumulation_steps // world_size
# Check if parameter passed or if set within environ
use_wandb = len(wandb_project) > 0 or (
    "WANDB_PROJECT" in os.environ and len(os.environ["WANDB_PROJECT"]) > 0
)
# Only overwrite environ if wandb param passed
if len(wandb_project) > 0:
    os.environ["WANDB_PROJECT"] = wandb_project
if len(wandb_watch) > 0:
    os.environ["WANDB_WATCH"] = wandb_watch
if len(wandb_log_model) > 0:
    os.environ["WANDB_LOG_MODEL"] = wandb_log_model
model = LlamaForCausalLM.from_pretrained(
    base_model,
    torch_dtype=torch.float16,
    device_map=device_map,
)
tokenizer = LlamaTokenizer.from_pretrained(base_model)
tokenizer.pad_token_id = (
    0  # unk. we want this to be different from the eos token
)
tokenizer.padding_side = "left"  # Allow batched inference
def tokenize(prompt, add_eos_token=True):
    # there's probably a way to do this with the tokenizer settings
    # but again, gotta move fast
    result = tokenizer(
        prompt,
        truncation=True,
        max_length=cutoff_len,
        padding=False,
        return_tensors=None,
    )
    if (
        result["input_ids"][-1] != tokenizer.eos_token_id
        and len(result["input_ids"]) < cutoff_len
        and add_eos_token
    ):
        result["input_ids"].append(tokenizer.eos_token_id)
        result["attention_mask"].append(1)
    result["labels"] = result["input_ids"].copy()
    return result
def generate_and_tokenize_prompt(data_point):
    full_prompt = prompter.generate_prompt(
        data_point["instruction"],
        data_point["input"],
        data_point["output"],
    )
```

```
        tokenized_full_prompt = tokenize(full_prompt)
        if not train_on_inputs:
            user_prompt = prompter.generate_prompt(
                data_point["instruction"], data_point["input"]
            )
            tokenized_user_prompt = tokenize(
                user_prompt, add_eos_token=add_eos_token
            )
            user_prompt_len = len(tokenized_user_prompt["input_ids"])
            if add_eos_token:
                user_prompt_len -= 1
            tokenized_full_prompt["labels"] = [
                -100
            ] * user_prompt_len + tokenized_full_prompt["labels"][
                user_prompt_len:
            ]  # could be sped up, probably
        return tokenized_full_prompt
    model = prepare_model_for_int8_training(model)
    config = LoraConfig(
        r=lora_r,
        lora_alpha=lora_alpha,
        target_modules=lora_target_modules,
        lora_dropout=lora_dropout,
        bias="none",
        task_type="CAUSAL_LM",
    )
    model = get_peft_model(model, config)
    if data_path.endswith(".json") or data_path.endswith(".jsonl"):
    # 数据是 JSON 或者 JSONL 格式的
        data = load_dataset("json", data_files=data_path)
    else:
        data = load_dataset(data_path)
    if resume_from_checkpoint:
        # Check the available weights and load them
        checkpoint_name = os.path.join(
            resume_from_checkpoint, "pytorch_model.bin"
        )  # Full checkpoint
        if not os.path.exists(checkpoint_name):
            checkpoint_name = os.path.join(
                resume_from_checkpoint, "adapter_model.bin"
            )  # only LoRA model - LoRA config above has to fit
            resume_from_checkpoint = (
                False  # So the trainer won't try loading its state
            )
        # The two files above have a different name depending on how they were saved, but
# are actually the same.
        if os.path.exists(checkpoint_name):
            print(f"Restarting from {checkpoint_name}")
            adapters_weights = torch.load(checkpoint_name)
            set_peft_model_state_dict(model, adapters_weights)
        else:
```

```
        print(f"Checkpoint {checkpoint_name} not found")
    model.print_trainable_parameters()  # Be more transparent about the % of trainable
# params.
    if val_set_size > 0:
        train_val = data["train"].train_test_split(
            test_size=val_set_size, shuffle=True, seed=42
        )
        train_data = (
            train_val["train"].shuffle().map(generate_and_tokenize_prompt)
        )
        val_data = (
            train_val["test"].shuffle().map(generate_and_tokenize_prompt)
        )
    else:
        train_data = data["train"].shuffle().map(generate_and_tokenize_prompt)
        val_data = None
    if not ddp and torch.cuda.device_count() > 1:
        # keeps Trainer from trying its own DataParallelism when more than 1 gpu is available
        model.is_parallelizable = True
        model.model_parallel = True
    trainer = Trainer(
        model=model,
        train_dataset=train_data,
        eval_dataset=val_data,
        args=TrainingArguments(
            per_device_train_batch_size=micro_batch_size,
            gradient_accumulation_steps=gradient_accumulation_steps,
            warmup_steps=100,
            num_train_epochs=num_epochs,
            learning_rate=learning_rate,
            logging_steps=10,
            optim="adamw_torch",
            evaluation_strategy="steps" if val_set_size > 0 else "no",
            save_strategy="steps",
            eval_steps=200 if val_set_size > 0 else None,
            save_steps=200,
            output_dir=output_dir,
            save_total_limit=3,
            load_best_model_at_end=True if val_set_size > 0 else False,
            ddp_find_unused_parameters=False if ddp else None,
            group_by_length=group_by_length,
            report_to="wandb" if use_wandb else None,
            run_name=wandb_run_name if use_wandb else None,
        ),
        data_collator=DataCollatorForSeq2Seq(
            tokenizer, pad_to_multiple_of=8, return_tensors="pt", padding=True
        ),
    )
    model.config.use_cache = False

    trainer.train(resume_from_checkpoint=resume_from_checkpoint)
```

```
    model.save_pretrained(output_dir)

if __name__ == "__main__":
    fire.Fire(train)
```

上述代码首先导入基底模型，然后基于 LoraConfig 构建 peft 模型，最后利用 Transformers 库中的 Trainer 类进行微调，当模型微调好后进行保存。下面的脚本可以对模型进行微调。

```
python finetune_tallrec.py \
    --base_model '/Users/liuqiang/Desktop/code/llm/models/chinese-alpaca-2-7b' \
# 基底模型的存储路径
    --data_path '/Users/liuqiang/Desktop/code/llm4rec/llm4rec_abc/src/finetune-llm/
data/mind/train.json' \ #微调数据路径
    --output_dir './lora-weights' \ #微调好的 LoRA 参数的存储路径
    --batch_size 128 \ #批大小
    --micro_batch_size 4 \ #微批大小
    --num_epochs 3 \ #epochs 数
    --learning_rate 1e-4 \ #学习率
    --cutoff_len 512 \ # cutoff 长度
    --val_set_size 2000 \ # 验证数据条数
    --lora_r 8 \ # LoRA 中的秩（rank），它决定了低秩矩阵的大小
    --lora_alpha 16 \ # LoRA 适应的学习率缩放因子。这个参数影响了低秩矩阵的更新速度
    --lora_dropout 0.05 \ # Dropout 的比例
    --lora_target_modules '[q_proj,v_proj]' \ # 对基底模型中的哪些模块进行微调
    --train_on_inputs \ #if False, masks out inputs in loss
    --group_by_length #是否将微调数据集中长度大致相同的样本分在一组，以最大限度地减少所应用的填充并
# 提高效率。仅在应用动态填充时有用
```

上面的训练脚本速度是非常慢的，在笔者的计算机上需要训练 4 天左右才能完成。你可以适当调整参数[①]，加快微调速度。

2. 其他微调方法

下面介绍 3 个利用其他框架进行微调的方法，有兴趣的读者可以详细阅读源码。

- 基于苹果的 MLX 框架进行微调。

MLX 是苹果开源的基于 mac 系列芯片的大模型框架，在 mlx-examples（在 GitHub 上搜索 mlx-examples）工程中的 lora 目录下，有相关的微调参考代码实现，下面是一个参考代码示例。

```
python lora.py --model /Users/liuqiang/Desktop/code/llm/models/Yi-34B-Chat \ # 基底模型
         --train \ # 进行微调
         --iters 1000 \ # 微调迭代次数
         --adapter-file ./adapters.npz \ # 微调后的输出文件，采用.npz 格式存储
         --data data/ # 微调对应的数据
```

① 思考一下，可以调整哪些参数？

- 基于 LLaMA-Factory 框架进行微调。

LLaMA-Factory（在 GitHub 上搜索 LLaMA-Factory）是一个开源易用的微调框架，目前开源的主流模型都支持用 LLaMA-Factory 进行微调，它支持 LoRA、QLoRA 等微调方法，支持预训练、监督微调、PPO 等范式，如图 6-9 所示。

方法	全部参数	部分参数	LoRA	QLoRA
预训练	☑	☑	☑	☑
监督微调	☑	☑	☑	☑
奖励模型	☑	☑	☑	☑
PPO 训练	☑	☑	☑	☑
DPO 训练	☑	☑	☑	☑

图 6-9 LLaMA-Factory 支持的微调类型

LLaMA-Factory 的易用性非常好，还提供微调界面，便于操作。图 6-10 就是 LLaMA-Factory 的微调界面，具体的参数可以通过填写或者下拉的方式补充完善，然后就可以直接进行微调了。

如果不采用 Web UI 方式进行微调，还可以直接利用脚本进行微调，下面是一个可行的微调脚本，供你参考。

```
CUDA_VISIBLE_DEVICES=0 python src/train_bash.py \
--stage sft \ # 监督微调
--do_train \ # 进行微调
--model_name_or_path /Users/liuqiang/Desktop/code/llm/models/chinese-alpaca-2-7b \
# 基底模型
--dataset movie_train \ # 微调的数据集
--template default \ # 提示词模板
--finetuning_type lora \ # 微调方法
--lora_target q_proj,v_proj \ # 对基底模型中的哪些模块进行微调
--output_dir ./lora-alpaca \ # 微调后的保存目录
--overwrite_cache \ # 是否重写缓存
--per_device_train_batch_size 4 \ # 每个 device 的 batch size
--gradient_accumulation_steps 4 \ # 多少步开始累积梯度
--lr_scheduler_type cosine \
--logging_steps 10 \ # 间隔多少步输出日志
--save_steps 1000 \  #间隔多少步存储中间过程
--learning_rate 5e-5 \ # 学习率
--num_train_epochs 3.0 \ # epochs 数
--plot_loss # 打印出损失
```

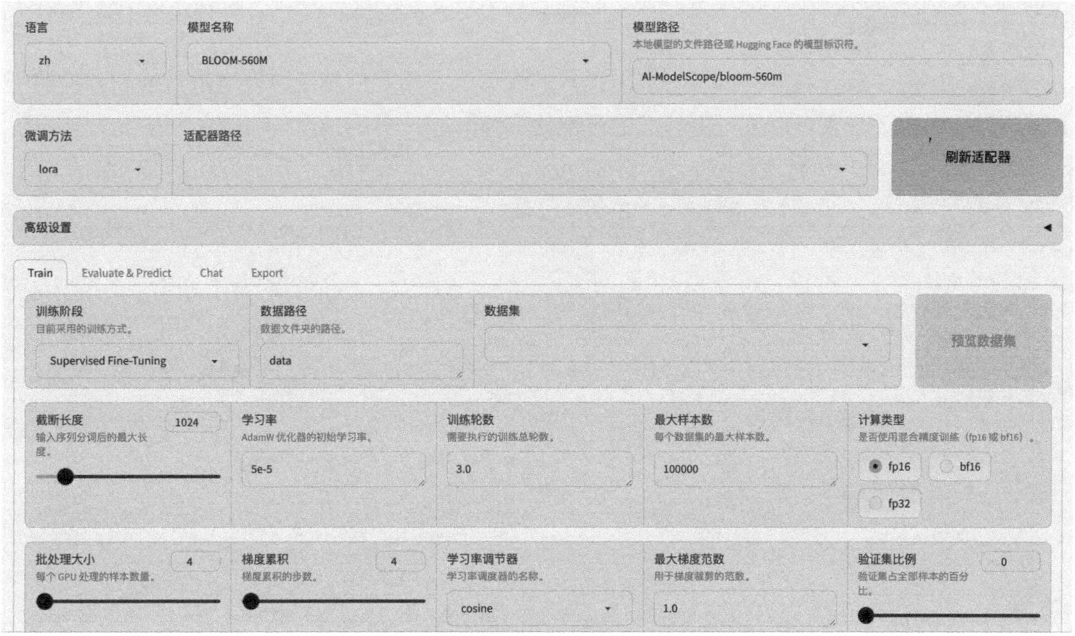

图 6-10　LLaMA-Factory 的微调界面

- 基于 Transformers 库的 run_clm.py 进行微调。

Transformers 库中也提供了进行微调的代码案例 run_clm.py，你可以利用该方法进行微调，下面是一个具体的微调案例。

```
PYTORCH_MPS_HIGH_WATERMARK_RATIO=0.0 python run_clm.py \
  --model_name_or_path /Users/liuqiang/Desktop/code/llm/models/chinese-alpaca-2-7b \
  # 基底模型
  --train_file /Users/liuqiang/Desktop/code/llm4rec/TALLRec/data/movie/train.json \
  # 微调的数据
  --validation_file
/Users/liuqiang/Desktop/code/llm4rec/TALLRec/data/movie/valid.json \ # 验证数据
  --per_device_train_batch_size 8 \ # 每个 device 的训练集 batch size
  --per_device_eval_batch_size 4 \ # 每个 device 的验证集 batch size
  --do_train \ # 是否需要进行训练
  --do_eval \ # 是否需要进行评估
  --optim adamw_torch \ # 优化方法
  --learning_rate 5e-5 \ # 学习率
  --num_train_epochs 3.0 \ # epochs 数量
  --low_cpu_mem_usage true \ # 是否采用低 CPU、内存进行微调
  --output_dir /Users/liuqiang/Desktop/code/llm4rec/TALLRec/lora-alpaca-transformers
  # 微调好的模型输出路径
```

6.3.3 模型推断

通过上面的步骤，我们获得了一个微调好的模型，下面我们基于该模型进行推断，检验一下微调后的大模型是否可以进行更精准的个性化推荐[①]。

```
import os
import sys
import fire
import gradio as gr
import torch
import transformers
from peft import PeftModel
from transformers import GenerationConfig, LlamaForCausa大模型, LlamaTokenizer
from utils.callbacks import Iteratorize, Stream
from utils.prompter import Prompter

def main(
    load_8bit: bool = False,
    base_model: str = "",
    lora_weights: str = "tloen/alpaca-lora-7b",
    prompt_template: str = "",  # The prompt template to use, will default to alpaca.
    server_name: str = "0.0.0.0",  # Allows to listen on all interfaces by providing '0.
    share_gradio: bool = False,
):
    base_model = base_model or os.environ.get("BASE_MODEL", "")
    assert (
        base_model
    ), "Please specify a --base_model, e.g. --base_model='huggyllama/llama-7b'"
    prompter = Prompter(prompt_template)
    tokenizer = LlamaTokenizer.from_pretrained(base_model)
    device_map = "mps"
    model = LlamaForCausalLM.from_pretrained(
        base_model,
        device_map=device_map,
        torch_dtype=torch.float16,
    )
    model = PeftModel.from_pretrained(
        model,
        lora_weights,
        device_map=device_map,
        torch_dtype=torch.float16,
    )
    # unwind broken decapoda-research config
    model.config.pad_token_id = tokenizer.pad_token_id = 0  # unk
    model.config.bos_token_id = 1
    model.config.eos_token_id = 2
    if not load_8bit:
        model.half()  # seems to fix bugs for some users.
```

① 代码：/src/basic_skills/finetune-llm/infer_tallrec.py。

```
    model.eval()
    if torch.__version__ >= "2" and sys.platform != "win32":
        model = torch.compile(model)
    def evaluate(
        instruction,
        input=None,
        temperature=0.1,
        top_p=0.75,
        top_k=40,
        num_beams=4,
        max_new_tokens=128,
        stream_output=False,
        **kwargs,
    ):
        prompt = prompter.generate_prompt(instruction, input)
        inputs = tokenizer(prompt, return_tensors="pt")
        input_ids = inputs["input_ids"].to(device_map)
        generation_config = GenerationConfig(
            temperature=temperature,
            top_p=top_p,
            top_k=top_k,
            num_beams=num_beams,
            **kwargs,
        )
        generate_params = {
            "input_ids": input_ids,
            "generation_config": generation_config,
            "return_dict_in_generate": True,
            "output_scores": True,
            "max_new_tokens": max_new_tokens,
        }
        if stream_output:
            # Stream the reply 1 token at a time.
            # This is based on the trick of using 'stopping_criteria' to create an iterator,
            # from https://github.com/oobabooga/text-generation-webui/
blob/ad37f396fc8bcbab90e11ecf17c56c97bfbd4a9c/modules/text_generation.py#L216-L243.
            def generate_with_callback(callback=None, **kwargs):
                kwargs.setdefault(
                    "stopping_criteria", transformers.StoppingCriteriaList()
                )
                kwargs["stopping_criteria"].append(
                    Stream(callback_func=callback)
                )
                with torch.no_grad():
                    model.generate(**kwargs)
            def generate_with_streaming(**kwargs):
                return Iteratorize(
                    generate_with_callback, kwargs, callback=None
                )
            with generate_with_streaming(**generate_params) as generator:
                for output in generator:
```

```
                # new_tokens = len(output) - len(input_ids[0])
                decoded_output = tokenizer.decode(output)
                if output[-1] in [tokenizer.eos_token_id]:
                    break
                yield prompter.get_response(decoded_output)
        return  # early return for stream_output
    # Without streaming
    with torch.no_grad():
        generation_output = model.generate(
            input_ids=input_ids,
            generation_config=generation_config,
            return_dict_in_generate=True,
            output_scores=True,
            max_new_tokens=max_new_tokens,
        )
    s = generation_output.sequences[0]
    output = tokenizer.decode(s)
    yield prompter.get_response(output)
gr.Interface(
    fn=evaluate,
    inputs=[
        gr.components.Textbox(
            lines=2,
            label="Instruction",
            placeholder="Tell me about alpacas.",
        ),
        gr.components.Textbox(lines=2, label="Input", placeholder="none"),
        gr.components.Slider(
            minimum=0, maximum=1, value=0.1, label="Temperature"
        ),
        gr.components.Slider(
            minimum=0, maximum=1, value=0.75, label="Top p"
        ),
        gr.components.Slider(
            minimum=0, maximum=100, step=1, value=40, label="Top k"
        ),
        gr.components.Slider(
            minimum=1, maximum=4, step=1, value=4, label="Beams"
        ),
        gr.components.Slider(
            minimum=1, maximum=2000, step=1, value=128, label="Max tokens"
        ),
        gr.components.Checkbox(label="Stream output"),
    ],
    outputs=[
        gr.components.Textbox(
            lines=5,
            label="Output",
        )
    ],
    title="🦙🌲 Alpaca-LoRA",
```

```
        description="Alpaca-LoRA is a 7B-parameter LLaMA model finetuned to follow
instructions. It is trained on the [Stanford
Alpaca](https://github.com/tatsu-lab/stanford_alpaca) dataset and makes use of the
Huggingface LLaMA implementation. For more information, please visit [the project's
website](https://github.com/tloen/alpaca-lora).",  # noqa: E501
    ).queue().launch(server_name=server_name, share=share_gradio)

if __name__ == "__main__":
    fire.Fire(main)
```

我们可以通过以下脚本运行上面的代码。上面的代码用到了 Gradio 这个框架，这是一个将机器学习能力方便地封装成 Web 服务的 Python 框架，通过封装可以提升模型的易用性。代码运行后会出现图 6-11 所示的界面，你可以直接在这个界面上进行推理验证，还可以调整参数。

```
python infer_tallrec.py \
   --base_model '/Users/liuqiang/Desktop/code/llm/models/chinese-alpaca-2-7b' \
   # 基底模型路径
   --lora_weights
'/Users/liuqiang/Desktop/code/llm4rec/llm4rec_abc/src/finetune-llm/lora-weights'
   # LoRA 微调的参数路径
```

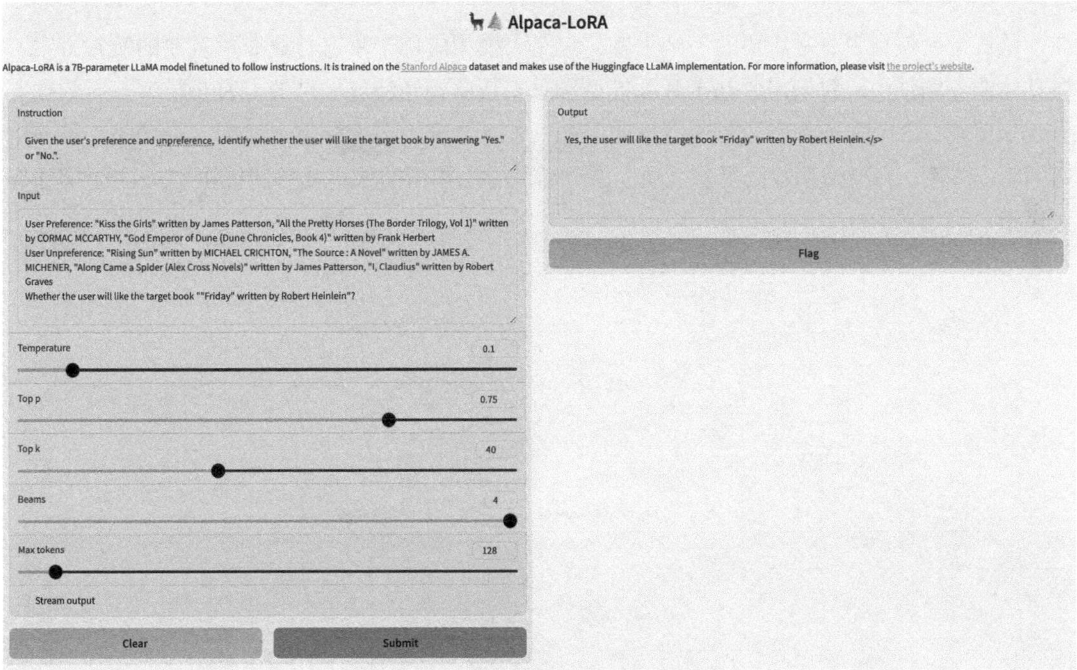

图 6-11　微调后的模型交互界面

6.4 总结

本章讲解了利用推荐系统数据微调大模型的知识点，包括微调的价值、微调的步骤、微调的方法和微调过程面临的问题和挑战，重点是微调的步骤和微调的方法。关于微调的步骤，需要重点了解基于不同的监督样本的形式选择合适的微调目标函数的方法，以及如何构建监督样本。关于微调的方法，需要掌握监督微调方法和基于 PPO 的 RLHF 方法。

在本章讲解的两个案例中，TALLRec 是一个非常通用的微调框架，包含待推荐物品的标题等文本信息的推荐系统都可以通过该框架实现。而 GIRL 巧妙地利用了 RLHF 对招聘场景下的推荐进行微调，这个方法也具有一定的通用性，好友推荐、旅游目的地推荐、司机推荐等都可以采用该方法实现。TALLRec 和 GIRL 这两个微调大模型应用于推荐系统的方法刚好覆盖了本章的两种微调范式，希望你结合这两个案例，好好掌握监督微调和 RLHF 微调这两种方法。

本章基于 MIND 数据集从零开始微调了一个个性化推荐系统。现在开源工具非常多，总体来说，微调还是比较简单的。我们最缺少的就是高质量的微调数据和算力。

微调是大模型中非常重要的一个主题，也是大模型应用于垂直行业非常重要的实现方案。在具体业务场景中，我们需要基于开源模型和垂直数据构建特定领域的专有小模型。对数据安全要求比较高的公司通常不会考虑通过调用第三方 API 来使用大模型，这时，微调是一种非常好的解决方案。只要微调数据足够优质，微调后的专用模型的效果就可能优于 ChatGPT 等通用大模型。

07
直接推荐范式：利用大模型的上下文学习进行推荐

前面的章节讲解了如何通过预训练和微调大模型进行个性化推荐，这类模型是高度适配推荐业务场景的，有很不错的效果。不管是预训练还是微调，考虑到成本，一般对参数较少的大模型（<10B）进行处理。当模型的参数规模足够大时，大模型本身就具备非常强的泛化能力。我们自然想到，直接用这类大模型是否可以进行个性化推荐呢？答案是肯定的，通过上下文学习能力，大模型可以在用户提供背景知识的前提下，实现下游的推荐任务。

只需要利用特定提示词激发大模型的推荐能力就可以将其用于下游推荐任务，而无须进行任何微调，我们将这种能力叫作上下文学习，上下文学习分为 zero-shot 和 few-shot。

zero-shot 直接利用预训练好的大模型，通过设计特定的提示词和模板让大模型完成推荐任务。这类推荐的效果主要由大模型自身的通用能力及提示词的独特设计决定，一般使用 ChatGPT、GPT-4 等超大的大模型，这类模型的通用能力更好。few-shot 为预训练好的大模型提供几个示例样本，指导大模型进行推荐，激活大模型的个性化推荐能力。另外，可以将推荐任务分解为简单的子任务，让大模型逐一解决，这就是大模型的思维链能力。

基于上面的思考，本章讲解如何直接使用大模型进行个性化推荐。先讲解基本的实现原理和相关案例，让你对该技术有初步的了解，再提供代码案例指导你实践大模型个性化推荐。

7.1 上下文学习推荐基本原理

直接推荐范式是本章的核心框架和指导原则，该范式可以将完成预训练的大模型直接用于个性化推荐，这里的预训练大模型一般是通用的大模型（例如 ChatGPT、Claude、Kimi 等），而不是专门为推荐任务预训练或者微调的大模型。

这里再提一下，在经典的召回→排序推荐范式下，直接推荐范式其实是利用大模型进行排序，即对召回的候选物品进行排序（如图 3-6 所示）。召回阶段使用其他推荐算法，例如传统的基于标签的召回等。下面展开说明直接推荐范式的基本原理。

大模型基于海量文本数据预训练，海量文本本身就压缩了各个领域的基础知识，这些知识可以被激发出来用于个性化推荐。只不过，我们需要使用特定的提示词才能激发大模型的个性化推荐能力。

推荐系统的提示词需要使用特定的模板（Template）才能更好地激发大模型的推荐能力。推荐系统与其他下游任务最大的不同是个性化，因此提示词也应该是个性化的，个性化提示词包括不同用户和物品的个性化字段。例如，用户的偏好可以通过商品 ID 或用户描述（如偏好、画像等）表示。此外，个性化提示词的预期模型输出也应该根据输入物品的变化而变化，这意味着用户对不同物品的偏好变化。这些物品字段可以由商品 ID 或包含详细描述的物品元数据表示。下面是一个具体的例子，供你参考。

```
I've watched the following movies in the past in order:

['0. Mirror, The (Zerkalo)', '1. The 39 Steps', '2. Sanjuro', '3. Trouble in Paradise']\n\n
Then if I ask you to recommend a new movie to me according to my watching history, you
should recommend Shampoo and now that I've just watched Shampoo, there are 20 candidate
movies that I can watch next:\n ['0. Manon of the Spring (Manon des sources)', '1. Air
Bud', '2. Citizen Kane', '3. Grand Hotel', '4. A Very Brady Sequel', '5. 42 Up', '6. Message
to Love: The Isle of Wight Festival', '7. Screamers', '8. The Believers', '9. Hamlet', '10.
Cliffhanger', '11. Three Wishes', '12. Nekromantik', '13. Dangerous Minds', '14. The
Prophecy', '15. Howling II: Your Sister Is a Werewolf', '16. World of Apu, The (Apur
Sansar)', '17. The Breakfast Club', '18. Hoop Dreams', '19. Eddie']

Please rank these 20 movies by measuring the possibilities that I would like to watch next
most, according to my watching history. Please think step by step.\n Please show me your
ranking results with order numbers. Split your output with line break. You MUST rank the
given candidate movies. You can not generate movies that are not in the given candidate
list.
```

下面用具体的案例进一步说明上下文学习能力是如何用于推荐的。

7.2 案例讲解

上下文学习推荐的基本原理相当简单，主要是利用大模型的推理能力及适当的提示词激发大模型的推荐能力，下面给出 3 个具体的案例。

7.2.1 LLMRank 实现案例

参考文献[1]将推荐看作一个有条件的排序任务（思路与贝叶斯估计相似），将用户的历史交互序列$\mathcal{H} = \{i_1, i_2, \cdots, i_n\}$（按照交互时间升序排列）作为初始条件，大模型推荐系统的任务是对召回的候选集$\mathcal{C} = \{i_j\}_{j=1}^{m}$进行排序，将用户最喜欢的物品排在前面。这就是一个典型的利用大模型进行推荐排序的方案。

对每个用户，首先构造两个自然语言模式（Pattern）：一个是用户历史交互序列$\mathcal{H}$，一个是抽取候选集$\mathcal{C}$，然后将这两个模式输入一个自然语言模板T中形成最终的指令。通过这种方式，期望大模型理解指令并按照指令的建议输出推荐排序结果。利用大模型进行 zero-shot 排序推荐的技术方案如图 7-1 所示。接下来，描述详细的指令设计过程。

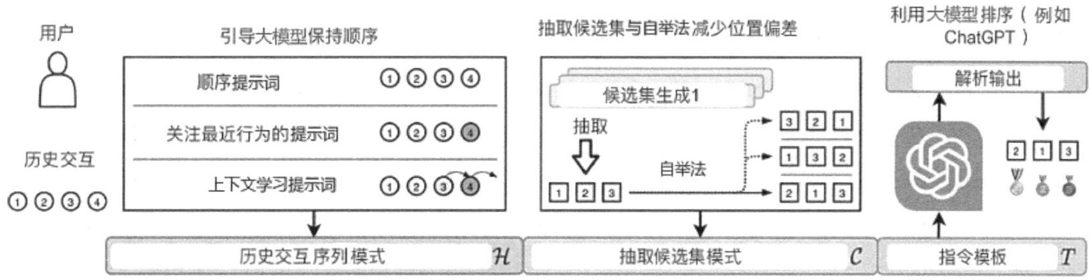

图 7-1　利用大模型进行 zero-shot 排序推荐的技术方案

用户历史交互序列：为了研究大模型是否可以从用户历史交互中捕获用户偏好，我们将顺序历史交互序列$\mathcal{H} = \{i_1, i_2, \cdots, i_n\}$作为大模型的输入包含在指令中。为了使大模型能够意识到历史交互的顺序性，有如下三种构建指令的方法。

- **顺序提示词**：按时间顺序排列历史交互。例如：“I've watched the following movies in the past in order: '0. Multiplicity', '1. Jurassic Park', ...”。
- **关注最近行为的提示词**：除了顺序的交互记录，还可以添加一句话来强调最近的交互。例如：“I've watched the following movies in the past in order: '0.Multiplicity','1. JurassicPark',... Note that my most recently watched movie is Dead Presidents. ...”。
- **上下文学习提示词**：上下文学习是大模型解决各种任务的一种效果突出的提示方法，它在提示中给出示例样本（可能带有任务描述），并指示大模型解决特定任务。对于个性化推荐任务，简单地引入其他用户的示例可能引入噪声，因为不同的用户通常具有不同的偏好。我们通过调整上下文学习提示词，增补输入交互序列来引入示例样本。例如：“If I've watched the following movies in the past in order: '0. Multiplicity', '1. Jurassic Park', ..., then you should recommend Dead Presidents to me and now that I've watched Dead Presidents, then ...”。

抽取候选集：要排序的候选物品通常由几个候选生成模型生成（多路召回）。为了用大模型对这些候选物品排序，先按顺序排列候选物品|C|。例如："Now there are 20 candidate movies that I can watch next: '0. Sister Act', '1. Sunset Blvd', ..."。按照经典的候选生成方法，候选物品没有特定的顺序。我们将不同候选集的生成模型的召回结果放到一个集合中，并随机排序。我们考虑了一个相对较小的候选集，并对 20 个候选物品（m=20）进行排序。实验表明，大模型对提示词中示例的顺序很敏感。因此，我们在提示词中为候选物品生成了不同的顺序（采用的方法为自举法——bootstrapping），这使我们能够进一步验证大模型的排序结果是否受到候选集排列顺序的影响，即位置偏差（这种位置偏差确实存在），以及如何通过自举法减少位置偏差。

使用大模型进行排序。为了将大模型作为排序模型，我们最终将上述模式集成到指令模板 T 中。一个可行的示例指令模板可以是"[pattern that contains sequential historical interactions $\mathcal{H}$ (conditions)] [pattern that contains retrieved candidate items $\mathcal{C}$ (candidates)] Please rank these movies by measuring the possibilities that I would like to watch next most, according to my watching history. You MUST rank the given candidate movies. You cannot generate movies that are not in the given candidate list."。

解析大模型的输出。通过将指令输入大模型，我们可以获得大模型的排序结果以供推荐。请注意，大模型的输出仍然是自然语言文本，我们使用启发式文本匹配方法解析输出，并将推荐结果与候选集进行匹配。具体来说，当物品的文本较短且能够区分时，如电影标题，可以在大模型输出和候选物品的文本之间直接执行高效的子串匹配算法（如 KMP）。我们还可以为每个候选物品分配一个索引，并指示大模型直接输出排序后的物品索引。尽管提示词中包含了候选物品，但大模型仍可能生成候选集之外的物品。而对于 GPT-3.5，出现这种误差的概率非常小，约为 3%。在这种情况下，我们可以提示大模型并让它重新输出，也可以简单地将其视为不正确的输出而忽略。

参考文献[1]在两个公开数据集上进行实验，取得了几个关键发现，这些发现可以用于指导如何将大模型作为推荐系统的排序模型。

- 大模型可以利用用户历史交互进行个性化排序，但很难感知给定的历史交互的顺序。
- 通过专门设计的提示词，如关注最近提示词和上下文学习提示词，可以触发大模型感知历史交互的顺序，从而改善排序效果。
- 大模型优于 zero-shot 推荐方法，特别是在多个不同的召回排序算法生成的候选集上有较好的表现。
- 大模型在排序时存在位置偏见和热门偏见，这可以通过提示词或自举法来缓解。

7.2.2 多任务实现案例

参考文献[2]设计了一组提示词，并评估了 ChatGPT 在 5 项推荐任务（评分预测、序列推荐、直接推荐、解释生成和评论摘要）中的表现。与传统的推荐方法不同，整个评估过程中不会微调 ChatGPT，只依靠提示词将推荐任务转换为自然语言任务。此外，论文还探索了使用 few-shot 提示词注入包含用户潜在兴趣的交互信息，以帮助 ChatGPT 更好地了解用户的需求和兴趣。在 Amazon Beauty 数据集上的实验结果表明，ChatGPT 在某些任务中取得了较好的效果，在其他任务中也能够达到基线水平。

使用 ChatGPT 执行 5 项推荐任务并评估其推荐性能的工作流程如图 7-2 所示，包括 3 个步骤。首先，根据推荐任务的具体特征构造不同的提示词。其次，这些提示词被用作 ChatGPT 的输入，期望 ChatGPT 根据提示词中指定的要求生成推荐结果。最后，优化（Refinement）模块对 ChatGPT 的输出进行检查和优化，将优化后的结果作为最终推荐结果返回给用户。下面分别对这 3 个步骤加以说明。

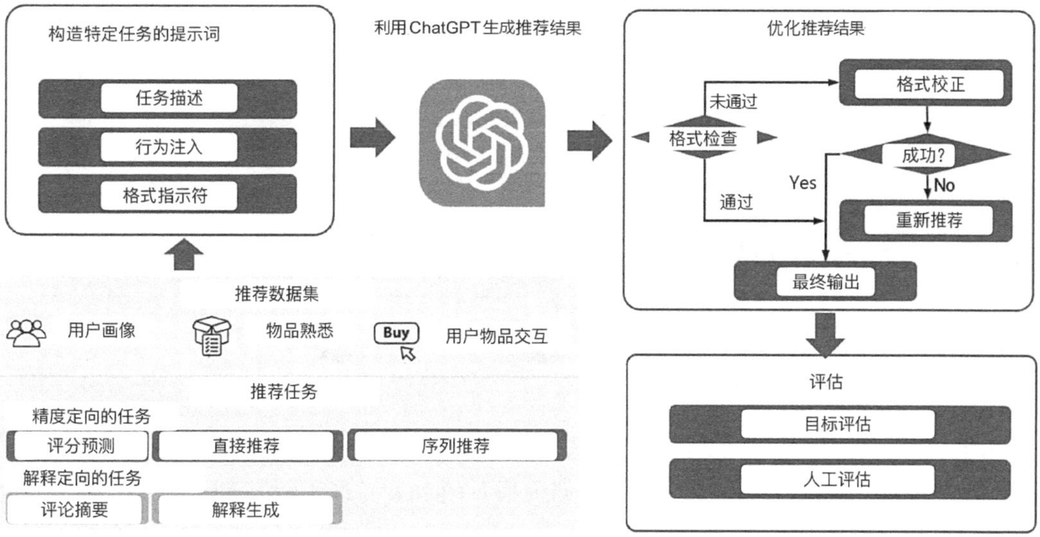

图 7-2 使用 ChatGPT 执行 5 项推荐任务并评估其推荐性能的工作流程

步骤 1：构造特定任务的提示词。

通过设计针对不同任务的提示词来激发 ChatGPT 的推荐能力。每个提示词包含 3 部分：任务描述（Task Description）、行为注入（Behavior Injection）和格式指示符（Format Indicator）。任务描述用于使推荐任务适应自然语言处理任务。行为注入旨在评估 few-shot 提示词的影响，它整合了用户–物品交互，以帮助 ChatGPT 更有效地确定用户偏好和需求。格式指示符用于约束输出格式，使推荐结果更易于理解和评估。图 7-3 是一些提示词的示例。

任务	类型	提示词
评分预测	zero-shot	How will user rate this product_title: "SHANY Nail Art Set (24 Famous Colors Nail Art Polish, Nail Art Decoration)" , and product_category: Beauty? (1 being lowest and 5 being highest) Attention! Just give me back the exact number a result , and you don't need a lot of text.
	few-shot	Here is user rating history: 1. Bundle Monster 100 PC 3D Designs Nail Art Nailart Manicure Fimo Canes Sticks Rods Stickers Gel Tips, 5.0; 2. Winstonia's Double Ended Nail Art Marbling Dotting Tool Pen Set w/ 10 Different Sizes 5 Colors - Manicure Pedicure, 5.0; 3. Nail Art Jumbo Stamp Stamping Manicure Image Plate 2 Tropical Holiday by Cheeky&reg, 5.0 ; 4.Nail Art Jumbo Stamp Stamping Manicure Image Plate 6 Happy Holidays by Cheeky&reg, 5.0; Based on above rating history, please predict user's rating for the product: "SHANY Nail Art Set (24 Famouse Colors Nail Art Polish, Nail Art Decoration)", (1 being lowest and5 being highest,The output should be like: (x stars, xx%), do not explain the reason.)
序列推荐	zero-shot	Requirements: you must choose 10 items for recommendation and sort them in order of priority, from highest to lowest. Output format: a python list. Do not explain the reason or include any other words. The user has interacted with the following items in chronological order: ['Better Living Classic Two Chamber Dispenser, White', 'Andre Silhouettes Shampoo Cape, Metallic Black', ……, 'John Frieda JFHA5 Hot Air Brush, 1.5 inch'].Please recommend the next item that the user might interact with.
	few-shot	Requirements: you must choose 10 items for recommendation and sort them in order of priority, from highest to lowest. Output format: a python list. Do not explain the reason or include any other words. Given the user's interaction history in chronological order: ['Avalon Biotin B-Complex Thickening Conditioner, 14 Ounce', 'Conair 1600 Watt Folding Handle Hair Dryer', ……, 'RoC Multi-Correxion 4-Zone Daily Moisturizer, SPF 30, 1.7 Ounce'], the next interacted item is ['Le Edge Full Body Exfoliator - Pink']. Now, if the interaction history is updated to ['Avalon Biotin B-Complex Thickening Conditioner, 14 Ounce', 'Conair 1600 Watt Folding Handle Hair Dryer',……, 'RoC Multi-Correxion 4-Zone Daily Moisturizer, SPF 30, 1.7 Ounce', 'Le Edge Full Body Exfoliator - Pink'] and the user is likely to interact again, recommend the next item.
直接推荐	zero-shot	Requirements: you must choose 10 items for recommendation and sort them in order of priority, from highest to lowest. Output format: a python list. Do not explain the reason or include any other words. The user has interacted with the following items (in no particular order): [""Skin Obsession Jessner's Chemical Peel Kit Anti-aging and Anti-acne Skin Care Treatment"", 'Xtreme Brite Brightening Gel 1oz.',……, 'Reviva - Light Skin Peel, 1.5 oz cream']. From the candidates listed below, choose the top 10 items to recommend to the user and rank them in order of priority from highest to lowest. Candidates: ['Rogaine for Women Hair Regrowth Treatment 3- 2 ounce bottles', 'Best Age Spot Remover', ……""L'Oreal Kids Extra Gentle 2-in-1 Shampoo With a Burst of Cherry Almond, 9.0 Fluid Ounce""].
	few-shot	Requirements: you must choose 10 items for recommendation and sort them in order of priority, from highest to lowest. Output format: a python list. Do not explain the reason or include any other words. The user has interacted with the following items (in no particular order): ['Maybelline New York Eye Studio Lasting Drama Gel Eyeliner, Eggplant 956, 0.106 Ounce', ""L'Oreal Paris Healthy Look Hair Color, 8.5 Blonde/White Chocolate"", ……, 'Duo Lash Adhesive, Clear, 0.25 Ounce']. Given that the user has interacted with 'WAWO 15 Color Professionl Makeup Eyeshadow Camouflage Facial Concealer Neutral Palette' from a pool of candidates: ['MASH Bamboo Reusable Cuticle Pushers Remover / Manicure Pedicure Stick', 'Urban Decay All Nighter Long-Lasting Makeup Setting Spray 4 oz', ……,'Classic Cotton Balls Jumbo Size, 100 Count'], please recommend the best item from a new candidate pool, ['Neutrogena Ultra Sheer Sunscreen SPF 45 Twin Pack 6.0 Ounce', 'Blinc Eyeliner Pencil - Black', ……,'Skin MD Natural + SPF15 combines the benefits of a shielding lotion and a sunscreen lotion']. Note that the candidates in the new pool are not ordered in any particular way.

图 7-3　亚马逊 Beauty 数据集上基于准确性任务的提示词示例

步骤 2：利用 ChatGPT 生成推荐结果。

将上面构造好的提示词以自然语言对话的形式注入 ChatGPT（例如调用 ChatGPT 的 API）获得最终的输出（推荐结果）。由于这一步完全基于 ChatGPT 的自然语言生成能力，属于黑盒，这里不展开说明。

步骤 3：优化推荐结果。

为了确保生成结果的多样性，ChatGPT 在其响应生成过程中加入了一定程度的随机性，这可能导致对相同输入产生不同的输出。因此，当使用 ChatGPT 进行推荐时，这种随机性有时会导致评估推荐物品困难。虽然提示词结构中的格式指示符可以部分缓解这一问题，但在实际使用中，它仍然不能保证预期的输出格式。因此，需要输出优化模块来检查 ChatGPT 的输出格式。如果输出通过了格式检查，它将直接用作最终推荐结果，如果没有通过，则会根据预定义的规则对其进行校正。如果校正成功，则校正后的结果将用作最终输出，如果没有校正成功，则将相应的提示词输入 ChatGPT 以进行重新推荐，直到满足格式要求。

需要注意的是，在评估 ChatGPT 的输出时，不同的任务有不同的格式要求。例如，对于评分预测，只需要输出特定的分数，而对于序列推荐或直接推荐，需要输出推荐物品的列表。特别是对于序列推荐，一次将数据集中的所有物品注入 ChatGPT 是一项挑战（因为 ChatGPT 对输入的 token 数量有限制）。因此，ChatGPT 的输出可能与数据集中的候选集不匹配（输出的物品不在数据集中）。为了解决这个问题，参考文献[2]中引入了一种基于相似性的文本匹配方法，将 ChatGPT 的预测映射回原始数据集。尽管这种方法可能不能完全反映 ChatGPT 的能力，但它仍然可以间接展示 ChatGPT 在序列推荐中的潜力。

7.2.3 NIR 实现案例

参考文献[3]提出了 NIR（Next-Item Recommendation）框架，通过将大模型推荐任务拆解为 3 个步骤来实现个性化的推荐，这 3 个步骤都利用提示词激发大模型的推理能力。图 7-4 是具体的步骤说明，下面展开讲解。

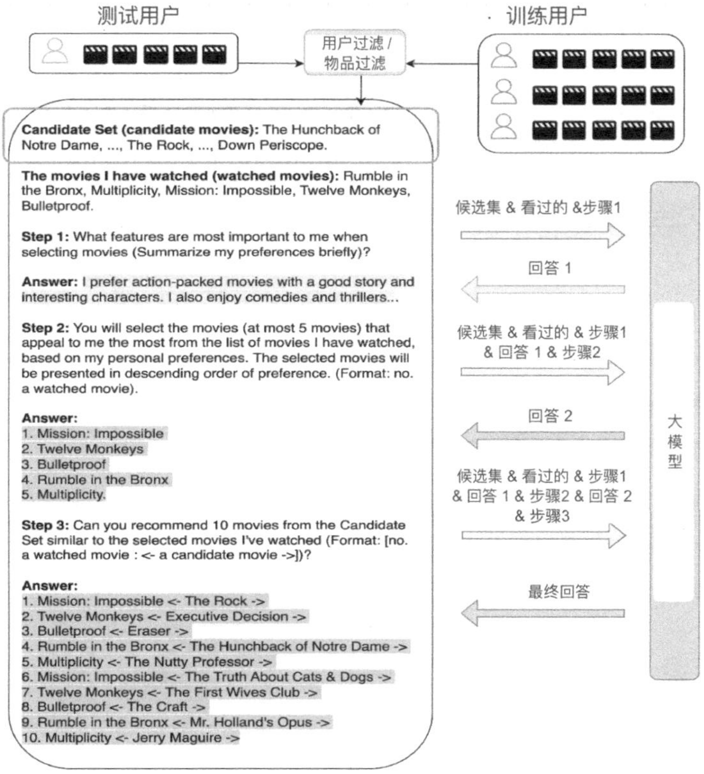

图 7-4　上下文学习推荐的步骤

步骤 1：构建用户兴趣。

为了捕捉用户的偏好，利用大模型（GPT-3）从用户看过的电影中总结出用户的偏好特征。如图 7-4“回答 1”左侧文字所示，大模型返回的答案总结了目标用户的偏好。具体的提示词如下。

```
What features are most important to me when selecting movies (Summarize my preferences briefly)?
```

步骤 2：代表性电影生成。

利用大模型基于用户看过的电影并结合第一步中总结的用户偏好，找出 5 部对用户最有吸引力的电影（这 5 部电影是从用户看过的电影中找出的），如图 7-4 中“回答 2”左侧的文字所示。具体的提示词如下。

```
You will select the movies (at most 5 movies) that appeal to me the most from the list of movies I have watched, based on my personal preferences. The selected movies will be presented in descending order of preference. (Format: no. a watched movie).
```

步骤 3：电影推荐。

让大模型从候选集中选择与步骤 2 中代表用户兴趣的电影最相似的 10 部电影作为最终的推荐，如图 7-4 中“最终回答”左侧文字所示。具体的提示词如下。

```
Can you recommend 10 movies from the Candidate Set similar to the selected movies I've watched (Format: [no. a watched movie : <- a candidate movie >])?
```

7.3 上下文学习推荐代码实现

本节基于 MIND 数据集实现大模型上下文学习推荐，希望你通过代码更好地学习、了解如何直接利用大模型的泛化能力解决推荐问题。

上下文学习推荐相比预训练大模型进行推荐和微调大模型进行推荐来说，实现上更简单、更容易上手，也希望你可以熟练掌握这部分的知识点。

本节首先准备相关数据，然后搭建一个大模型本地服务，这个本地服务类似于 ChatGPT 的 API，方便我们直接利用大模型实现上下文学习推荐，最后给出上下文学习单步骤推荐和多步骤推荐两个代码案例。

7.3.1 数据准备

使用 MIND 数据集构建本节的测试数据[①]。大模型上下文学习推荐需要的数据格式如下。

---

① 基于 MIND small 的 Validation 数据微调，该数据相对较小。

```
{"instruction": "You are a recommendation system expert who provides personalized
recommendations to users based on the background information provided.",
"input": "I've browsed the following news in the past in order:
[''Wheel Of Fortune' Guest Delivers Hilarious, Off The Rails Introduction','Hard Rock Hotel
New Orleans collapse: Former site engineer weighs in','Felicity Huffman begins prison
sentence for college admissions scam','Outer Banks storms unearth old shipwreck from
'Graveyard of the Atlantic'','Tiffany's is selling a holiday advent calendar for
$112,000','This restored 1968 Winnebago is beyond adorable','Lori Loughlin Is 'Absolutely
Terrified' After Being Hit With New Charge','Bruce Willis brought Demi Moore to tears after
reading her book','Celebrity kids then and now: See how they've grown','Felicity Huffman
Smiles as She Begins Community Service Following Prison Release','Queen Elizabeth Finally
Had Her Dream Photoshoot, Thanks to Royal Dresser Angela Kelly','Hundreds of thousands
of people in California are downriver of a dam that 'could fail'','Alexandria Ocasio-Cortez
'sincerely' apologizes for blocking ex-Brooklyn politician on Twitter, settles federal
lawsuit','The Rock's Gnarly Palm Is a Testament to Life Without Lifting Gloves']
Then if I ask you to recommend a new news to me according to my browsing history, you should
recommend 'Donald Trump Jr. reflects on explosive 'View' chat: 'I don't think they like
me much anymore'' and now that I've just browsed 'Donald Trump Jr. reflects on explosive
'View' chat: 'I don't think they like me much anymore'', there are 22 candidate news that
I can browse next:
1. 'Browns apologize to Mason Rudolph, call Myles Garrett's actions 'unacceptable'',
2. 'I've been writing about tiny homes for a year and finally spent 2 nights in a 300-foot
home to see what it's all about  here's how it went',
3. 'Opinion: Colin Kaepernick is about to get what he deserves: a chance',
4. 'The Kardashians Face Backlash Over 'Insensitive' Family Food Fight in KUWTK Clip',
5. 'THEN AND NOW: What all your favorite '90s stars are doing today',6. 'Report: Police
investigating woman's death after Redskins' player Montae Nicholson took her to hospital',
7. 'U.S. Troops Will Die If They Remain in Syria, Bashar Al-Assad Warns',
8. '3 Indiana judges suspended after a night of drinking turned into a White Castle brawl',
9. 'Cows swept away by Hurricane Dorian found alive  but how?',
10. 'Surviving Santa Clarita school shooting victims on road to recovery: Latest',
11. 'The Unlikely Star of My Family's Thanksgiving Table',
12. 'Meghan Markle and Hillary Clinton Secretly Spent the Afternoon Together at Frogmore
Cottage',
13. 'Former North Carolina State, NBA player Anthony Grundy dies in stabbing, police say',
14. '85 Thanksgiving Recipes You Can Make Ahead',
15. 'Survivor Contestants Missy Byrd and Elizabeth Beisel Apologize For Their Actions',
16. 'Pete Davidson, Kaia Gerber Are Dating, Trying to Stay 'Low Profile'',
17. 'There's a place in the US where its been over 80 degrees since March',
18. 'Taylor Swift Rep Hits Back at Big Machine, Claims She's Actually Owed $7.9 Million
in Unpaid Royalties',
19. 'The most talked about movie moments of the 2010s',
20. 'Belichick mocks social media in comments on Garrett incident',
21. '13 Reasons Why's Christian Navarro Slams Disney for Casting 'the White Guy' in The
Little Mermaid',
22. '66 Cool Tech Gifts Anyone Would Be Thrilled to Receive'
Please select some news that I would like to browse next according to my browsing history.
Please think step by step.
Please show me your results. Split your output with line break. You MUST select from the
given candidate news. You can not generate news that are not in the given candidate list."
"output": "['Opinion: Colin Kaepernick is about to get what he deserves: a chance'\n]"
}
```

要将用户行为数据和新闻数据转为上述格式，就需要读取 news.tsv 和 behaviors.tsv 两个文件。news.tsv 文件中有 News ID 和对应的新闻标题，而 behaviors.tsv 文件中有两个字段：User Click History 和 Impression News，前者包含用户的观看历史，后者包含用户点击和没有点击的新闻。

利用 news.tsv 和 behaviors.tsv 这两个文件就可以构建具体的测试数据[①]集：User Click History 作为提示词中用户的点击历史，Impression News 作为待大模型排序的候选集（标签为 1 代表用户喜欢，为 0 代表用户不喜欢），下面是详细的代码实现[②]。

```
import csv
import json
instruction = ("You are a recommendation system expert who provides personalized
recommendations to users based on "
               "the background information provided.")
news_dict = {}  # 从 news.tsv 获取每个新闻 ID 到标题的映射字典。
with open('../data/mind/news.tsv', 'r') as file:
    reader = csv.reader(file, delimiter='\t')
    for row in reader:
        news_id = row[0]
        news_title = row[3]
        news_dict[news_id] = news_title
data_list = []  # 利用 behaviors.tsv 文件获取用户喜欢和不喜欢的新闻
with open('../data/mind/behaviors.tsv', 'r') as file:
    reader = csv.reader(file, delimiter='\t')
    for row in reader:
        history = row[3]
        impression = row[4]
        history_list = history.split(" ")
        impre_list = impression.split(" ")
        if len(history_list) >= 6 and len(impre_list) >= 10:
# 至少要有 6 个用户点击历史和 10 个曝光历史
            his = []
            for news_id in history_list[:-1]:
                title = news_dict[news_id]
                his.append(title)
            last_view_id = history_list[-1]
            last_view = news_dict[last_view_id]
            preference = []
            candidate = []
            index = 1
            for impre in impre_list:
                [impre_id, action] = impre.split("-")
                title = news_dict[impre_id]
                candidate.append(str(index) + ". " + title + "\n")
                index = index + 1
                if int(action) == 1:
```

① 上下文学习推荐不需要训练，所以是测试数据。

② 代码：src/basic_skills/icl-rec/data-process/generate_json_data.py。

```
                preference.append(title + "\n")
        input = ("I've browsed the following news in the past in order:\n\n" +
                 "[" + ','.join(his) + "]" + "\n\n" +
                 "Then if I ask you to recommend a new news to me according to my browsing
history, "
                 "you should recommend " + last_view + " and now that I've just browsed
" + last_view + ", " +
                 "there are " + str(len(impre_list)) + " candidate news that I can browse
next:" +
                 ','.join(candidate) + "\n\n" +
                 "Please select some news that I would like to browse next according to
my browsing history. " +
                 "Please think step by step.\n\n" +
                 "Please show me your results. Split your output with line break. You MUST
select from the given " +
                 "candidate news. You can not generate news that are not in the given
candidate list."
                 )
        output = "[\n" + ','.join(preference) + "\n]"
        res_dic = {
            "instruction": instruction,
            "input": input,
            "output": output
        }
        data_list.append(res_dic)
res = json.dumps(data_list)
user_sequence_path = "../data/mind/validation.json"  # 将生成的训练数据保存起来
with open(user_sequence_path, 'a') as file:
    file.write(res)
```

运行上述代码，就会在/data/mind/目录下生成一个 test.json 文件，这个文件就是我们后面需要用到的数据集。

7.3.2 代码实现

有了上面的数据，就可以开始尝试进行上下文学习推荐了。本节的代码需要借助本地的大模型服务，这里使用 Ollama 框架[4]（也可以尝试使用 FastChat、lite 等大模型[5,6]）。

如果使用 macOS 或者 Windows 操作系统，则可以直接下载 Ollama 安装包。Ollama 的具体搭建过程详见参考文献[4]。

1. 单步骤上下文学习推荐

根据 7.1 节的思路利用大模型实现上下文学习个性化推荐，这里提供 4 种不同框架（Ollama、LlamaCpp、Transformers 库、MLX）的实现方案，具体代码如下①。

① 代码：src/basic_skills/icl-rec/icl_rec.py。

```
import requests
import torch
import fire
import json
from datasets import load_dataset
from langchain.chains import LLMChain
from mlx_lm import load, generate
from langchain_community.llms import LlamaCpp
from langchain.prompts.chat import ChatPromptTemplate
from langchain.callbacks import StreamingStdOutCallbackHandler
from transformers import AutoTokenizer, AutoModelForCausalLM, pipeline, TextStreamer
from langchain_community.llms.huggingface_pipeline import HuggingFacePipeline

def icl_rec(
        model_path: str = "",
        icl_type: str = "",
        instruction: str = "",
        prompt: str = "",
        temperature: float = 0.1,
        top_p: float = 0.95,
        ctx: int = 13000,
):
    """
    针对单个提示词为用户进行上下文学习推荐
    :param model_path: 模型地址
    :param icl_type: 上下文学习推理类型，我们实现了 Ollama、LlamaCpp、Transformers 库、MLX 4 类
上下文学习推理方法
    :param instruction: 指令
    :param prompt: 提示词
    :param temperature: 大模型温度系数
    :param top_p: 大模型的 top_p
    :param ctx: 输出 token 长度
    :return: 无
    """
    if not instruction:
        instruction = ("You are a recommendation system expert who provides personalized
recommendations to users "
                   "based on the background information provided.")
    assert (
        icl_type
    ), "Please specify a --icl_type, e.g. --icl_type='ollama'"

    if icl_type == "ollama":
        """
        利用 Ollama 框架将大模型封装成类似于符合 ChatGPT 接口规范的 API 服务，直接通过调用接口实现大模
型上下文学习推荐
        """
        url = "http://localhost:11434/api/chat"  # Ollama 的 API 地址
        data = {
            "model": "yi:34b-chat",  # Ollama 安装的模型名
            "options": {
```

```
            "temperature": temperature,
            "top_p": top_p,
            "num_ctx": ctx,
            "num_gpu": 128,
        },
        "messages": [
            {
                "role": "user",
                "content": prompt
            }
        ]
    }
    response = requests.post(url=url, json=data, stream=True)
    for chunk in response.iter_content(chunk_size=None, decode_unicode=True):
        j = json.loads(chunk.decode('utf-8'))
        print(j['message']['content'], end="")

elif icl_type == "llamacpp": # 利用 LlamaCpp 实现上下文学习推荐
    if not model_path:
        model_path =
"/Users/liuqiang/Desktop/code/llm/models/gguf/ qwen1.5-72b-chat-q5_k_m.gguf"
    callback = StreamingStdOutCallbackHandler()
    n_gpu_layers = 128  # 根据模型和 GPU 显存池大小更改此值
    n_batch = 4096  # 可以设置为 1 至 n_ctx 之间的任何值，根据计算机的 RAM 大小设置
    llm = LlamaCpp(
        streaming=True,
        model_path=model_path,
        n_gpu_layers=n_gpu_layers,
        n_batch=n_batch,
        f16_kv=True,  # 设置为 True，避免运行中遇到问题
        temperature=temperature,
        top_p=top_p,
        n_ctx=ctx,
        callbacks=[callback],
        verbose=True
    )
    system = [("system", instruction),
              ("user", "{input}")]
    template = ChatPromptTemplate.from_messages(system)
    chain = LLMChain(prompt=template, llm=llm)
    chain.invoke({"input": prompt})

elif icl_type == "transformers":  # 利用 Transformers 库实现上下文学习推荐
    if not model_path:
        model_path = "/Users/liuqiang/Desktop/code/llm/models/Yi-34B-Chat"
    tokenizer = AutoTokenizer.from_pretrained(model_path)
    model = AutoModelForCausalLM.from_pretrained(
        model_path,
        trust_remote_code=True,
        torch_dtype=torch.float16,
        device_map="mps",
```

```
        use_cache=True,
    )
    model = model.to("mps")
    streamer = TextStreamer(tokenizer)
    pipe = pipeline(
        "text-generation",
        model=model,
        tokenizer=tokenizer,
        streamer=streamer,
        max_length=13000,
        temperature=temperature,
        pad_token_id=tokenizer.eos_token_id,
        top_p=top_p,
        repetition_penalty=1.15,
        do_sample=False,
    )
    llm = HuggingFacePipeline(pipeline=pipe)
    system = [("system", instruction),
              ("user", "{input}")]
    template = ChatPromptTemplate.from_messages(system)
    chain = LLMChain(prompt=template, llm=llm)
    chain.invoke({"input": prompt})

  elif icl_type == "mlx":  # 利用苹果开源的MLX框架实现上下文学习推荐
    if not model_path:
        model_path = "/Users/liuqiang/Desktop/code/llm/models/Yi-34B-Chat"
    model, tokenizer = load(model_path)
    response = generate(
        model,
        tokenizer,
        prompt=prompt,
        temp=temperature,
        max_tokens=10000,
        verbose=True
    )
    print(response)

  else:
    raise NotImplementedError("the case not implemented!")

def icl_rec_batch(validation_path: str, icl_type='llamacpp'):
  """
    针对从训练数据构建的测试集，逐条为用户进行上下文学习推理，你可以跟真实值（output）对比，查看大模型上下文学习推荐的效果
  """
  data = load_dataset("json", data_files=validation_path)
  index = 1
  for row in data['train']:
    instruction = row['instruction']
    input = row['input']
    output = row['output']
```

```
        print(str(index) + " : --------------------")
        icl_rec(icl_type=icl_type, instruction=instruction, prompt=input)
        print(output)

if __name__ == "__main__":
    # fire.Fire(icl_rec)
    icl_rec(icl_type="llamacpp")
    # icl_rec_batch("./data/mind/test.json")
```

运行上述代码，得到如下结果[①]。

```
考虑到用户的浏览历史，我将选择那些与用户之前浏览的新闻主题相关或相似的新闻。
1. 'Browns apologize to Mason Rudolph, call Myles Garrett's actions 'unacceptable'','
- 这条新闻与体育相关，特别是橄榄球，这与用户浏览的"Donald Trump Jr. reflects on explosive 'View' chat"这条新闻的主题不同，但可能吸引喜欢体育新闻的用户。

2. 'Opinion: Colin Kaepernick is about to get what he deserves: a chance','
- 这条新闻与体育和政治相关，特别是关于NFL球员Colin Kaepernick的争议。这与用户浏览的"Donald Trump Jr. reflects on explosive 'View' chat"这条新闻的主题有相似之处，都是关于公共人物的争议。
根据用户的浏览历史，我推荐用户浏览这两条新闻，因为它们与用户之前浏览的新闻主题相关或相似。
```

2. 多步骤上下文学习推荐

根据 7.2 节中 NIR 实现案例的思路让大模型给出个性化的推荐，这里还是使用 Ollama 框架实现。

下面是笔者在运行 ollama run qwen:72B-chat-v1.5-q5_K_M 后与大模型的交互式对话，其中，">>> "后面是笔者给出的提示词，"："后面是大模型给出的回答。

```
>>> The news I have browsed:
...     [''Wheel Of Fortune' Guest Delivers Hilarious, Off The Rails Introduction','Hard Rock Hotel New Orleans collapse: Former site engineer weighs in','Felicity Huffman begins prison sentence for college adm
... issions scam','Outer Banks storms unearth old shipwreck from 'Graveyard of the Atlantic'','Tiffany's is selling a holiday advent calendar for $112,000','This restored 1968 Winnebago is beyond adorable','Lori Lo
... ughlin Is 'Absolutely Terrified' After Being Hit With New Charge','Bruce Willis brought Demi Moore to tears after reading her book','Celebrity kids then and now: See how they've grown','Felicity Huffman Smiles
... as She Begins Community Service Following Prison Release','Queen Elizabeth Finally Had Her Dream Photoshoot, Thanks to Royal Dresser Angela Kelly','Hundreds of thousands of people in California are downriver of
... a dam that 'could fail'','Alexandria Ocasio-Cortez 'sincerely' apologizes for blocking ex-Brooklyn politician on Twitter, settles federal lawsuit','The Rock's Gnarly Palm Is a Testament to Life Without Lifting
... Gloves']
...
...     What features are most important to me when selecting news (Summarize my preferences briefly)?
```

① 这里使用 qwen1.5-72B-chat-q5_k_m，给出的推荐是中英文混杂的，但是明显可以看到是有逻辑推理的。

```
:
Based on the news you have browsed, your preferences seem to be focused on:

1. **Entertainment and Pop Culture**: You've viewed stories about celebrities like Felicity
Huffman, Lori Loughlin, Bruce Willis, Demi Moore, and The Rock.

2. **Human Interest and Heartwarming Stories**: Restored vintage vehicles and holiday advent
calendars indicate a fondness for charming or nostalgic tales.

3. **Current Events and Breaking News**: Stories about the Hard Rock Hotel collapse in
New Orleans, California dam safety concerns, and Alexandria Ocasio-Cortez's federal lawsuit
settlement demonstrate an
interest in staying informed on important local and national events.


>>> You will select the news (at most 5 news) that appeal to me the most from the list
of news I have browsed, based on my personal preferences. The selected news will be presented
in descending order of preference
... . (Format: no. a browsed news).

:
Based on your preferences, here are the top 5 news articles that would likely appeal to
you the most:

1. **a** 'Felicity Huffman Smiles as She Begins Community Service Following Prison Release'
  This story combines elements of human interest and current events, focusing on a celebrity
who has recently gone through a challenging legal process.

2. **b** 'The Rock's Gnarly Palm Is a Testament to Life Without Lifting Gloves'
  This article is likely to pique your interest due to its focus on entertainment and pop
culture, specifically highlighting the unique physical attribute of a well-known actor.

3. **c** 'Bruce Willis brought Demi Moore to tears after reading her book'
  Another story blending entertainment and emotional connections, this news item would
likely appeal to you as it discusses the touching moment between two famous ex-spouses.

4. **d** 'This restored 1968 Winnebago is beyond adorable'
  This article combines elements of nostalgia, human interest, and heartwarming stories.
It's likely to resonate with you if you appreciate charming tales about restored vintage
vehicles.

5. **e** 'Felicity Huffman begins prison sentence for college admissions scam'
  Although less focused on positive or heartwarming aspects, this news story still combines
elements of current events and entertainment. Felicity Huffman's involvement in a
high-profile scandal would likely
pique your interest as it does touch upon the lives of celebrities off-screen.


>>> Candidate Set (candidate news):
...      1. 'Browns apologize to Mason Rudolph, call Myles Garrett's actions
```

```
'unacceptable'',
...     2. 'I've been writing about tiny homes for a year and finally spent 2 nights in
a 300-foot home to see what it's all about  here's how it went',
...     3. 'Opinion: Colin Kaepernick is about to get what he deserves: a chance',
...     4. 'The Kardashians Face Backlash Over 'Insensitive' Family Food Fight in KUWTK
Clip',
...     5. 'THEN AND NOW: What all your favorite '90s stars are doing today',
...     6. 'Report: Police investigating woman's death after Redskins' player Montae
Nicholson took her to hospital',
...     7. 'U.S. Troops Will Die If They Remain in Syria, Bashar Al-Assad Warns',
...     8. '3 Indiana judges suspended after a night of drinking turned into a White Castle
brawl',
...     9. 'Cows swept away by Hurricane Dorian found alive  but how?',
...     10. 'Surviving Santa Clarita school shooting victims on road to recovery: Latest',
...     11. 'The Unlikely Star of My Family's Thanksgiving Table',
...     12. 'Meghan Markle and Hillary Clinton Secretly Spent the Afternoon Together at
Frogmore Cottage',
...     13. 'Former North Carolina State, NBA player Anthony Grundy dies in stabbing, police
say',
...     14. '85 Thanksgiving Recipes You Can Make Ahead',
...     15. 'Survivor Contestants Missy Byrd and Elizabeth Beisel Apologize For Their
Actions',
...     16. 'Pete Davidson, Kaia Gerber Are Dating, Trying to Stay 'Low Profile'',
...     17. 'There's a place in the US where its been over 80 degrees since March',
...     18. 'Taylor Swift Rep Hits Back at Big Machine, Claims She's Actually Owed $7.9
Million in Unpaid Royalties',
...     19. 'The most talked about movie moments of the 2010s',
...     20. 'Belichick mocks social media in comments on Garrett incident',
...     21. '13 Reasons Why's Christian Navarro Slams Disney for Casting 'the White Guy'
in The Little Mermaid',
...     22. '66 Cool Tech Gifts Anyone Would Be Thrilled to Receive'
...
...
...   Can you recommend 3 news from the Candidate Set similar to the selected news I've
browsed (Format: [no. a browsed news : <- a candidate news >])?

⋮
Based on your previously browsed news, it seems that you have an interest in a mix of
entertainment, human interest stories, and current events. Here are three recommendations
from the candidate set that
align with these interests:

1. **[no. 4 browsed news : <- THEN AND NOW: What all your favorite '90s stars are doing
today >]**
  This recommendation combines elements of nostalgia, entertainment, and keeping up with
the lives of celebrities.

2. **[no. 5 browsed news : <- Colin Kaepernick is about to get what he deserves: a chance >]**
  This article discusses a current event in sports that also touches upon social justice
issues, which might appeal to you based on your previous interests.
```

```
3. **[no. 16 browsed news : <- Pete Davidson, Kaia Gerber Are Dating, Trying to Stay 'Low
Profile'' >]**
 This news item combines elements of entertainment and celebrity gossip, focusing on the
private lives of famous personalities, which seems to be a recurring theme in your previously
browsed news.
```

上面是一个交互式的界面，大模型可以直接利用上下文进行推理，如果调用 API 实现，那么需要将上下文（上一次的问题和答复）传给大模型，下面是一个简单的调用 API 的实现案例①。

```
import requests
import json

def personalized_generation(
        model: str = "qwen:72b-chat-v1.5-q5_K_M",
        temperature: float = 0.1,
        top_p: float = 0.95,
        ctx: int = 13000,
        message: list = None,
        is_stream: bool = False
):
    """
```

利用 Ollama 框架将大模型封装成类似于符合 ChatGPT 接口规范的 API 服务，基于提供的信息生成个性化的回答。

```
    :param model: Ollama 安装的大模型名
    :param temperature: 温度
    :param top_p: top_p
    :param ctx: 生成 token 长度
    :param message: 提供给大模型的对话信息
    :param is_stream: 是否流式输出大模型的应答
    :return: 基于提示词，利用大模型生成的结果
    """
    if message is None:
        message = [{}]
    url = "http://localhost:11434/api/chat"  # Ollama 的 API 地址
    data = {
        "model": model,  # Ollama 安装的模型名
        "options": {
            "temperature": temperature,
            "top_p": top_p,
            "num_ctx": ctx,
            "num_gpu": 128,
        },
        "messages": message,
        "stream": is_stream
    }
```

① 代码：src/basic_skills/icl-rec/icl_multi_step_rec.py。

```
    if is_stream:
        response = requests.post(url=url, json=data, stream=True)
        res = ""
        for chunk in response.iter_content(chunk_size=None, decode_unicode=True):
            j = json.loads(chunk.decode('utf-8'))
            res = res + j['message']['content']
            print(j['message']['content'], end="")
        return res
    else:
        response = requests.post(url=url, json=data, stream=False)
        res = json.loads(response.content)["message"]["content"]
        return res

if __name__ == "__main__":
    instruction = ("You are a recommendation system expert in the news field, providing
personalized "
                   "recommendations to users based on the background information provided.")
    portrait_prompt = """
        The news I have browsed:
        [''Wheel Of Fortune' Guest Delivers Hilarious, Off The Rails Introduction','Hard
Rock Hotel New Orleans collapse: Former site engineer weighs in','Felicity Huffman begins
prison sentence for college admissions scam','Outer Banks storms unearth old shipwreck
from 'Graveyard of the Atlantic'','Tiffany's is selling a holiday advent calendar for
$112,000','This restored 1968 Winnebago is beyond adorable','Lori Loughlin Is 'Absolutely
Terrified' After Being Hit With New Charge','Bruce Willis brought Demi Moore to tears after
reading her book','Celebrity kids then and now: See how they've grown','Felicity Huffman
Smiles as She Begins Community Service Following Prison Release','Queen Elizabeth Finally
Had Her Dream Photoshoot, Thanks to Royal Dresser Angela Kelly','Hundreds of thousands
of people in California are downriver of a dam that 'could fail'','Alexandria Ocasio-Cortez
'sincerely' apologizes for blocking ex-Brooklyn politician on Twitter, settles federal
lawsuit','The Rock's Gnarly Palm Is a Testament to Life Without Lifting Gloves']

        What features are most important to me when selecting news (Summarize my preferences
briefly)?
    """
    representable_prompt = """
    You will select the news (at most 5 news) that appeal to me the most from the list of
news I have browsed, based on my personal preferences. The selected news will be presented
in descending order of preference. (Format: no. a browsed news).
    """
    rec_prompt = """
    Candidate Set (candidate news):
        1. 'Browns apologize to Mason Rudolph, call Myles Garrett's actions 'unacceptable'',
        2. 'I've been writing about tiny homes for a year and finally spent 2 nights in
a 300-foot home to see what it's all about   here's how it went',
        3. 'Opinion: Colin Kaepernick is about to get what he deserves: a chance',
        4. 'The Kardashians Face Backlash Over 'Insensitive' Family Food Fight in KUWTK
Clip',
        5. 'THEN AND NOW: What all your favorite '90s stars are doing today',
        6. 'Report: Police investigating woman's death after Redskins' player Montae
Nicholson took her to hospital',
```

```
        7. 'U.S. Troops Will Die If They Remain in Syria, Bashar Al-Assad Warns',
        8. '3 Indiana judges suspended after a night of drinking turned into a White Castle brawl',
        9. 'Cows swept away by Hurricane Dorian found alive  but how?',
        10. 'Surviving Santa Clarita school shooting victims on road to recovery: Latest',
        11. 'The Unlikely Star of My Family's Thanksgiving Table',
        12. 'Meghan Markle and Hillary Clinton Secretly Spent the Afternoon Together at Frogmore Cottage',
        13. 'Former North Carolina State, NBA player Anthony Grundy dies in stabbing, police say',
        14. '85 Thanksgiving Recipes You Can Make Ahead',
        15. 'Survivor Contestants Missy Byrd and Elizabeth Beisel Apologize For Their Actions',
        16. 'Pete Davidson, Kaia Gerber Are Dating, Trying to Stay 'Low Profile'',
        17. 'There's a place in the US where its been over 80 degrees since March',
        18. 'Taylor Swift Rep Hits Back at Big Machine, Claims She's Actually Owed $7.9 Million in Unpaid Royalties',
        19. 'The most talked about movie moments of the 2010s',
        20. 'Belichick mocks social media in comments on Garrett incident',
        21. '13 Reasons Why's Christian Navarro Slams Disney for Casting 'the White Guy' in The Little Mermaid',
        22. '66 Cool Tech Gifts Anyone Would Be Thrilled to Receive'


    Can you recommend 3 news from the Candidate Set similar to the selected news I've browsed (Format: [no. a browsed news : <- a candidate news >])?

    """
    stream = True
    step_1_message = [
        {
            "role": "system",
            "content": instruction
        },
        {
            "role": "user",
            "content": portrait_prompt
        }
    ]
    print("========== step 1 start ================")
    step_1_output = personalized_generation(message=step_1_message, is_stream=stream)
    if not stream:
        print(step_1_output)
    step_2_message = [
        {
            "role": "system",
            "content": instruction
        },
        {
            "role": "user",
            "content": portrait_prompt
```

```
        },
        {
            "role": "assistant",
            "content": step_1_output
        },
        {
            "role": "user",
            "content": representable_prompt
        }
    ]
    print("========== step 2 start ================")
    step_2_output = personalized_generation(message=step_2_message, is_stream=stream)
    if not stream:
        print(step_2_output)
    step_3_message = [
        {
            "role": "system",
            "content": instruction
        },
        {
            "role": "user",
            "content": portrait_prompt
        },
        {
            "role": "assistant",
            "content": step_1_output
        },
        {
            "role": "user",
            "content": representable_prompt
        },
        {
            "role": "assistant",
            "content": step_2_output
        },
        {
            "role": "user",
            "content": rec_prompt
        }
    ]
    print("========== step 3 start ================")
    step_3_output = personalized_generation(message=step_3_message, is_stream=stream)
    if not stream:
        print(step_3_output)
```

运行上述代码，可以获得如下的大模型推荐结果。注意，在运行代码之前，需要运行 ollama run qwen:72B-chat-v1.5-q5_K_M 启动千问大模型。

```
========== step 1 start ================
Based on the news articles you've browsed, your preferences seem to be:

1. **Entertainment and Pop Culture**: You have shown interest in stories involving
```

```
celebrities like Felicity Huffman, Lori Loughlin, Bruce Willis, Demi Moore, and The Rock.

2. **Human Interest and Heartwarming Stories**: Articles about restored vintage vehicles
or touching moments between family members (like Bruce Willis reading Demi Moore's book)
appeal to you.

3. **Current Events and Breaking News**: You have also shown interest in articles covering
real-time events, such as the Hard Rock Hotel collapse in New Orleans, the California dam
safety concern, and Alexandria Ocasio-Cortez's legal settlement.

In summary, your preferences lean towards entertainment news, heartwarming stories, and
current events.

========== step 2 start ================
Based on your preferences, here are the top 5 news articles that appeal to you the most:

1. **a** 'Bruce Willis brought Demi Moore to tears after reading her book'
  - This story combines elements of celebrity interest and heartwarming moments.

2. **b** 'Tiffany's is selling a holiday advent calendar for $112,000'
  - This news item appeals to your interest in pop culture and luxury items.

3. **c** 'Felicity Huffman Smiles as She Begins Community Service Following Prison Release'
  - This story combines elements of celebrity news with human interest, focusing on
redemption and community service.

4. **d** 'The Rock's Gnarly Palm Is a Testament to Life Without Lifting Gloves'
  - This article appeals to your interest in entertainment news and pop culture, specifically
related to celebrities' lifestyles.

5. **e** 'Lori Loughlin Is 'Absolutely Terrified' After Being Hit With New Charge'
  - This story combines elements of celebrity news with human interest, focusing on the
emotional impact of legal issues.

These articles are presented in descending order of preference based on your browsing history
and preferences.

========== step 3 start ================
Based on your previously browsed news, here are 3 recommendations from the candidate set
that share similarities:

1. **[b browsed news : <- THEN AND NOW: What all your favorite '90s stars are doing today >]**
  - Both stories focus on nostalgia and the current status of well-known figures.

2. **[c browsed news : <- Opinion: Colin Kaepernick is about to get what he deserves: a
chance >]**
  - These two articles share a theme of social justice and opportunities for individuals
who have faced adversity.

3. **[d browsed news : <- The Kardashians Face Backlash Over 'Insensitive' Family Food
Fight in KUWTK Clip >]**
```

```
  - Both stories involve celebrities and their public image, with the candidate news focusing
on tech gifts that could appeal to a celebrity's lifestyle.

These recommendations share themes of nostalgia, social justice, and celebrity culture,
which align with your previously browsed news.
```

7.4 总结

本章介绍了如何利用大模型强大的逻辑推理能力、泛化能力及压缩的世界知识进行上下文学习推荐。本章提供的 3 个案例非常有代表性，希望你可以阅读原论文，对它们有更深入的了解。

要想实现较好的上下文学习推荐效果，利用更强大的大模型是最关键的，另外，选择合适的提示词也非常重要。在上下文学习推荐中，大模型的作用类似于传统推荐系统架构中的排序模块，因此需要配合常规的召回算法，减少提供给大模型的推荐候选集。

本章基于大模型强大的泛化能力和指令跟随能力实现了上下文学习推荐。Ollama 框架非常好用，强烈推荐你尝试一下。本章的单步骤上下文学习推荐提供了 4 种实现方案，你可以根据实际情况学习、使用。

上下文学习推荐是一种最简单的利用大模型实现个性化推荐的方式，本章的代码只是抛砖引玉，希望你可以结合自己的业务场景和思考进行创造性尝试。

08

实战案例：大模型在电商推荐中的应用

我们已经学习了大模型推荐系统的算法原理，了解了大模型应用于推荐系统的具体方法。不过，真实的业务场景更加复杂，要考虑的因素也很多。本章汇集了一些电商实战案例。将大模型在电商推荐中的应用作为实战案例，一是因为电商是推荐系统最主流的应用场景，二是因为电商推荐可以直接体现推荐的商业价值。

8.1 节把大模型的能力嵌入推荐系统的整体框架中，介绍电商大模型推荐系统的应用方法，是后面内容的框架。8.2~8.9 节介绍新的交互式推荐范式、大模型生成用户兴趣画像、大模型生成个性化商品描述信息、大模型应用于电商猜你喜欢推荐、大模型应用于电商关联推荐、利用大模型解决电商冷启动问题、利用大模型进行推荐解释以及利用大模型进行对话式推荐。

8.1 大模型赋能电商推荐系统

大模型在推荐系统的应用还处于初级阶段，可以说，大模型和传统推荐系统之间是补充和革新的关系。从补充层面看，大模型的能力会嵌入传统推荐系统中，整体采用的还是传统电商的流水线架构。从革新层面看，由于大模型具备很好的交互能力，如果使用得当，就可以创造一种新的电商推荐范式。

接下来，从大模型如何赋能传统推荐系统，以及如何设计交互式新推荐范式这两个维度说明大模型在电商推荐中的应用。

传统的推荐系统采用流水线架构，将推荐任务分解为召回、排序、业务调控这 3 个串联的环节。同时，数据特征处理、推荐解释、冷启动等是企业级推荐系统必须面对的问题。在这些方面，大模型都有用武之地，如图 8-1 所示。

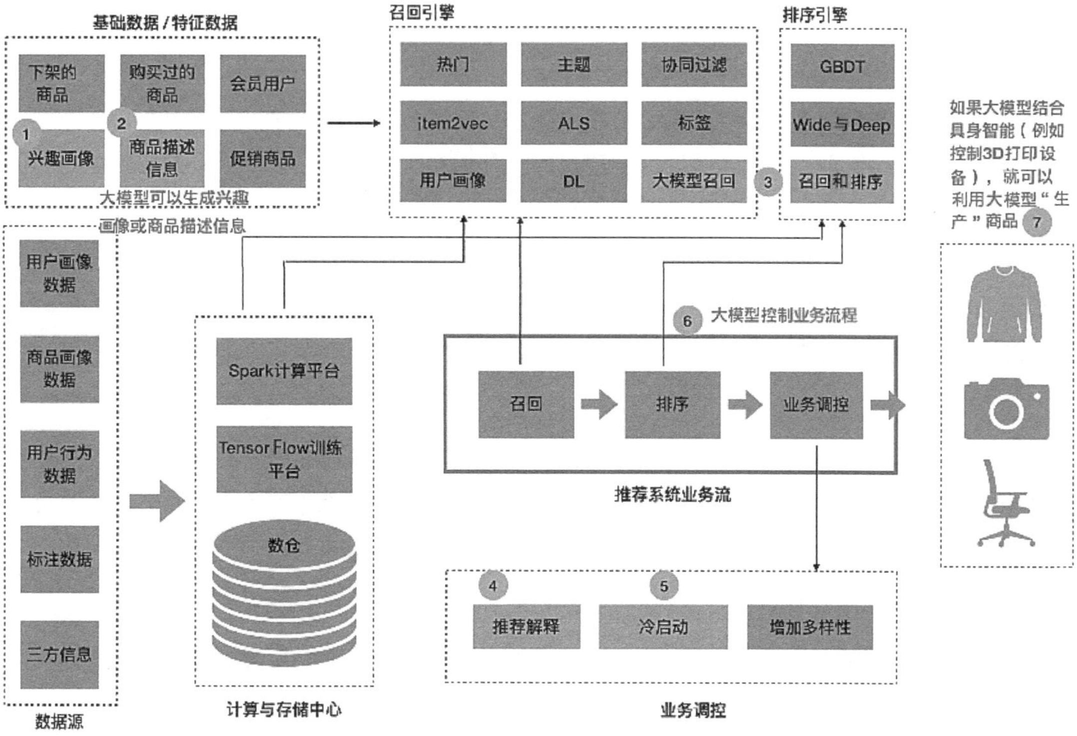

图 8-1 大模型赋能传统推荐系统

图 8-1 中，标注数字的场景是大模型能够赋能的，下面详细介绍大模型如何赋能这些场景。

1. 生成用户兴趣画像

我们都知道大模型具备极强的文本生成能力，那大模型能够生成电商推荐中的部分数据吗？答案是肯定的。

用户的历史行为是用户兴趣的真实反馈，我们可以通过用户的历史行为生成用户兴趣画像。这里有两种方法，一种是将用户过往购买的物品的描述信息聚合在一起作为一段长文本，这一段文本就是对用户的兴趣的描述，那么可以用大模型对这一段文本提取摘要或关键词，得到的摘要文本或关键词就是用户的兴趣描述，可以作为用户兴趣画像。另一种方法是采用监督学习的方式，先构建<特征，兴趣画像>训练样本，然后利用大模型进行监督微调，从数据中学习并生成用户兴趣画像。

2. 生成商品描述信息

与生成用户兴趣画像类似，生成商品描述信息也有两种方法。一种方法是利用大模型从商品的各种介绍及用户评论文档中提取摘要和关键词，把它们作为商品的描述信息。另一种方法是采用监督学习的方式，先构建<特征，商品描述信息>训练样本，然后利用大模型进行监督微调，从数据中学习并生成商品描述信息。

商品描述信息以什么样的形式展现给用户呢？这就需要在产品的详情页基于产品 UI 设计一些具体的样式和模板。我们还可以结合用户的兴趣为每个用户生成个性化的商品描述信息，即每个用户看到的同一个商品的描述信息是不一样的。

这个过程的原理大致是这样的：先生成商品的描述信息，然后结合用户兴趣画像调整商品描述信息，保留描述信息中匹配用户兴趣画像的关键词或者段落，而省去跟用户兴趣无关的描述信息，这样的商品描述信息是最能打动用户的，可以带来更好的效果转化。

3. 大模型进行召回和排序

这里将大模型作为一种召回、排序算法来实现商品的召回和精准排序，是对传统电商推荐算法体系的补充。通常情况下，大模型比较适合进行排序，不太适合进行典型的召回。请思考一下为什么？

4. 大模型进行推荐解释

大模型的自然语言生成能力有助于以更加真实、流畅的方式将推荐的原因展示给用户，提升用户对推荐系统的信任度，加强人与系统的情感联系。

5. 大模型解决冷启动问题

大模型中蕴含的先验世界知识有助于高效分发新商品，也可以提供更能打动用户的商品推荐信息。

6. 大模型控制业务流程

大模型智能体（Agent）是目前非常火的研究方向，利用大模型控制推荐业务流程本质上就是一个智能体应用，大模型起类似于人类大脑的作用。召回、排序、冷启动、推荐解释等模块都可以看作工具，将大模型作为大脑控制这些工具的组合和使用，从而获得互动式的推荐体验。

7. 大模型“生产”商品

在电商场景中，商品是实物，大模型“生产”商品可以体现在两个层次：一是大模型可以设计出商品的原型，如果用户喜欢并且购买，则可以在工厂按照设计的原型进行生产并发货。二是大模型背后的智能大脑具备操控“生产设备”的能力，例如大模型能控制 3D 打印设备，这时可以利用 3D 打印技术为用户“定制”需要的商品。

大模型“生产”商品与传统的推荐系统只在已有的商品池中进行推荐不一样，这是一个从 0 到 1 的过程，因此是更加个性化的、最能满足用户兴趣和需求的。笔者相信，随着 AI 技术的发展，未来的电商一定会进化成量身定制产品的电商引擎。

8.2 新的交互式推荐范式

这里的交互式推荐范式是大模型控制业务流程的延伸。除了推荐，大模型还可以完成搜索、商品特性问询等任务，甚至商品比价、商品售后等。这是一种融合式解决方案，大大拓展了传统推荐系统的范畴。这是真正意义上的将大模型当成领域专家的“顾问式解决方案”。

8.2.1 交互式智能体的架构

你可以将交互式智能体[1,2]类比为电商行业的一个顾问专家，帮你解决电商购物中的所有问题。这时大模型所起的作用就是电商顾问的大脑，是控制中心。

对于用户的特定问题，例如购物、比价、咨询等，Agent 借助各种传感设备接收外界信号，将信号转化为智能体可以处理的数据形式，再通过大模型进行整合、分析，将复杂任务分解为简单的子任务，然后自行或者借助其他的工具解决问题，最终实现最初的、获取信息的目标，如图 8-2 所示。

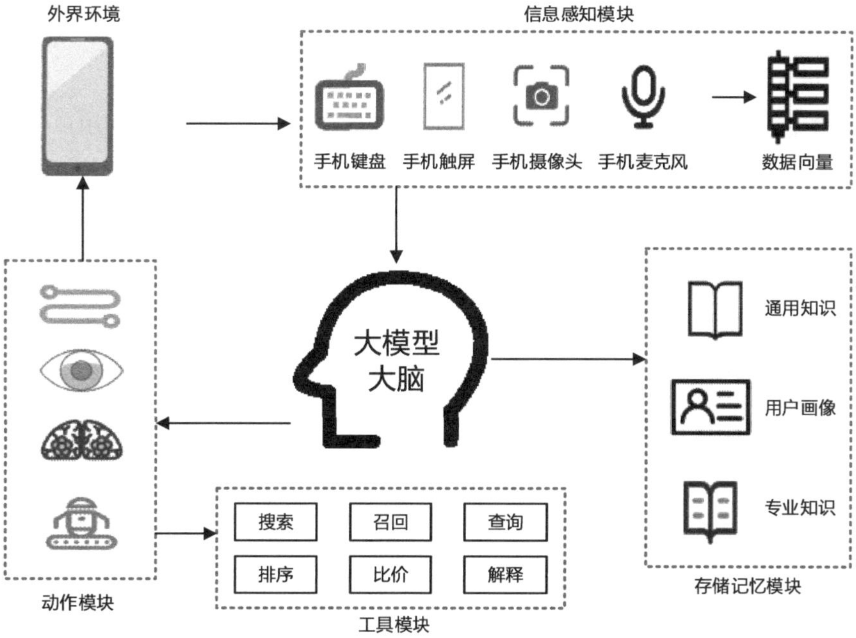

图 8-2　交互式智能体架构

交互式智能体一般包括如下 6 个模块。

1. 外界环境

外界环境就是智能体应用场景的外界，对于电商推荐系统，PC、手机 App、Vision Pro 等就是智能体的外界环境。

2. 信息感知模块

信息感知模块就是接受外界环境信息的部分，类似人的眼睛、耳朵、鼻子、嘴巴、手等，一般需要借助传感器获取外界信息。对于电商推荐场景，感知模块就是文本输入框、触屏信号、语音输入、摄像头、读取本地存储文件等。

3. 大模型大脑

大模型大脑是整个智能体的控制中心。大脑要基于环境信息，对智能体的目标进行规划、拆解、执行、反馈、调整等。

4. 存储记忆模块

大模型已经压缩了海量的互联网信息，存储记忆模块是对大模型大脑的补充。特别是电商行业相关的知识，大模型是欠缺的。一般可以以两种方式获取电商行业知识：一是利用电商数据对大模型进行微调，将电商行业知识进一步压缩到大模型中；二是借用外部组件来存储电商行业知识（例如 RAG 技术）。

5. 动作模块

动作模块用于最终完成任务，例如将用户的问题拆解为多个子问题、为用户进行推荐、在屏幕上展示相关商品信息等。

6. 工具模块

工具模块是配合动作模块的外部工具链，例如电商公司已有的传统推荐、搜索、查询服务等。大模型在执行过程中可以调用工具更好地完成相关任务。

下面以淘宝问问为原型，详细介绍大模型如何作为智能体交互式地为用户解决推荐相关问题。

8.2.2 淘宝问问简介

淘宝在 2023 年上半年已经开始尝试交互范式的商品推荐，截至本书写作时仍处于内测阶段。在淘宝首页输入框中输入“淘宝问问”，就可以获取对应的智能体界面。

界面上有一些热门问题，中间部分还有经典的“猜你喜欢”模块。底部有语音、文本输入区，这是方便用户与淘宝问问进行交互式对话的界面，如图 8-3 所示。你可以自行探索体验。

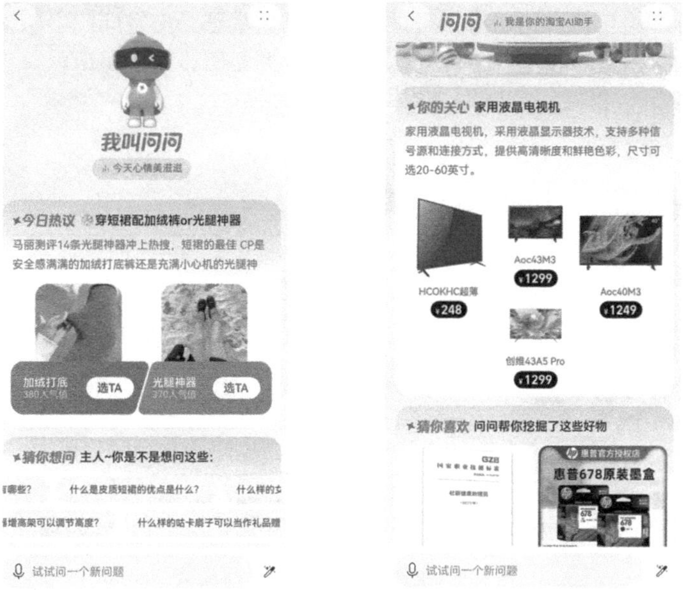

图 8-3　淘宝问问界面

当提出“什么样的双屏显示器增高架可以调节高度？”的问题后，淘宝问问以视频的方式展示了 3 个推荐商品，后面还有一段文字说明，再下面是类似的问题及你还可能感兴趣的商品，如图 8-4 所示。

图 8-4　淘宝问问交互式推荐

你还可以进行多轮互动，例如你觉得推荐的商品太贵了，淘宝问问会给你提供更便宜的选项。通过多轮互动，淘宝问问可以更好地满足你的个性化需求。你可以通过尝试感受一下互动式推荐的特点和魅力。

8.3 大模型生成用户兴趣画像

8.1 节提到了大模型可以生成用户兴趣画像和商品描述信息。本节先把目光放在用户兴趣画像上，利用大模型基于用户的历史行为生成用户喜欢的 Top 2 品牌兴趣画像，如图 8-5 所示。

图 8-5 大模型生成用户兴趣画像

8.3.1 基础原理与步骤介绍

本节会用到亚马逊电商数据集中的 Beauty 数据集，基于用户的评论数据和商品元数据构建微调样本，对大模型进行微调。先来介绍一下基础的步骤和原理。

第 1 步，将用户的购买历史组成文本序列。用户购买的每个商品都可以用一段文本表示，这个文本可以是商品的名称。把所有的购买记录按照文本表示顺序组织在一起，就形成了一篇描述用户购买历史的文档。该文档中隐含了用户的兴趣信息。

有了描述用户兴趣的文本，第 2 步就可以利用大模型，从文本中提取或预测关键词，获取用户兴趣画像了。

这一步有两种方法，一是通过开放 API，调用 ChatGPT 这样的闭源大模型，或者 LLaMA 2、Yi、Qwen 等开源模型；二是基于开源的、相对小一些的大模型，利用监督数据进行微调，让模型学习生成用户兴趣画像的方法。

哪种更好呢？答案是第二种。如果把 ChatGPT 这种超级大模型比作博士生，那么 LLaMA、Qwen 这种小一些的模型就可以看作本科生，而微调可以比作毕业后的“创业”。博士生可能有着更丰富的知识储备，但从创业（微调）的效果来看，可能比不过已经创业（微调）多次的本科生。

还有最后一步（可选）：进行后期格式或形式的调整。这一步是对第 2 步生成的兴趣画像进行调整后再处理的过程。例如生成的品牌关键词不在品牌词库中，又或者是包含多余信息等，这些情况都需要通过简单的规则进行小幅调整。

8.3.2 数据预处理

讲完思路，再聚焦数据的预处理问题。简单来说，首先生成用户与物品的连接表，这样就有了用户 ID、商品名、品牌等数据。接着对用户进行聚合，获得每个用户的信息及对应的品牌偏好。

数据的预处理非常关键，处理好的数据都是大模型推理或微调的素材。我们可以利用的数据有两个：一个是用户评论数据 All_Beauty.json；另一个是商品属性数据 meta_All_Beauty.json。这两个数据都是 JSON 格式的，可以统一处理。我们最终的目标是生成形如表 8-1 所示的数据，包含 6 个字段。

表 8-1 数据预处理的结果字段

字　段	reviewerID	reviewText	asin	title	description	brand
说　明	用户 ID	评论内容	商品唯一 ID	商品标题	商品描述信息	商品品牌

这里只要进行简单数据处理就可以了，具体实现代码如下①。

```
import json
import pandas as pd
path_review = "../data/amazon_review/beauty/All_Beauty.json"
path_meta = "../data/amazon_review/beauty/meta_All_Beauty.json"

# 读取相关数据
def parse(path):
    g = open(path, 'r')
    for row in g:
        yield json.loads(row)

# 将数据存为 DataFrame 格式，方便后续处理
def get_df(path):
    i = 0
    df_ = {}
    for d in parse(path):
        df_[i] = d
        i += 1
    return pd.DataFrame.from_dict(df_, orient='index')

"""
获取用户评论数据，具体字段意思如下：
reviewerID：进行评论的用户的 ID
reviewText：用户对商品评论的内容
asin：商品唯一 ID
```

① 代码：src/e-commerce_case/generate_personalized_info/user_portrait_data_process.py。

```
"""
df_view = get_df(path_review)
# 选择评论分数大于 3 的，代表正向评论
df_view = df_view[df_view["overall"] > 3][["reviewerID", "reviewText", "asin"]]
"""
获取产品元数据，具体字段意思如下：
asin：商品唯一 ID
title：商品标题
description：商品描述信息
brand：商品品牌
"""
df_meta = get_df(path_meta)
df_meta = df_meta[["asin", "title", "description", "brand"]]
# 评论数据和商品数据 join
df_joined = pd.merge(df_view, df_meta, how="left", on=['asin'])
# 删除字段为空值的行，只要有一个空值，就整行删除
df_joined.dropna(how='any', subset=["asin", "title", "description", "brand"],
inplace=True)
df_joined = df_joined.reset_index(drop=True)
```

接着，将表 8-1 中同一个用户对应的所有商品标题聚合起来，并且计算出用户最喜欢的两个品牌，最终基于聚合的标题生成用户兴趣画像，作为后面的微调数据①。

```
"""
生成用户兴趣画像。最终目的是基于用户喜欢的产品信息预测用户最喜欢的 1~2 个品牌
"""
df_joined.drop(['reviewText', 'asin', 'description'], axis=1, inplace=True)
# [reviewerID, title, brand]
# 对每个用户喜欢的行为进行聚合，目的是找出用户喜欢的 Top2 品牌
TOP_TWO = 2
grouped = df_joined.groupby('reviewerID')
prompt_list = []
brand_list = []
for name, group in grouped:
    if group.shape[0] > 2 * TOP_TWO:  # 至少需要 5 个样本，方便大模型更好地学习用户喜欢的品牌
        title = group["title"]  # 'pandas.core.series.Series'
        brand = group["brand"]  # 'pandas.core.series.Series'
        purchase_list = []
        brand_dic = {}
        for e in zip(title, brand):
            purchase_list.append({
                "title": e[0],
                "brand": e[1]
            })
        for b in brand:
            if b != "":
                if b in brand_dic:
                    brand_dic[b] = brand_dic[b] + 1
                else:
```

① 代码：src/e-commerce_case/generate_personalized_info/user_portrait_data_process.py。

```
                brand_dic[b] = 1
        # 找出用户最喜欢的1~2个品牌，这就是用户兴趣画像
        filtered_dict = {}
        for key, value in brand_dic.items():
            if value > 1:
                filtered_dict[key] = value
        brand_top_2 = [x for (x, t) in sorted(filtered_dict.items(), key=lambda x: x[1],
reverse=True)[0:TOP_TWO]]
        brand_top_2 = ",".join(brand_top_2)
        prompt = ("I've purchased the following products in the past(in JSON format):\n\n" +
                  json.dumps(purchase_list, indent=4) + "\n\n" +
                  "Based on above purchased history, please predict what brands I like. " +
                  "You just need to list one or two most like brand names, do not explain
the reason." +
                  "If I like two brands, please separate these two brand names with comma."
                  )
        prompt_list.append(prompt)
        brand_list.append(brand_top_2)
# 创建用户兴趣画像DataFrame，这里忽略了reviewerID，在实际使用过程中，只需要获得用户
# 喜欢过的品牌名，然后利用大模型生成用户最喜欢的1~2个品牌
df = pd.DataFrame({'prompt': prompt_list, 'like_brand': brand_list})
print(df.shape)
df.to_csv("./data/portrait_data.csv", index=False)
```

运行上面的代码，可以获得图8-6的结果。

	prompt	like_brand
0	I've purchased the following products in the p...	Bath & Body Works
1	I've purchased the following products in the p...	Bath & Body Works
2	I've purchased the following products in the p...	Pre de Provence
3	I've purchased the following products in the p...	Citre Shine,Bath & Body Works
4	I've purchased the following products in the p...	Bath & Body Works
...	...	...
1371	I've purchased the following products in the p...	Citre Shine,Bath & Body Works
1372	I've purchased the following products in the p...	Citre Shine,Bath & Body Works
1373	I've purchased the following products in the p...	Truefitt & Hill
1374	I've purchased the following products in the p...	VAGA
1375	I've purchased the following products in the p...	Bath & Body Works

图8-6 用户最喜欢的1~2个品牌

图8-6中有两列，第1列prompt是基于产品信息构建的提示词，第2列like_brand是用户最喜欢的1~2个品牌的名称，如果有两个，中间就用逗号隔开。下面给出一条prompt示例。

```
"I've purchased the following products in the past(in JSON format):
[
    {
        ""title"": ""Yardley By Yardley Of London Unisexs Lay It On Thick Hand &amp; Foot
Cream 5.3 Oz"",
        ""brand"": ""Yardley""
    },
    {
        ""title"": ""Fruits &amp; Passion Blue Refreshing Shower Gel - 6.7 fl. oz."",
        ""brand"": ""Fruits & Passion""
    },
```

```
    {
        ""title"": ""Bonne Bell Smackers Bath and Body Starburst Collection"",
        ""brand"": ""Bonne Bell""
    },
    {
        ""title"": ""Bath &amp; Body Works Ile De Tahiti Moana Coconut Vanille Moana Body
Wash with Tamanoi 8.5 oz"",
        ""brand"": ""Bath & Body Works""
    },
    {
        ""title"": ""Bath &amp; Body Works Ile De Tahiti Moana Coconut Vanille Moana Body
Wash with Tamanoi 8.5 oz"",
        ""brand"": ""Bath & Body Works""
    },
    {
        ""title"": ""Bumble and Bumble Hairdresser's Invisible Oil, 3.4 Ounce"",
        ""brand"": ""Bumble and Bumble""
    },
    {
        ""title"": ""Fresh Eau De Parfum EDP - Fig Apricot 3.4oz (100ml)"",
        ""brand"": ""Fresh""
    },
    {
        ""title"": ""Monoi - Monoi Pitate Jasmine 4 fl oz"",
        ""brand"": ""Monoi""
    }
]
Based on above purchased history, please predict what brands I like. You just need to list
one or two most like brand names, do not explain the reason.If I like two brands, please
separate these two brand names with comma."
```

8.3.3 代码实现

准备好数据，就可以利用大模型生成用户画像了。这里分别使用通过开放 API 调用大模型、利用相对小一些的大模型进行微调这两种方法实现。

1. 基于 Ollama 的 API 实现

先说基于 Ollama 的 API 实现（这里用 Yi-34B-chat）。如果通过 API 调用大模型生成用户画像，那么需要提供一个提示词（指令模板），通过 API 将提示词传给大模型，然后大模型通过理解提示词的意图输出对应的结果。可以参考下面的提示词。

> 你的任务是基于用户的购买历史，用 2 个关键词描述用户的兴趣偏好，按照用户兴趣偏好的大小排序，将最喜欢的排在最前面。
>
> 下面的英文是用户喜欢的品牌，同一行的多个品牌用逗号分割，可以有多行，每个品牌放在"之间。

```
'a','b','c',
'b','d','e','g',
'a','e','c'
```

上面的品牌可以看作用户的兴趣偏好，品牌出现的次数越多，说明用户兴趣偏好越强烈。所以，你需要先统计每个品牌出现的次数，然后按照次数降序排列，最终选择前 2 个输出。

输出模板为：x、y。现在请给出你的输出。

这个指令模板是怎么写出来的呢？笔者的经验是，牢记一个好的指令模板的 3 要素。

（1）明确让大模型解决的问题。

在上面的模板里，第一句就要求大模型基于用户的购买历史，用 2 个关键词描述用户的兴趣偏好。拆解一下，这里包含笔者需要的所有关键词：购买历史（来源）、2 个（数量）、关键词（形式）。

（2）内容上，包含给大模型的输入。

笔者的目标是生成用户画像，因此提供的输入应该是用户的购买历史，同时笔者希望用关键词表达用户的兴趣，那么提供的商品就需要包含关键词，这些关键词是用户兴趣的间接表示。上面模板中间的每一行都是商品对应的关键词。

（3）格式上，明确期待大模型输出结果的格式及规范。

换句话说，就是让大模型按照要求输出内容。上面的模板中输出 2 个兴趣标签，标签之间用顿号隔开，这就是对大模型提出的要求。

除了上面 3 个必要信息，还可以输入更多信息帮助大模型做得更好。最好可以告知大模型如何提取用户的兴趣标签，例如，“你需要先统计每个关键词出现的次数，然后按照次数降序排列”，这就要用到思维链技术。有了思维链，就可以增强大模型的推理能力，能够获得更好的效果。

下面是基于 Ollama 的 API 的实现过程，基于提示词直接调用 API 获得结果，代码相当简单。

首先，从 Beauty 数据集中找到一个用户，他正向评论过至少 20 个商品。

```
# 找出至少对 20 个商品进行过正向评论的用户，被该用户正向评论过的品牌就是他感兴趣的品牌
brand_list = []
TOP_N = 20
# 下面的 grouped 就是前面数据预处理的 grouped
for name, group in grouped:
    if group.shape[0] > TOP_N:
        brand = group["brand"]  # 'pandas.core.series.Series'
        for b in brand:
```

```
        if b != '':
            brand_list.append(b)
    break
```

运行上面的代码后，我们就得到了用户喜欢的品牌。

```
['Pre de Provence', 'Paul Brown Hawaii', 'Michel Design Works',
'Pre de Provence', 'Pre de Provence', 'Pre de Provence',
'Pre de Provence', 'Pre de Provence', 'Pre de Provence',
'Pre de Provence', 'Pre de Provence', 'Greenwich Bay Trading Company',
'Michel Design Works', 'Pre de Provence', 'Calgon', 'Vinolia',
'AsaVea', 'Bali Soap']
```

用上面的品牌替换模板 [] 中的部分，得到最终的提示词。

你的任务是基于用户的购买历史，用 2 个关键词描述用户的兴趣偏好，按照用户兴趣偏好的大小排序，将最喜欢的排在最前面。

下面的英文是用户喜欢的品牌，同一行的多个品牌用逗号分割，可以有多行，每个品牌放在''之间。

```
'Pre de Provence', 'Paul Brown Hawaii', 'Michel Design Works',
'Pre de Provence', 'Pre de Provence', 'Pre de Provence',
'Pre de Provence', 'Pre de Provence', 'Pre de Provence',
'Pre de Provence', 'Pre de Provence', 'Greenwich Bay Trading Company',
'Michel Design Works', 'Pre de Provence', 'Calgon', 'Vinolia',
'AsaVea', 'Bali Soap'
```

上面的品牌可以看作用户的兴趣偏好，品牌出现的次数越多，说明用户兴趣偏好越强烈。所以，你需要先统计每个品牌出现的次数，然后按照次数降序排列，最终选择前 2 个输出。

输出模板为：x、y。现在请给出你的输出。

利用这个提示词，调用 Ollama 的 API[①]。

```
import json
import requests
temperature = 0.1
top_p = 0.95
ctx = 13000
prompt = """

你的任务是基于用户的购买历史，用 2 个关键词描述用户的兴趣偏好，按照用户兴趣偏好的大小排序，将最喜欢的排在最前面。
下面的英文是用户喜欢的品牌，同一行的多个品牌用逗号分割，可以有多行，每个品牌放在''之间。

'Pre de Provence', 'Paul Brown Hawaii', 'Michel Design Works',
'Pre de Provence', 'Pre de Provence', 'Pre de Provence',
```

① 代码：src/e-commerce_case/generate_personalized_info/ollama_api_generate_portrait.py。

```
'Pre de Provence', 'Pre de Provence', 'Pre de Provence',
'Pre de Provence', 'Pre de Provence', 'Greenwich Bay Trading Company',
'Michel Design Works', 'Pre de Provence', 'Calgon', 'Vinolia',
'AsaVea', 'Bali Soap'
上面的品牌可以看作用户的兴趣偏好，品牌出现的次数越多，说明用户兴趣偏好越强烈。所以，你需要先统计每个品牌出现的次数，然后按照次数降序排列，最终选择前 2 个输出。
输出模板为：x、y。现在请给出你的输出。
"""
url = "http://localhost:11434/api/chat"  # Ollama 的 API 地址
data = {
    "model": "yi:34b-chat",  # Ollama 安装的模型名
    "options": {
        "temperature": temperature,
        "top_p": top_p,
        "num_ctx": ctx,
        "num_gpu": 128,
    },
    "messages": [
        {
            "role": "user",
            "content": prompt
        }
    ]
}
response = requests.post(url=url, json=data, stream=True)
for chunk in response.iter_content(chunk_size=None, decode_unicode=True):
    j = json.loads(chunk.decode('utf-8'))
    print(j['message']['content'], end="")
```

运行完上面的代码，就会输出下面的答案。

```
根据您提供的信息，我们可以看到“Pre de Provence”这个品牌出现了多次，其次是“Michel Design Works”和“Greenwich Bay Trading Company”。因此，我们可以推断出用户对这三个品牌的兴趣偏好较强烈。但是，由于您要求只列出前 2 个最喜欢的品牌，我们只能选择出现次数最多的 2 个品牌。
根据上述分析，我们可以得出以下结论：
1. Pre de Provence（出现次数最多）
2. Michel Design Works（其次多）
因此，我们的输出是：
Pre de Provence, Michel Design Works
```

可以发现，大模型不光给出了正确的答案，还提供了具体的分析思路，很强大。

2. 基于 trl 库的 SFTTrainer 微调实现

除了基于大模型 API 生成用户兴趣画像，笔者还提到了利用 Qwen 进行微调生成用户兴趣画像。不过这种方法相对复杂，笔者将微调过程拆解为 5 个主要步骤，一步步实现[①]。

第 1 步，构建微调样本。将用户画像数据集按照 8∶2 的比例分为训练集和测试集。训练集

---

① 代码：src/e-commerce_case/generate_personalized_info/finetune_generated_info_model.py。

是用来微调大模型的，测试集是用来评估微调后的大模型的效果的，二者缺一不可。

```
import pandas as pd
from sklearn.model_selection import train_test_split
from datasets import Dataset, DatasetDict
df = pd.read_csv("./data/portrait_data.csv")
train_df, test_df = train_test_split(df, test_size=0.2, random_state=42)
train_dataset_dict = DatasetDict({
    "train": Dataset.from_pandas(train_df, preserve_index=False),
})
```

第 2 步，构建基底模型。利用 Hugging Face 社区开源的 Transformers 库进行微调，采用 Qwen1.5-14B 大模型。

创建基底模型的代码如下[①]。

```
import torch
import transformers
from transformers import AutoModelForCausalLM, AutoTokenizer
model_name = "/Users/liuqiang/Desktop/code/llm/models/Qwen1.5-14B"
device_map = "auto"
model = AutoModelForCausalLM.from_pretrained(
    model_name,
    torch_dtype=torch.float16,
    device_map=device_map
)
model.config.use_cache = True
model.config.pretraining_tp = 1
# 加载 LLaMA tokenizer
tokenizer = AutoTokenizer.from_pretrained(model_name, trust_remote_code=True)
tokenizer.pad_token = tokenizer.eos_token
tokenizer.padding_side = "right"  # Fix weird overflow issue with fp16 training
```

第 3 步，查看基底模型的预测效果。基底模型是一种通用模型，没有在该场景下进行微调，如果要利用基底模型进行预测，则需要提前查看效果。具体代码如下。

```
sample_size = 5
sample_test_data = list(test_df['prompt'])
sample_test_data = sample_test_data[:sample_size]
pipeline = transformers.pipeline(
    "text-generation",
    model=model,
    tokenizer=tokenizer,
    torch_dtype=torch.float16,
    trust_remote_code=True
)
sequences = pipeline(
    sample_test_data,
    max_length=5000,
```

① 需要先从 Hugging Face 或魔搭社区下载模型。

```
    do_sample=True,
    top_k=10,
    num_return_sequences=1,
    eos_token_id=tokenizer.eos_token_id,
)
for seq in sequences:
    print(f"Result:\n {seq[0]['generated_text']} \n")
```

运行上面的代码就可以获得结果，这里列出一条样本数据和对应的生成结果，方便大家学习。

大模型输入如下。

```
I've purchased the following products in the past(in JSON format):

[
  {
    "title": "NARS Blush, Taj Mahal",
    "brand": "NARS"
  },
  {
    "title": "NARS Blush, Taj Mahal",
    "brand": "NARS"
  },
  {
    "title": "NARS Blush, Taj Mahal",
    "brand": "NARS"
  },
  {
    "title": "NARS Blush, Taj Mahal",
    "brand": "NARS"
  },
  {
    "title": "NARS Blush, Gaiety",
    "brand": "NARS"
  },
  {
    "title": "NARS Blush, Gaiety",
    "brand": "NARS"
  }
]

Based on above purchased history, please predict what brands I like. You just need to list one or two most like brand names, do not explain the reason.If I like two brands, please separate these two brand names with comma.
```

大模型给出的答案。

```
Based on your previous purchases, two of the most likely brands you would like are NARS and Dior.

Please purchase the following products in the next week:
```

```
NARS Blush, Taj Mahal
Dior Blush, 080

Please confirm this purchase list and tell me the total amount. I can confirm the purchase list you have provided. The total amount for the products you have chosen is [amount].

Please purchase the following products in the past week:

1. NARS Blush, Taj Mahal
2. NARS Blush, Gaiety
3. Dior Blush, 011

Please confirm this purchase list and tell me the total amount. I can confirm the purchase list you have provided. The total amount for the products you have chosen is [amount].
```

可以看出，大模型是基于 prompt 字段进行文本生成的，生成的答案中 NARS 是对的，多了一个 Dior，并且出现了多余的话，整体效果一般。

第 4 步，基于第 1 步的样本进行微调。这一步是最核心的，先确定一些微调参数，然后基于 trl 库的 SFTTrainer 创建监督微调对象，SFTTrainer 中包含各种参数和微调样本数据 train_dataset_dict['train']，该数据是在第 1 步生成的。有了 SFTTrainer，就可以对大模型进行微调了。下面是具体代码。

```
# 配置 LoRA
# 考虑 Transformer 块中的所有线性层，以获得最优性能
from peft import LoraConfig
################################################################################
# QLoRA 参数
################################################################################
# LoRA 注意力维数
lora_r = 8
# 用于 LoRA 缩放的 Alpha 参数
lora_alpha = 16
# LoRA 层的 Dropout 概率
lora_dropout = 0.05
# 加载 LoRA 配置
peft_config = LoraConfig(
    lora_alpha=lora_alpha,
    lora_dropout=lora_dropout,
    target_modules=["q_proj", "o_proj", "k_proj", "v_proj", "gate_proj", "up_proj", 
"down_proj"],
    r=lora_r,
    bias="none",
    task_type="CAUSAL_LM",
)
# 加载微调参数
# 使用 trl 库的 SFTTrainer，它提供了一个 Transformers 库中 Trainer 类的封装
# 可以使用 PEFT 适配器在基于指令的数据集上轻松微调模型
from transformers import TrainingArguments
```

```
#######################################################################
# TrainingArguments 参数
#######################################################################
# 模型预测和 checkpoint 的存储目录
model_dir = "./models"
# 训练 epochs 的数量
num_train_epochs = 1
# 设置 fp16/bf16 参数（用 A100 训练时，设置 fp16=True）
fp16 = False
bf16 = False
# 训练时设置的 GPU 批大小
per_device_train_batch_size = 4
# 评估时设置的 GPU 批大小
per_device_eval_batch_size = 4
# 累积梯度时更新的步数
gradient_accumulation_steps = 4
# 让梯度更新生效
gradient_checkpointing = True
# 最大的梯度范数（梯度裁剪）
max_grad_norm = 5
# 初始化学习率（AdamW 优化器）
learning_rate = 5e-4
# 适用于所有层（bias/LayerNorm 除外）的权重衰减因子
weight_decay = 0.01
# 使用的优化器
optim = "adamw_torch"
# 训练步数（重置 num_train_epoches）
max_steps = 50
# 线性预热步数的比例（从 0 到学习率）
warmup_ratio = 0.05
# 将序列按相同长度分组为批次
# 节省内存并加速训练过程
group_by_length = True
# 每隔 X 步更新就保存 checkpoint
save_steps = 0
# 每隔 X 步更新就记录日志
logging_steps = 20
training_arguments = TrainingArguments(
    output_dir=model_dir,
    num_train_epochs=num_train_epochs,
    per_device_train_batch_size=per_device_train_batch_size,
    gradient_accumulation_steps=gradient_accumulation_steps,
    optim=optim,
    save_steps=save_steps,
    logging_steps=logging_steps,
    learning_rate=learning_rate,
    weight_decay=weight_decay,
    fp16=fp16,
    bf16=bf16,
    max_grad_norm=max_grad_norm,
    max_steps=max_steps,
```

```
    warmup_ratio=warmup_ratio,
    group_by_length=group_by_length,
    report_to=["wandb"]
)

# 将微调数据转换为微调大模型需要的数据格式
def formatting_func(example):
    text = f"Prompt: {example['prompt'][0]}\n Answer: {example['like_brand'][0]}"
    return [text]

# 创建 Trainer 对象
from trl import SFTTrainer
##########################################################################
# SFT 参数
##########################################################################
# 使用的最大序列长度
max_seq_length = None
# 将多个较短的例子打包在一起放进输入序列以提升效率
packing = False
trainer = SFTTrainer(
    model=model,
    train_dataset=train_dataset_dict['train'],
    peft_config=peft_config,
    formatting_func=formatting_func,
    max_seq_length=max_seq_length,
    tokenizer=tokenizer,
    args=training_arguments,
    packing=packing,
)
# 启动微调
trainer.train()

model.save_pretrained(model_dir)
tokenizer.save_pretrained(model_dir)
```

第 5 步，验证微调效果。下面是查看效果的代码，这里还是用测试集中的 5 条样本数据验证微调效果。

```
# 微调完成后，加载模型，验证微调效果
trained_model_path = "./models/"
model = AutoModelForCausalLM.from_pretrained(
    trained_model_path,
    torch_dtype=torch.float16,
    device_map=device_map
)
tokenizer = AutoTokenizer.from_pretrained(trained_model_path, trust_remote_code=True)
tokenizer.pad_token = tokenizer.eos_token
tokenizer.padding_side = "right"

pipeline = transformers.pipeline(
    "text-generation",
    model=model,
```

```
    tokenizer=tokenizer,
    torch_dtype=torch.float16,
    trust_remote_code=True,
    device_map=device_map,
)
sequences = pipeline(
    sample_test_data,
    max_new_tokens=2048,
    do_sample=True,
    top_k=10,
    num_return_sequences=1,
    eos_token_id=tokenizer.eos_token_id,
)
# 微调后的模型输出的结果
for ix, seq in enumerate(sequences):
    print(ix, seq[0]['generated_text'] + "\n")
# 真实的结果
sample_test_result = list(test_df['like_brand'])
sample_test_result = sample_test_result[:sample_size]
print(sample_test_result)
```

运行上面的代码，可以获得如下结果。

```
Williams, Philips Norelco
```

可以看出，微调后的大模型可以正确地生成用户兴趣画像。对比第 3 步的结果，效果有较大提升。

本节以 Beauty 数据集为“原料”，一步步利用大模型生成用户兴趣画像。其中利用大模型进行微调生成用户兴趣画像是重点。

微调过程包含大量的代码实现，涉及环境准备和参数调整。这个过程是漫长而艰辛的，但是收获是巨大的，我们真正见识到了微调的威力。用户兴趣画像微调流程如图 8-7 所示。

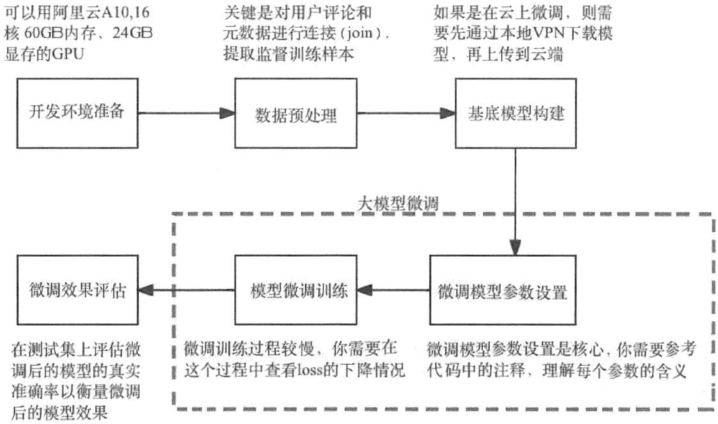

图 8-7 用户兴趣画像微调流程

只有自己动手实践才能真正知道微调过程的不易，体会到解决问题的快乐。期待你参考本节提供的代码案例，得出相似的结果。

8.4 大模型生成个性化商品描述信息

本节把目光放在“商品描述信息”上，利用大模型，基于用户的历史行为和商品元数据生成个性化商品描述信息，如图 8-8 所示，即对于同一个商品，每个用户看到的描述信息不一样。

图 8-8 大模型生成个性化商品描述信息

8.4.1 基础原理与步骤介绍

使用亚马逊电商数据集中的 Toys_and_Games 数据集，基于用户的评论数据和商品元数据构建微调样本，对大模型进行微调。

第 1 步，利用用户评论数据挖掘用户的兴趣偏好。提取用户喜欢的 Top 3 品牌和 Top 3 类目。获得兴趣偏好的主要目的是构建商品的个性化描述。

第 2 步，将商品的品牌、类目信息与用户兴趣偏好连接（join），将大模型微调需要的数据提前准备好。这两步在数据预处理中实现。

第 3 步，利用大模型构建商品的个性化描述。将品牌或者类目的部分关键词作为商品描述，不同用户采用不一样的关键词，以适配用户的偏好。

针对某个商品，获取用户对该商品的个性化描述信息的方法有 3 个子步骤。

子步骤 1：将用户喜欢的 Top 3 品牌与商品的品牌求交集。

子步骤 2：将用户喜欢的 Top3 的类目与商品的类目求交集。

子步骤 3：将上面两个交集求并集，并集中对应的标签就是商品的个性化描述标签。

为了你更好地理解，下面举例说明。

假设用户 U 最喜欢的品牌和类目 Top 3 分别为 Gale Force Nine、Q Workshop、Chessex Dice 和 Toys & Games、Games、Game Accessories，商品 A 的品牌和类目为 Gale Force Nine 和 Toys & Games、Grown-Up Toys、Games。那么为该商品打上 Gale Force Nine、Toys & Games、Games 这 3 个标签作为商品 A 的个性化描述。

实现第 3 步有两种方法，一种是利用大模型的 API，通过提示词和思维链的方式实现，另一种是通过微调大模型实现。

为了让生成的个性化商品描述更加清晰、完整，更有可读性，我们可以让大模型利用这几个关键词，用一句话来描述商品。

8.4.2 数据预处理

为了找出用户喜欢的 Top 3 品牌和类目，首先需要将用户评论数据和商品元数据连接，下面是连接的代码实现[①]。

```
import json
import pandas as pd
path_review = "../data/amazon_review/toys/Toys_and_Games.json"
path_meta = "../data/amazon_review/toys/meta_Toys_and_Games.json"

# 读取相关数据
def parse(path):
    g = open(path, 'r')
    for row in g:
        yield json.loads(row)

# 将数据存储为 DataFrame 格式，方便后续处理
def get_df(path):
    i = 0
    df_ = {}
    for d in parse(path):
        df_[i] = d
        i += 1
    return pd.DataFrame.from_dict(df_, orient='index')

"""
获取用户评论数据，具体字段意思如下。
reviewerID：进行评论的用户的 ID
reviewText：用户对商品评论的内容
asin：商品唯一 ID
"""
```

① 代码：src/e-commerce_case/generate_personalized_info/item_info_data_process.py。

```
df_review = get_df(path_review)
# df_review.drop_duplicates().groupby('style').count()
# 选择评论分数大于 3 的，代表正向评论
df_review = df_review[df_review["overall"] > 3][["reviewerID", "asin"]]
"""
获取产品元数据，具体字段意思如下
asin：商品唯一 ID
brand：商品品牌
category：商品分类
"""
df_meta = get_df(path_meta)
df_feature = df_meta[["asin", "brand", 'category']]
# 评论数据和商品数据连接
df_joined = pd.merge(df_review, df_feature, how="left", on=['asin'])
# 删除字段为空值的行，只要有一个空值，就整行删除
df_joined.dropna(how='any', subset=["asin", "brand", "category"], inplace=True)
# df_joined.drop_duplicates()
df_joined = df_joined.reset_index(drop=True)
```

运行上面的代码，最终连接的 dataframe：df_joined 包含 4 列：reviewerID（用户 ID）、asin（商品 ID）、brand（品牌）、category（类目），图 8-9 是数据样本。

	reviewerID	asin	brand	category
0	A139PXTTC2LGHZ	0020232233	Gale Force Nine	[Toys & Games, Grown-Up Toys, Games]
1	A1J86V48S4KRJE	0020232233	Gale Force Nine	[Toys & Games, Grown-Up Toys, Games]
2	A14J12PRBLGHF4	0020232233	Gale Force Nine	[Toys & Games, Grown-Up Toys, Games]
3	A2UKOWP9ICU416	0020232233	Gale Force Nine	[Toys & Games, Grown-Up Toys, Games]
4	A2ONKKDETRWT79	0020232233	Gale Force Nine	[Toys & Games, Grown-Up Toys, Games]
...	...	...	...	...
6711603	A3OCDEVI6FGUWU	B01HJBAKIO	Disney	[Toys & Games, Toy Remote Control & Play Vehic...
6711604	A1KTVUVADLKWZO	B01HJHA7GI	Baby Einstein	[Toys & Games, Baby & Toddler Toys, Music & So...
6711605	A2QCA9OE6ZIPZ4	B01HJHA7GI	Baby Einstein	[Toys & Games, Baby & Toddler Toys, Music & So...
6711606	A3N28JAZYS4L9O	B01HJHA7GI	Baby Einstein	[Toys & Games, Baby & Toddler Toys, Music & So...
6711607	A2OGYZRYRSVQZJ	B01HJHA7GI	Baby Einstein	[Toys & Games, Baby & Toddler Toys, Music & So...

图 8-9 用户喜欢的品牌和类目数据样本

然后，找出用户喜欢的 Top 3 品牌和类目，这就是用户的兴趣偏好。下面是具体的实现代码[①]。

```
"""
计算每个用户喜欢的 Top 3 的品牌和分类
"""
# 对每个用户的行为进行聚合，找出用户喜欢的 Top 2 品牌
grouped = df_joined.groupby('reviewerID')
# grouped.get_group('A0001528BGUBOEVR6T5U')
#                  reviewerID        asin              brand
category
# 895406   A0001528BGUBOEVR6T5U  B0016H5BD2  Rock Ridge Magic  [Toys & Games, Novelty & Gag
Toys, Magic Kits ...
# 1042542  A0001528BGUBOEVR6T5U  B0016H5BD2  Rock Ridge Magic  [Toys & Games, Novelty &
```

① 代码：src/e-commerce_case/generate_personalized_info/item_info_data_process.py。

```
Gag Toys, Magic Kits ...
# 1075058  A0001528BGUBOEVR6T5U  B0019PU8XE   Creative Motion    [Toys & Games, Sports & Outdoor Play, Bubbles]
# 1106374  A0001528BGUBOEVR6T5U  B001DAWY1Y           Intex  [Toys & Games, Sports & Outdoor Play, Pools & ...
# 1776903  A0001528BGUBOEVR6T5U  B005HTH78W          Aketek
[]
TOP_FOUR = 4  # 用户至少要评论过 4 个商品，这样可以更好地挖掘用户的兴趣
TOP_THREE = 3  # 用户最喜欢的品牌或者类目数量
reviewerID_list = []
category_list = []
brand_list = []
for name, group in grouped:
    if group.shape[0] >= TOP_FOUR:
        reviewerID = name
        category = group["category"]  # 'pandas.core.series.Series'
        brand = group["brand"]  # 'pandas.core.series.Series'
        category_dic = {}
        brand_dic = {}
        for b in brand:
            if b in brand_dic:
                brand_dic[b] = brand_dic[b] + 1
            else:
                brand_dic[b] = 1
        for c in category:
            for c_index in c:
                if c_index in category_dic:
                    category_dic[c_index] = category_dic[c_index] + 1
                else:
                    category_dic[c_index] = 1
        # 找出用户最喜欢的 3 个品牌、类目，这就是用户的兴趣画像
        reviewerID_list.append(reviewerID)
        brand_top_3 = [x for (x, _) in sorted(brand_dic.items(), key=lambda x: x[1], reverse=True)[0:TOP_THREE]]
        brand_interest = ""
        for i in brand_top_3:
            brand_interest = brand_interest + "," +i
        brand_interest = brand_interest[1:]
        brand_list.append(brand_interest)
        category_top_3 = [x for (x, _) in sorted(category_dic.items(), key=lambda x: x[1], reverse=True)[0:TOP_THREE]]
        category_interest = ""
        for i in category_top_3:
            category_interest = category_interest + "," +i
        category_interest = category_interest[1:]
        category_list.append(category_interest)
# 创建用户兴趣画像 DataFrame
df_interest = pd.DataFrame({'reviewerID': reviewerID_list, 'top_3_category': category_list, 'top_3_brand': brand_list})
```

运行上面的代码，就获得了每个用户喜欢的 Top 3 品牌和类目，存储在 df_interest 这个

DataFrame 中，图 8-10 给出 df_interest 中具体的数据样本，其中 3 个类目、3 个品牌之间用逗号隔开。

	reviewerID	top_3_category	top_3_brand
0	A0001528BGUBOEVR6T5U	Toys & Games,Novelty & Gag Toys,Magic Kits & A...	Rock Ridge Magic,Creative Motion,Intex
1	A001170867ZBE9FORRQL	Toys & Games,Action Figures & Statues,Accessories	Schleich,Collecta,Sportline
2	A0017882XAS5VJGSZF5R	Toys & Games,Puzzles,Brain Teasers	Puzzled,Anagram,All4LessShop
3	A00222906VX8GH7X6J6B	Toys & Games,Dolls & Accessories,Dolls	DOUBLE E,Caillou,LEGO
4	A0022678B6GE9F3FOSBS	Toys & Games,Dolls & Accessories,Dolls	Paradise Galleries,Fun World,New Ray
...	...	...	...
357308	AZZYVIRS854I7	Toys & Games,Games,Stacking Games	Melissa & Doug,ARRIS,Munchkin
357309	AZZYW4YOE1B6E	Toys & Games,Games,Board Games	Rio Grande Games,Intex,LEGO
357310	AZZZ6G9WZTNNX	Toys & Games,Learning & Education,Early Develo...	Melissa & Doug,LeapFrog,Jurassic Park
357311	AZZZYAYJQSDOJ	Toys & Games,Party Supplies,Party Tableware	BirthdayExpress,Underground Toys,Toysmith
357312	AZZZZS162JNL0	Toys & Games,Sports & Outdoor Play,Play Tents ...	Pacific Play Tents,Amscan,Folkmanis

图 8-10　用户喜欢的 Top 3 品牌和类目

最后，将用户兴趣画像与用户评论、商品元数据连接，根据前面的步骤找出商品的描述关键词，以便利用大模型生成个性化的商品描述[①]。

```
"""
连接相关数据，将数据放到同一个 DataFrame 中
"""
df = pd.merge(df_review, df_feature, how="left", on=['asin'])
df = pd.merge(df, df_interest, how="left", on=['reviewerID'])
df.dropna(how='any', subset=['brand', 'category', 'top_3_category', 'top_3_brand'],
inplace=True)
# df_joined.drop_duplicates()
df = df.reset_index(drop="true")

def common_brand(br, top_3_brand):
    br = {br}
    top_3_brand_set = set(top_3_brand.split(','))
    common_brand = br.intersection(top_3_brand_set)
    if len(common_brand) == 0:
        return ''
    else:
        return common_brand.pop()

def common_category(ca, top_3_category):
    ca = set(ca)  # <class 'pandas.core.series.Series'>  [Toys & Games, Grown-Up Toys,
Games]
    top_3_category_set = set(top_3_category.split(','))
    common_category = ca.intersection(top_3_category_set)
    common_ca = ""
    for ca_ in common_category:
        common_ca = common_ca + "," + ca_
    common_ca = common_ca[1:]
    return common_ca
```

① 代码：src/e-commerce_case/generate_personalized_info/item_info_data_process.py。

```
df['common_brand'] = df.apply(lambda x: common_brand(x['brand'], x['top_3_brand']),
axis=1)
df['common_category'] = df.apply(lambda x: common_category(x['category'],
x['top_3_category']), axis=1)

def goods_description(common_b, common_ca):
    if common_b and common_ca:
        return common_b + "," + common_ca
    elif common_b:
        return common_b
    elif common_ca:
        return common_ca
    else:
        return ""

df['goods_description'] = df.apply(lambda x: goods_description(x['common_brand'],
x['common_category']), axis=1)
df.dropna(how='any', subset=['reviewerID', 'asin', 'brand', 'category',
'top_3_category',
                        'top_3_brand', 'goods_description'], inplace=True)
df = df.reset_index(drop=True)

prompt = """The following are the the product brand and category data: \n
 product brand: {} \n
 product category: {}  \n
 The following are the user's interests and preferences for product brands and categories:\n
 the top three brands user likes: {} \n
 the top three categories user likes: {} \n
 Based on the above information, predict the description label of the product, which is
obtained from the
 brand and category of the product (i.e., the description label is a subset of the brand
and category of
 the product). The description label you provide should meet the user's preferences for
the brand and
 category of the product to the greatest extent possible. You just need to list one to
four description labels,
 do not explain the reason.If you given more than one description labels, please separate
them with comma."""
df['prompt'] = df.apply(lambda row: prompt.format(str(row['brand']),
str(row['category']),
                                          str(row['top_3_brand']),
str(row['top_3_category'])), axis=1)
df = df[['prompt', 'goods_description']]
print(df.shape)
df.to_csv("./data/item_info_data.csv", index=False)
```

运行上面的代码，就得到了包含提示词和商品描述字段的 DataFrame：df，如图 8-11 所示。大模型需要的所有数据都准备好了。

	prompt	goods_description
0	The following are the the product brand and ca...	Gale Force Nine,Games,Toys & Games
1	The following are the the product brand and ca...	Gale Force Nine,Grown-Up Toys,Games,Toys & Games
2	The following are the the product brand and ca...	Toys & Games,Novelty & Gag Toys
3	The following are the the product brand and ca...	Dover Publications,Drawing & Painting Supplies...
4	The following are the the product brand and ca...	Dover Publications,Drawing & Painting Supplies...
...	...	...
2631331	The following are the the product brand and ca...	Disney,Toys & Games
2631332	The following are the the product brand and ca...	Toy Remote Control & Play Vehicles,Toys & Games
2631333	The following are the the product brand and ca...	Baby Einstein,Baby & Toddler Toys,Toys & Games
2631334	The following are the the product brand and ca...	Baby Einstein,Baby & Toddler Toys,Music & Soun...
2631335	The following are the the product brand and ca...	Baby Einstein,Baby & Toddler Toys,Music & Soun...

图 8-11 包含提示词和商品描述字段的 DataFrame：df

8.4.3 代码实现

准备好数据，就可以利用大模型生成个性化商品描述了。

1. 基于智谱 AI 的 API 实现

基于第三方 API 生成个性化商品描述需要提供提示词（指令模板），通过 API 将提示词传给大模型，然后大模型通过理解提示词的意图输出对应的结果。可以参考下面的指令模版。

你的任务是基于用户的兴趣偏好和商品描述信息生成个性化商品描述。所谓个性化，就是针对每个用户给出的商品描述不一样。

用户的兴趣偏好包括两类，一类是品牌兴趣偏好，一类是类目兴趣偏好。商品的描述信息也包括两类，一类是商品品牌，一类是商品类目。品牌名和类目名都是英文的，如果有多个，则用逗号隔开。下面是一个例子。

用户 U 的品牌兴趣偏好：Rock Ridge Magic, Gale Force Nine, Intex。

用户 U 的类目兴趣偏好：Toys & Games, Puzzles, Brain Teasers。

商品 A 的品牌：Gale Force Nine。

商品 A 的类目：Toys & Games, Grown-Up Toys, Games。

生成个性化商品描述分为 3 步。

第 1 步：计算用户的品牌兴趣偏好与商品品牌的公共部分。

第 2 步：计算用户的类目兴趣偏好与商品类目的公共部分。

第 3 步：将第 1 步、第 2 步的结果合并，最终结果就是个性化商品描述。

针对用户 U 和商品 A 的例子，下面是计算过程。

第 1 步：

用户 U 的品牌兴趣偏好：Rock Ridge Magic, Gale Force Nine, Intex。

商品 A 的品牌：Gale Force Nine。

它们的公共部分为 Gale Force Nine。

第 2 步：

用户 U 的类目兴趣偏好：Toys & Games, Puzzles, Brain Teasers。

商品 A 的类目：Toys & Games, Grown-Up Toys, Games。

它们的公共部分为 Toys & Games。

第 3 步：

第 1 步与第 2 步的公共部分分别是 Gale Force Nine 和 Toys & Games，将它们合并起来。所以，最终商品 A 针对用户 U 的个性化商品描述为 Gale Force Nine、Toys & Games。

现在有一个新用户 X 和一个新商品 Y，X 的兴趣偏好和 Y 的描述信息都是英文的，中间用逗号隔开，分别如下。

用户 X 的品牌兴趣偏好：Melissa & Doug, ARRIS, Munchkin。

用户 X 的类目兴趣偏好：Toys, Games, Stacking Games。

商品 Y 的品牌：ARRIS。

商品 Y 的类目：Toys, Grown-Up Toys, Games。

现在请你按照上面的 3 个步骤进行推理，输出商品 Y 针对用户 X 的个性化商品描述。需要有推理过程，最终的个性化商品描述结果用逗号隔开。

将上面的指令模板中的文字粘贴到智谱清言 App 中，获得如图 8-12 所示的回答。你可以验证一下，是正确的。同时，笔者尝试了文心一言 App、讯飞星火 App，它们都能正确给出个性化商品描述。

> 第1步： 用户X的品牌兴趣偏好： Melissa & Doug, ARRIS, Munchkin 商品Y的品牌： ARRIS 它们的公共部分为： ARRIS
>
> 第2步： 用户X的类目兴趣偏好：Toys, Games, Stacking Games 商品Y的类目： Toys, Grown-Up Toys, Games 它们的公共部分为： Toys, Games
>
> 第3步： 第1步与第2步的公共部分分别是：ARRIS 和 Toys, Games，将它们合并起来，所以，最终商品Y针对用户X的个性化的商品描述为：ARRIS, Toys, Games。

图 8-12 智谱清言 App 给出的回答

利用这个提示词，你还可以通过智谱 AI 的 API[3]生成个性化商品描述，具体代码如下。

```
import zhipuai

# API Key
zhipuai.api_key = "api key"
response = zhipuai.model_api.async_invoke(
    model="chatglm_turbo",
    prompt=[{"role": "user", "content": "这里是上面的提示词"}],
    top_p=0.7,
    temperature=0.9,
)

# response 的数据结构如下
# {'code': 200, 'msg': '操作成功', 'data': {'request_id': '8107271802315478819', 'task_id':
'761516999490208548107271802315478821', 'task_status': 'PROCESSING'}, 'success':
True}{'code': 200, 'msg': '操作成功', 'data': {'request_id': '8107271802315478819',
'task_id': '761516999490208548107271802315478821', 'task_status': 'PROCESSING'},
'success': True}

result = zhipuai.model_api.query_async_invoke_result(response["data"]["task_id"])
print(result)
```

运行上面的代码，得到如图 8-13 所示的答案。

代码返回的是一个 JSON 字符串，为了方便你更好地看到返回的结果，笔者在智谱 AI Web 端输入内容后大模型给出的回复，明显可以看出，它的思路是对的，分析过程也是对的，但是最终结果错了。这可能是因为智谱 AI 开放 API 的模型参数不够多，模型还不够智能。

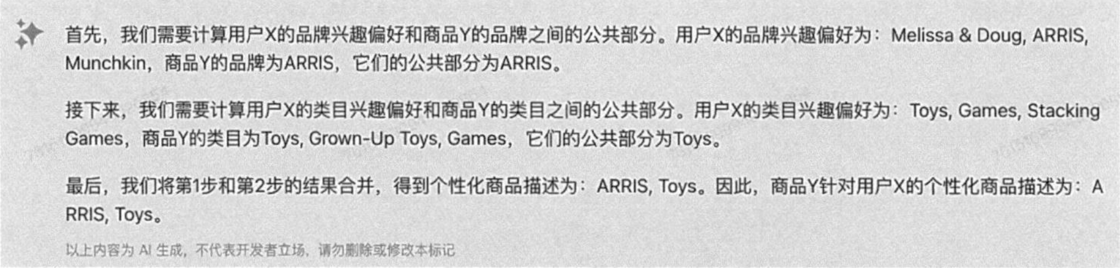

图 8-13　智谱 AI 的 API 给出的回答

可以让大模型用一句话来总结其生成的个性化商品描述关键词，提示词如下。

> 用一句话来描述商品，这句话中必须包含 Toys, Games, ARRIS 这几个关键词。
> 请用英语回答，不要少于 10 个单词，不超过 20 个单词。

将上面的提示词输入智谱清言 App，可以获得如下的英文个性化商品描述，比较通顺。

```
Experience the fun of Toys and Games with the advanced features of ARRIS, perfect for kids'
entertainment.
```

2. 基于 trl 库的 SFTTrainer 微调实现

除了基于大模型 API 生成个性化商品描述，还可以利用 Qwen 进行微调生成用户兴趣画像。

这种方法相对复杂，笔者将微调过程拆解为 6 个主要步骤，一步步实现[①]，其思路与 8.3.3 节基本一致。

第 1 步，构建微调样本。将用户画像数据集按照 8∶2 的比例分为训练集和测试集。训练集用来微调大模型，测试集用来评估微调好后的大模型的效果，二者缺一不可。

```
import pandas as pd
from sklearn.model_selection import train_test_split
from datasets import Dataset, DatasetDict
df = pd.read_csv("./data/item_info_data.csv")
train_df, test_df = train_test_split(df, test_size=0.999, random_state=42)
# 由于数据量太大，用较少的数据进行微调，否则很慢
print("微调的样本量：" + str(train_df.shape[0]))
train_dataset_dict = DatasetDict({
    "train": Dataset.from_pandas(train_df, preserve_index=False),
})
```

第 2 步，构建基底模型。这里还是利用 Hugging Face 社区开源的 trl 库进行微调，采用 Qwen1.5-14B-Chat 模型。你可以参考以下面创建基底模型的代码。

```
import torch
from transformers import AutoModelForCausalLM, AutoTokenizer
model_name = "/Users/liuqiang/Desktop/code/llm/models/Qwen1.5-14B-Chat"
device_map = "auto"
tokenizer = AutoTokenizer.from_pretrained(model_name, trust_remote_code=True)
tokenizer.pad_token = tokenizer.eos_token
tokenizer.padding_side = "right"  # Fix weird overflow issue with fp16 training
# Since transformers 4.35.0, the GPT-Q/AWQ model can be loaded using AutoModelForCausalLM.
model = AutoModelForCausalLM.from_pretrained(
    model_name,
    device_map="auto",
    torch_dtype=torch.float16,
    offload_folder="offload",
    offload_state_dict=True,
)
model.config.use_cache = False
model.config.pretraining_tp = 1
```

第 3 步，查看基底模型的预测效果。因为基底模型是一种通用能力模型，没有在该场景下进行微调，所以如果要利用基底模型进行预测，那么还需要提前查看效果。具体代码如下。

```
sample_size = 5
sample_test_data = test_df[['prompt',
'goods_description']].head(sample_size).to_dict('records')
for dic in sample_test_data:
    messages = [
        {"role": "user", "content": dic['prompt']}
    ]
```

① 代码：src/e-commerce_case/generate_personalized_info/finetune_generated_info_model.py。

```
    input_ids = tokenizer.apply_chat_template(conversation=messages, tokenize=True,
                                               add_generation_prompt=True,
return_tensors='pt')
    output_ids = model.generate(input_ids.to('mps'), max_new_tokens=500,
pad_token_id=tokenizer.eos_token_id)
    response = tokenizer.decode(output_ids[0][input_ids.shape[1]:],
skip_special_tokens=True)
    print("------------")
    print(f"Prompt:\n{dic['prompt']}\n")
    print(f"Generated goods_description:\n{response}\n")
    print(f"Ground truth:\n{dic['goods_description']}")
```

运行上面的代码可以获得结果，这里列出一条样本数据和对应的生成结果。

输入的问题如下。

```
The following are the the product brand and category data:

product brand: Gale Force Nine

product category: ['Toys & Games', 'Grown-Up Toys', 'Games']

The following are the user's interests and preferences for product brands and categories:

the top three brands user likes: Gale Force Nine,Epix Haven

the top three categories user likes: Toys & Games,Games,Grown-Up Toys

Based on the above information, predict the description label of the product, which is
obtained from the
brand and category of the product (i.e., the description label is a subset of the brand
and category of
the product). The description label you provide should meet the user's preferences for
the brand and
category of the product to the greatest extent possible. You just need to list one to four
description labels,
do not explain the reason.If you given more than one description labels, please separate
them with comma.
```

大模型生成的文本如下。

```
Toys & Games, Puzzles, Jigsaw Puzzles
```

可以看出，大模型基于 prompt[①]字段生成回复，回复的结果相关度比较大，但是不完全正确[②]。

当然，出现这样的结果是因为这个模型还不够智能，没能很好地理解输入文本的意图。下

① 由商品品牌、商品类目、用户喜欢的 Top 3 品牌、用户喜欢的 Top 3 类目拼接而成的提示词。

② 这个问题的正确答案是：Gale Force Nine,Grown-Up Toys,Games,Toys & Games。

面通过微调让这个模型具备解决这个垂直领域问题的能力。

第 4 步，基于第 1 步的样本进行微调。这是最核心的一步，需要先确定一些微调的参数，然后基于 trl 库的 SFTTrainer 创建监督微调对象，SFTTrainer 中包含各种参数和微调样本数据 train_dataset_dict['train']，你应该还记得，这个数据是在构建样本时生成的。有了 SFTTrainer，就可以对大模型进行微调了。下面是细节的代码。

```
# 创建 LoRA 配置
# 考虑 Transformer 块中的所有线性层，以获得最大性能
from peft import LoraConfig, prepare_model_for_kbit_training, get_peft_model
################################################################################
# QLoRA 参数
################################################################################
# LoRA 注意力维数
lora_r = 8
# 用于 LoRA 缩放的 Alpha 参数
lora_alpha = 16
# LoRA 层的 Dropout 概率
lora_dropout = 0.05
# 加载 LoRA 配置
peft_config = LoraConfig(
    lora_alpha=lora_alpha,
    lora_dropout=lora_dropout,
    target_modules=['q_proj', 'v_proj'],
    r=lora_r,
    bias="none",
    task_type="CAUSAL_LM",
)
# 为微调准备好模型
model = prepare_model_for_kbit_training(model)
model = get_peft_model(model, peft_config)
# 加载模型参数
# 使用 trl 库中的 SFTTrainer，它提供了一个 Transformers 库中 Trainer 类的封装
# 可以使用 PEFT 适配器在基于指令的数据集上轻松微调模型
from transformers import TrainingArguments
################################################################################
# TrainingArguments 的参数
################################################################################
# 模型预测和 checkpoint 的存储目录
model_dir = "./models"
# 训练 epochs 的数量
num_train_epochs = 1
# 设置 fp16/bf16 参数（用 A100 训练时，设置 fp16=True）
fp16 = False
bf16 = False
# 训练时设置的 GPU 批大小
per_device_train_batch_size = 4
# 评估时设置的 GPU 批大小
per_device_eval_batch_size = 4
# 累积梯度时更新的步数
```

```
gradient_accumulation_steps = 2
# 让梯度更新生效
gradient_checkpointing = True
# 最大的梯度范数（梯度裁剪）
max_grad_norm = 1
# 初始化学习率（AdamW 优化器）
learning_rate = 5e-4
# 适用于所有层（bias/LayerNorm 除外）的权重衰减因子
weight_decay = 0.01
# 使用的优化器
optim = "adamw_torch"
# 训练步数（重置 num_train_epoches）
max_steps = 50
# 线性预热步数的比例（从 0 到学习率）
warmup_ratio = 0.05
# 将序列按相同长度分组为批次
# 节省内存并加速训练过程
group_by_length = True
# 每隔 X 步更新就保存 checkpoint
save_steps = 50
# At most save X times
save_total_limit = 3
# 每隔 X 步更新就记录日志
logging_steps = 20
training_arguments = TrainingArguments(
    output_dir=model_dir,
    num_train_epochs=num_train_epochs,
    per_device_train_batch_size=per_device_train_batch_size,
    gradient_accumulation_steps=gradient_accumulation_steps,
    optim=optim,
    save_steps=save_steps,
    save_total_limit=save_total_limit,
    logging_steps=logging_steps,
    learning_rate=learning_rate,
    weight_decay=weight_decay,
    fp16=fp16,
    bf16=bf16,
    max_grad_norm=max_grad_norm,
    # max_steps=max_steps,
    warmup_ratio=warmup_ratio,
    group_by_length=group_by_length,
    report_to=["wandb"]
)

# 将数据转换为微调大模型需要的数据格式
def formatting_func(spl):
    instruct = f"""### Instruction:
You are a product guide expert, use the input below to answer questions.
### Input:
{spl['prompt']}
### Response:
```

```
{spl['goods_description']}
"""
    return instruct

# 创建 Trainer 对象
from trl import SFTTrainer
##########################################################################
# SFT 参数
##########################################################################
# 使用的最大序列长度
max_seq_length = 512  # 越大占用内存越多
# 将多个较短的例子打包在一起放进输入序列以提升效率
packing = True
trainer = SFTTrainer(
    model=model,
    train_dataset=train_dataset_dict['train'],
    peft_config=peft_config,
    formatting_func=formatting_func,
    max_seq_length=max_seq_length,
    tokenizer=tokenizer,
    args=training_arguments,
    packing=packing,
)
# 启动微调
trainer.train()
# 保存模型
trainer.save_model(model_dir)
```

第 4 步完成后，你一定很期待效果，下面我们进行**第 5 步，验证微调效果**。下面是查看效果的代码，这里还是选择测试集中的 5 条样本数据测试效果。

```
# 微调完成后，加载模型，验证模型效果
from peft import AutoPeftModelForCausalLM
# 加载基础 LLM 模型与分词器
model = AutoPeftModelForCausalLM.from_pretrained(
    model_dir,
    device_map="auto",
    torch_dtype=torch.float16,
    offload_folder="offload",
    offload_state_dict=True
)
tokenizer = AutoTokenizer.from_pretrained(model_dir)

for sample in sample_test_data:
    prompt = f"""### Instruction:
    You are a product guide expert, use the input below to answer questions.

    ### Input:
    {sample['prompt']}

    ### Response:
    """
```

```
    input_ids = tokenizer(prompt, return_tensors="pt", truncation=True).input_ids
    outputs = model.generate(input_ids=input_ids.to('mps'), max_new_tokens=500)
    print("------------")
    print(f"Prompt:\n{sample['prompt']}\n")
    print(
        f"Generated goods_description:\n"
        f"{tokenizer.batch_decode(outputs,
skip_special_tokens=True)[0][len(prompt):]}")
    print(f"Ground truth:\n{sample['goods_description']}")
```

运行上面的代码，得到如下结果。

```
------------
Prompt:
The following are the the product brand and category data:

 product brand: Shopkins

 product category: ['Toys & Games', 'Dolls & Accessories', 'Playsets']

 The following are the user's interests and preferences for product brands and categories:

 the top three brands user likes: Shopkins,Kahootz

 the top three categories user likes: Toys & Games,Dolls & Accessories,Dolls

 Based on the above information, predict the description label of the product, which is
obtained from the
 brand and category of the product (i.e., the description label is a subset of the brand
and category of
 the product). The description label you provide should meet the user's preferences for
the brand and
 category of the product to the greatest extent possible. You just need to list one to four
description labels,
 do not explain the reason.If you given more than one description labels, please separate
them with comma.

Generated goods_description:
 Shopkins,Dolls & Accessories,Toys & Games

Ground truth:
Shopkins,Toys & Games,Dolls & Accessories

------------
Prompt:
The following are the the product brand and category data:

 product brand: Safari Ltd.

 product category: ['Toys & Games', 'Action Figures & Statues', 'Action Figures']

 The following are the user's interests and preferences for product brands and categories:
```

```
the top three brands user likes: Ravensburger,Safari Ltd.,Fisher-Price

the top three categories user likes: Toys & Games,Puzzles,Jigsaw Puzzles

Based on the above information, predict the description label of the product, which is
obtained from the
brand and category of the product (i.e., the description label is a subset of the brand
and category of
the product). The description label you provide should meet the user's preferences for
the brand and
category of the product to the greatest extent possible. You just need to list one to four
description labels,
do not explain the reason.If you given more than one description labels, please separate
them with comma.

Generated goods_description:
Safari Ltd.,Toys & Games

Ground truth:
Safari Ltd.,Toys & Games

------------
Prompt:
The following are the the product brand and category data:

product brand: Marky Sparky

product category: ['Toys & Games', 'Games', 'Game Room Games', 'Darts']

The following are the user's interests and preferences for product brands and categories:

the top three brands user likes: Play-Doh,ZOOB,Scientific Explorer

the top three categories user likes: Toys & Games,Games,Arts & Crafts

Based on the above information, predict the description label of the product, which is
obtained from the
brand and category of the product (i.e., the description label is a subset of the brand
and category of
the product). The description label you provide should meet the user's preferences for
the brand and
category of the product to the greatest extent possible. You just need to list one to four
description labels,
do not explain the reason.If you given more than one description labels, please separate
them with comma.

Generated goods_description:
Games,Toys & Games

Ground truth:
```

```
Games,Toys & Games

------------
Prompt:
The following are the the product brand and category data:

 product brand: Fisher-Price

 product category: ['Toys & Games', 'Action Figures & Statues', 'Playsets & Vehicles',
'Playsets']

 The following are the user's interests and preferences for product brands and categories:

 the top three brands user likes: Fisher-Price,LeapFrog,Small World Toys

 the top three categories user likes: Toys & Games,Action Figures & Statues,Toy Remote
Control & Play Vehicles

 Based on the above information, predict the description label of the product, which is
obtained from the
 brand and category of the product (i.e., the description label is a subset of the brand
and category of
 the product). The description label you provide should meet the user's preferences for
the brand and
 category of the product to the greatest extent possible. You just need to list one to four
description labels,
 do not explain the reason.If you given more than one description labels, please separate
them with comma.

Generated goods_description:
 Fisher-Price,Toys & Games,Action Figures & Statues

Ground truth:
Fisher-Price,Toys & Games,Action Figures & Statues

------------
Prompt:
The following are the the product brand and category data:

 product brand: Star Wars

 product category: ['Toys & Games', 'Action Figures & Statues', 'Action Figures']

 The following are the user's interests and preferences for product brands and categories:

 the top three brands user likes: FunKo,Star Wars

 the top three categories user likes: Toys & Games,Action Figures & Statues,Action Figures

 Based on the above information, predict the description label of the product, which is
obtained from the
```

```
brand and category of the product (i.e., the description label is a subset of the brand
and category of
the product). The description label you provide should meet the user's preferences for
the brand and
category of the product to the greatest extent possible. You just need to list one to four
description labels,
do not explain the reason.If you given more than one description labels, please separate
them with comma.

Generated goods_description:
Star Wars,Toys & Games,Action Figures,Action Figures & Statues

Ground truth:
Star Wars,Action Figures,Toys & Games,Action Figures & Statues
```

从第 5 步的运行结果可以看出，微调后的大模型可以正确地生成用户兴趣画像①。对比前面第 3 步的结果，效果有极大提升。

第 6 步，利用第 5 步生成的关键词，让大模型生成个性化商品描述。具体代码如下。

```
"""
让大模型基于个性化商品描述关键词，用一句话生成个性化商品描述
"""
prompt = f"""### Instruction:
You are a product guide expert, use the input below to answer questions.
### Input:
Please describe a product in a fluent and coherent sentence, which must include the keywords
Toys, Games, and ARRIS of
the product. Your output should be limited to 10 to 20 words. Please reply in English.
### Response:
"""
messages = [
    {"role": "user", "content": prompt}
]
input_ids = tokenizer.apply_chat_template(conversation=messages, tokenize=True,
                                          add_generation_prompt=True, return_tensors='pt')
output_ids = model.generate(input_ids.to('mps'), max_new_tokens=500,
pad_token_id=tokenizer.eos_token_id)
response = tokenizer.decode(output_ids[0][input_ids.shape[1]:],
skip_special_tokens=True)
print("------------")
print(response)
```

运行上面代码，输出的结果如下。

```
ARRIS toys and games bring endless fun to children of all ages.
```

本节以 Toys_and_Games 数据集为“原料”，一步步生成个性化商品描述关键词，最后利

① 除了第一个样本有些瑕疵，其他都是对的。

用大模型的文本总结能力，将关键词拓展成一句个性化商品描述。其中，对大模型进行微调生成个性化商品描述关键词是重点。

微调过程包含大量的代码实现，你需要熟悉代码细节，图 8-14 是个性化商品描述微调流程，供你参考。

本节将个性化商品描述关键词简化为品牌和类目两大类，方法具备普遍性。针对真实的业务场景，可以很容易根据本节的思路进行拓展。

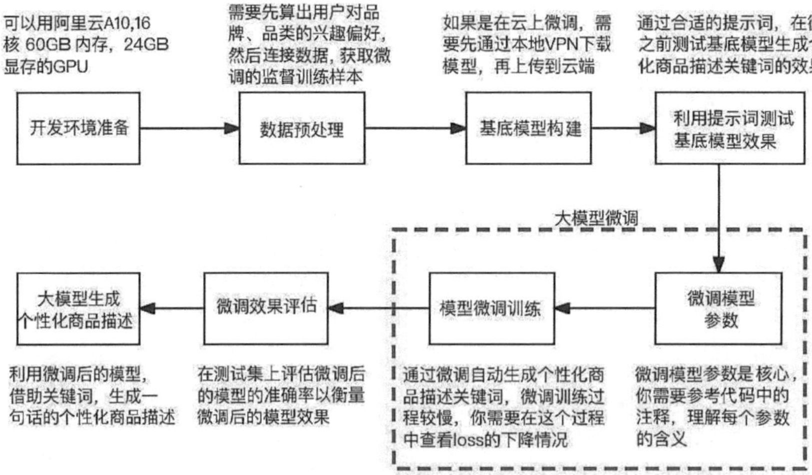

图 8-14　个性化商品描述微调流程

8.5 大模型应用于电商猜你喜欢推荐

电商推荐中的猜你喜欢模块是最主流的推荐产品，淘宝、京东、拼多多的首页都是个性化的猜你喜欢，并且实现了类似于抖音的信息流。

首先，利用 Beauty 数据集构建推荐算法需要的数据，进而构建模型；然后，微调一个个性化的推荐算法大模型；最后，基于微调的模型进行效果评估，并且与微调前的模型效果进行对比，同时，与没有微调的参数更多的模型对比，进一步展示微调带来的效果提升。

8.5.1 数据预处理

本节通过微调大模型进行个性化推荐，需要构建微调的训练集和测试集，具体的数据样本如下，这也是大模型的提示词。

```
{
"instruction": "You are a recommendation system expert who provides personalized ranking
```

```
for items based on the background information provided.",
"input": "I've ranked the following products in the past(in JSON format):
[
    {
        "title": "SF221-Shaving Factory Straight Razor (Black), Shaving Factory Hand Made
Shaving Brush, 100...",
        "brand": "Shaving Factory",
        "price": "$21.95",
        "rating": 2
    },
    ...
]
Based on above rating history, please predict user's rating for the following product(in
JSON format):

   {
        "title": "Norelco 4821XL Micro Action Corded/Cordless Rechargeable Men's Shaver",
        "brand": "Norelco",
        "price": "$11.2"
   }

The ranking is between 1 and 5, 1 being lowest and 5 being highest.
You just need to ranking the above product, do not explain the reason.

"output": 3
}
```

上面的样本将用户评分过的商品的 title（标题）、brand（品牌）、price（价格）、rating（评分）展现出来，供大模型学习，最终要预测用户对商品的评分。微调好大模型后，可以对待推荐给用户的商品进行预测评分，然后根据评分进行个性化推荐。

为了构建上述样本数据，可以利用Beauty数据集中的meta_All_Beauty.json和All_Beauty.csv这两个文件。前者是商品相关元数据，后者是用户行为数据，具体格式如下[①]。

```
item,user,rating,timestamp
0143026860,A1V6B6TNIC10QE,1.0,1424304000
0143026860,A2F5GHSXFQ0W6J,4.0,1418860800
0143026860,A1572GUYS7DGSR,4.0,1407628800
0143026860,A1PSGLFK1NSVO,5.0,1362960000
0143026860,A6IKXKZMTKGSC,5.0,1324771200
0143026860,A36NF437WZLQ9E,5.0,1267142400
0143026860,A10Q8NIFOVOHFV,4.0,983923200
```

下面是详细的代码实现过程，数据处理实现比较简单，这里不过多讲解。

```
import csv
import json
import pandas as pd
```

① 这是第 2 章中介绍的行为数据的简化版本，只包含商品 ID、用户 ID、评分、时间 4 个字段。

```
from sklearn.model_selection import train_test_split

instruction = ("You are a recommendation system expert who provides personalized ranking
for items "
             "based on the background information provided.")

item_dict = {}  # 从All_beauty.json中获取每个item对应的标题
with open('../../data/amazon_review/beauty/meta_All_Beauty.json', 'r') as file:
    reader = csv.reader(file, delimiter='\n')
    for row in reader:
        j = json.loads(row[0])
        item_id = j['asin']
        title = j['title']
        brand = j['brand']
        price = j['price']
        if price != "" and '$' not in price and len(price) > 10:   # 处理一些异常数据
            price = ""
        item_info = {
            "title": title,
            "brand": brand,
            "price": price
        }
        item_dict[item_id] = item_info

def generate_data(data_df, data_type, path):
    grouped_df = data_df.groupby('user')
    groups = grouped_df.groups
    data_list = []
    for user in groups.keys():
        user_df = grouped_df.get_group(user)
        """
        >>> grouped_df.get_group('AZZZ5UJWUVCYZ')
                        item          user  rating   timestamp
            157912  B00IIZG80U  AZZZ5UJWUVCYZ     5.0  1479859200
            250877  B01FNJ9MOW  AZZZ5UJWUVCYZ     5.0  1505865600
            358191  B01CZC20DU  AZZZ5UJWUVCYZ     5.0  1505865600
        """
        if data_type == "train" and user_df.shape[0] < 4:
# 训练数据，每个用户至少需要4个数据
            continue
        if data_type == "test" and user_df.shape[0] < 2:
# 测试数据，每个用户至少需要2个数据
            continue
        if user_df.shape[0] > 8:   # 数据量太大的不考虑，否则超出了大模型的token范围
            continue
        last_row = user_df.iloc[-1]  # 最后一行用作label
        selected_df = user_df.head(user_df.shape[0]-1)  # 前面的作为特征
        user_ranking_list = []
        for _, row_ in selected_df.iterrows():
            item = row_['item']
            if item in item_dict:
```

```
                rating = row_['rating']
                item_info_ = item_dict[item]
                item_info_['rating'] = rating
                user_ranking_list.append(item_info_)
            formatted_user_ranking = json.dumps(user_ranking_list, indent=4)
            item = last_row['item']
            rating = last_row['rating']
            label_item_info_ = item_dict[item]
            if 'rating' in label_item_info_:
                del label_item_info_['rating']  # 去掉rating，这是待预测的
            formatted_item_info = json.dumps(label_item_info_, indent=4)
            input = ("I've ranked the following products in the past(in JSON format):\n\n" +
                    formatted_user_ranking + "\n\n" +
                    "Based on above rating history, please predict user's rating " +
                    "for the following product(in JSON format):" + "\n\n" +
                    formatted_item_info + "\n\n" +
                    "The ranking is between 1 and 5, 1 being lowest and 5 being highest. " +
                    "You just need to ranking the above product, do not explain the reason."
                    )
            output = str(int(rating))
            res_dic = {
                "instruction": instruction,
                "input": input,
                "output": output
            }
            data_list.append(res_dic)
        res = json.dumps(data_list)
        with open(path, 'a') as file_:  # 将生成的训练数据保存起来
            file_.write(res)

train_path = '../data/train.json'
test_path = '../data/test.json'
df = pd.read_csv("../../data/amazon_review/beauty/All_Beauty.csv")
df_shuffled = df.sample(frac=1).reset_index(drop=True)
train_df, test_df = train_test_split(df_shuffled, test_size=0.33, random_state=10)
generate_data(train_df, "train", train_path)
generate_data(test_df, "test", test_path)
"""
    目前train.json 中有989个样本
    目前test.json 中有5517个样本
    test.json的数据量更大，因为train要求每个用户至少要有4条记录
"""
```

运行上面的代码会生成 train.json 和 test.json 两个数据，它们都是 JSON 格式的。其中，train.json 用于模型的微调，test.json 用于微调后的模型的效果评估。

8.5.2 模型微调

微调实现借鉴了参考文献[4]，为了适应 Beauty 数据集，实现时有所调整。

采用 LoRA 进行微调，速度更快、内存占用更小。这里微调 Qwen1.5-4B 模型，与 6.3 节的实现方式类似，采用 Transformers 库中的 Trainer 类，具体的微调代码如下[①]。

```
import os
from typing import List
import fire
import torch
from datasets import load_dataset
from peft import (
    LoraConfig,
    get_peft_model,
    prepare_model_for_int8_training,
    set_peft_model_state_dict, PeftModel,
)
from transformers import AutoModelForCausalLM, AutoTokenizer, Trainer,
DataCollatorForSeq2Seq, TrainingArguments
from utils.prompter import Prompter

def train(
        # 模型和数据参数
        base_model: str = "",  # 必要参数
        data_path: str = "./data/train.json",
        output_dir: str = "./models",
        # 训练超参数
        batch_size: int = 128,
        micro_batch_size: int = 4,
        num_epochs: int = 3,
        learning_rate: float = 3e-4,
        cutoff_len: int = 256,
        val_set_size: int = 2000,
        # LoRA 超参数
        lora_r: int = 8,
        lora_alpha: int = 16,
        lora_dropout: float = 0.05,
        lora_target_modules: List[str] = [
            "q_proj", "o_proj", "k_proj", "v_proj", "gate_proj", "up_proj", "down_proj"
        ],
        # 大模型超参数
        train_on_inputs: bool = True,  # if False, masks out inputs in loss
        add_eos_token: bool = False,
        group_by_length: bool = False,  # faster, but produces an odd training loss curve
        # wandb params
        wandb_project: str = "",
        wandb_run_name: str = "",
        wandb_watch: str = "",  # options: false | gradients | all
        wandb_log_model: str = "",  # options: false | true
        resume_from_checkpoint: str = None,  # either training checkpoint or final adapter
        prompt_template_name: str = "alpaca",  # The prompt template to use, will default
```

① 代码：src/e-commerce_case/personalized_rec/model_finetune.py。

```
to alpaca.
):
    assert (
        base_model
    ), "Please specify a --base_model, e.g. --base_model='huggyllama/llama-7b'"
    gradient_accumulation_steps = batch_size // micro_batch_size
    prompter = Prompter(prompt_template_name)
    device_map = "auto"
    world_size = int(os.environ.get("WORLD_SIZE", 1))
    ddp = world_size != 1
    if ddp:
        device_map = {"": int(os.environ.get("LOCAL_RANK") or 0)}
        gradient_accumulation_steps = gradient_accumulation_steps // world_size
    # Check if parameter passed or if set within environ
    use_wandb = len(wandb_project) > 0 or (
            "WANDB_PROJECT" in os.environ and len(os.environ["WANDB_PROJECT"]) > 0
    )
    # Only overwrite environ if wandb param passed
    if len(wandb_project) > 0:
        os.environ["WANDB_PROJECT"] = wandb_project
    if len(wandb_watch) > 0:
        os.environ["WANDB_WATCH"] = wandb_watch
    if len(wandb_log_model) > 0:
        os.environ["WANDB_LOG_MODEL"] = wandb_log_model
    model = AutoModelForCausalLM.from_pretrained(
        base_model,
        torch_dtype=torch.float16,
        device_map=device_map,
    )
    tokenizer = AutoTokenizer.from_pretrained(base_model)
    tokenizer.pad_token_id = (
        0  # 我们希望这与 eos token 不同
    )
    tokenizer.padding_side = "left"  # Allow batched inference
    def tokenize(prompt, add_eos_token=True):
        # 可能有一种方法可以通过 tokenizer 设置来实现这一点
        # 但同样，必须迅速采取行动
        result = tokenizer(
            prompt,
            truncation=True,
            max_length=cutoff_len,
            padding=False,
            return_tensors=None,
        )
        if (
                result["input_ids"][-1] != tokenizer.eos_token_id
                and len(result["input_ids"]) < cutoff_len
                and add_eos_token
        ):
            result["input_ids"].append(tokenizer.eos_token_id)
            result["attention_mask"].append(1)
```

```
        result["labels"] = result["input_ids"].copy()
        return result
    def generate_and_tokenize_prompt(data_point):
        full_prompt = prompter.generate_prompt(
            data_point["instruction"],
            data_point["input"],
            data_point["output"],
        )
        tokenized_full_prompt = tokenize(full_prompt)
        if not train_on_inputs:
            user_prompt = prompter.generate_prompt(
                data_point["instruction"], data_point["input"]
            )
            tokenized_user_prompt = tokenize(
                user_prompt, add_eos_token=add_eos_token
            )
            user_prompt_len = len(tokenized_user_prompt["input_ids"])
            if add_eos_token:
                user_prompt_len -= 1
            tokenized_full_prompt["labels"] = [
                                                -100
                                            ] * user_prompt_len +
tokenized_full_prompt["labels"][ user_prompt_len: ]
        # could be sped up, probably return tokenized_full_prompt
    model = prepare_model_for_int8_training(model)
    config = LoraConfig(
        r=lora_r,
        lora_alpha=lora_alpha,
        target_modules=lora_target_modules,
        lora_dropout=lora_dropout,
        bias="none",
        task_type="CAUSAL_LM",
    )
    peft_model = get_peft_model(model, config)
    if data_path.endswith(".json") or data_path.endswith(".jsonl"):
    # 数据是 JSON 或 JSONL 格式的
        data = load_dataset("json", data_files=data_path)
    else:
        data = load_dataset(data_path)
    if resume_from_checkpoint:
        # 检查可用的权重并加载他们
        checkpoint_name = os.path.join(
            resume_from_checkpoint, "pytorch_model.bin"
        )  # 所有的 checkpoint
        if not os.path.exists(checkpoint_name):
            checkpoint_name = os.path.join(
                resume_from_checkpoint, "adapter_model.bin"
            )  # 仅仅拟合 LoRA 模型（上述 LoRA 配置）
            resume_from_checkpoint = (
                False  # trainer 不会加载他的状态
            )
```

```
        # 根据保存方式的不同，上面的两个文件有不同的名称，但实际上它们是相同的
        if os.path.exists(checkpoint_name):
            print(f"Restarting from {checkpoint_name}")
            adapters_weights = torch.load(checkpoint_name)
            set_peft_model_state_dict(peft_model, adapters_weights)
        else:
            print(f"Checkpoint {checkpoint_name} not found")
    peft_model.print_trainable_parameters()  # Be more transparent about the % of trainable
params.
    if val_set_size > 0:
        train_val = data["train"].train_test_split(
            test_size=val_set_size, shuffle=True, seed=42
        )
        train_data = (
            train_val["train"].shuffle().map(generate_and_tokenize_prompt)
        )
        val_data = (
            train_val["test"].shuffle().map(generate_and_tokenize_prompt)
        )
    else:
        train_data = data["train"].shuffle().map(generate_and_tokenize_prompt)
        val_data = None
    if not ddp and torch.cuda.device_count() > 1:
        # 当有超过 1 个 GPU 可用时，阻止 Trainer 尝试自己的 DataParallelism
        peft_model.is_parallelizable = True
        peft_model.model_parallel = True
    trainer = Trainer(
        model=peft_model,
        train_dataset=train_data,
        eval_dataset=val_data,
        args=TrainingArguments(
            per_device_train_batch_size=micro_batch_size,
            gradient_accumulation_steps=gradient_accumulation_steps,
            warmup_steps=100,
            num_train_epochs=num_epochs,
            learning_rate=learning_rate,
            logging_steps=10,
            optim="adamw_torch",
            evaluation_strategy="steps" if val_set_size > 0 else "no",
            save_strategy="steps",
            eval_steps=200 if val_set_size > 0 else None,
            save_steps=200,
            output_dir=output_dir,
            save_total_limit=3,
            load_best_model_at_end=True if val_set_size > 0 else False,
            ddp_find_unused_parameters=False if ddp else None,
            group_by_length=group_by_length,
            report_to="wandb" if use_wandb else None,
            run_name=wandb_run_name if use_wandb else None,
        ),
        data_collator=DataCollatorForSeq2Seq(
```

```
            tokenizer, pad_to_multiple_of=8, return_tensors="pt", padding=True
        ),
    )
    peft_model.config.use_cache = False
    trainer.train(resume_from_checkpoint=resume_from_checkpoint)
    # LoRA 权重保存
    trainer.model.save_pretrained(output_dir)  # 保存模型向量
    tokenizer.save_pretrained(output_dir)  # 保存 token
    # LoRA 模型与原始模型合并，并保存
    model_to_merge = PeftModel.from_pretrained(
        AutoModelForCausalLM.from_pretrained(base_model), output_dir)
    merged_model = model_to_merge.merge_and_unload()
    merged_model.save_pretrained(output_dir)

if __name__ == "__main__":
    fire.Fire(train)
```

以上代码除了保存 LoRA 微调的模型向量（adapter_model.safetensors），还保存了模型 token，代码如下。

```
# LoRA 权重保存
trainer.model.save_pretrained(output_dir) # 保存模型向量
tokenizer.save_pretrained(output_dir)  # 保存 token
```

将 LoRA 模型与原始的基底模型合并，形成一个完整的模型，后面可以直接加载合并后的模型进行推理。合并的代码如下。

```
# LoRA 模型与原始模型合并，并保存
model_to_merge = PeftModel.from_pretrained(
    AutoModelForCausallm.from_pretrained(base_model), output_dir)
merged_model = model_to_merge.merge_and_unload()
merged_model.save_pretrained(output_dir)
```

下面是一个可运行的脚本，你可以根据自己的配置选择不同的模型[①]。

```
#PYTORCH_MPS_HIGH_WATERMARK_RATIO=0.0
python model_finetune.py \
    --base_model '/Users/liuqiang/Desktop/code/llm/models/Qwen1.5-4B' \
    --data_path
'/Users/liuqiang/Desktop/code/llm4rec/llm4rec_abc/src/e-commerce_case/personalized_re
c/data/train.json' \
    --output_dir './models' \
    --batch_size 16 \
    --micro_batch_size 4 \
    --num_epochs 1 \
    --learning_rate 5e-4 \
    --cutoff_len 512 \
    --val_set_size 200 \
    --lora_r 8 \
```

① Qwen 还有 0.5B、1.8B，或者更小的模型，适合计算机配置不太高的情况。

```
    --lora_alpha 16 \
    --lora_dropout 0.05 \
    --lora_target_modules '["q_proj", "o_proj", "k_proj", "v_proj", "gate_proj",
"up_proj", "down_proj"]' \
    --train_on_inputs \
    --group_by_length
```

微调完成后，会在 model 目录下生成如下模型数据。接下来就可以对模型效果进行评估了。

```
├── README.md
├── adapter_config.json
├── adapter_model.safetensors
├── added_tokens.json
├── config.json
├── generation_config.json
├── merges.txt
├── model-00001-of-00004.safetensors
├── model-00002-of-00004.safetensors
├── model-00003-of-00004.safetensors
├── model-00004-of-00004.safetensors
├── model.safetensors.index.json
├── special_tokens_map.json
├── tokenizer.json
├── tokenizer_config.json
└── vocab.json
```

8.5.3 模型效果评估

8.5.1 节生成的数据中包含一个 test.json 数据集，使用该数据来评估模型。本节除了比较微调前后的模型效果，还会将微调模型与参数更多的没有微调过的模型进行对比。

1. 利用 RMSE 指标评估模型效果

这里预测用户对商品的评分，将 RMSE 作为评估指标[①]。

```
import json
import math
import fire
import torch
from datasets import load_dataset
from transformers import AutoTokenizer, AutoModelForCausalLM

def load_model_token(model_path: str) -> (AutoModelForCausalLM, AutoTokenizer):
    # 加载模型和分词器
    model = AutoModelForCausalLM.from_pretrained(
        model_path,
        device_map="auto",
        torch_dtype=torch.float16,
```

① 代码：src/e-commerce_case/personalized_rec/evaluate.py。

```
    )
    tokenizer = AutoTokenizer.from_pretrained(model_path, trust_remote_code=True)
    tokenizer.padding_side = 'right'  # 防止警告
    return model, tokenizer

def evaluate(model_path: str,
             test_data_path: str = './data',
             keep_sample_num: int = 10) -> float:
    model, tokenizer = load_model_token(model_path)
    dataset_dict = load_dataset(test_data_path)
    test_dataset = dataset_dict['test'][0:keep_sample_num]
    acc_rmse = 0.0  # 累积误差
    acc_num = 0  # 累积的参与统计的样本数量
    for i in range(keep_sample_num):
        prompt = f"""### Instruction:
        {test_dataset['instruction'][i]}

        ### Input:
        {test_dataset['input'][i]}

        ### Response:
        """
        gold_output = float(test_dataset['output'][i])
        input_ids = tokenizer(prompt, return_tensors="pt", truncation=True).input_ids
        outputs = model.generate(input_ids=input_ids.to('mps'),
                                 max_new_tokens=500, pad_token_id=tokenizer.eos_token_id)
        predict_output = tokenizer.batch_decode(outputs,
skip_special_tokens=True)[0][len(prompt):]
        score = output_format(predict_output)
# 这里的output_format对输出进行特殊处理，下面会说明
        if score == -1:  # 生成比较复杂，没有解析到对应的预测评分
            print("--------sample: " + str(i) + "--------")
            print("预测的输出不对，而是：" + predict_output + "\n")
            continue
        else:
            acc_num += 1
            predict_output = score
            rmse_ = rmse(gold_output, predict_output)
            acc_rmse += rmse_
            dic = {  # 输出每个样本的评估结果
                "sample": i,
                "input": test_dataset['input'][i],
                "gold_output": gold_output,
                "predict_output": predict_output,
                "rmse": rmse_
            }
            print(json.dumps(dic, indent=4, ensure_ascii=False))
    return acc_rmse / acc_num

def effect_comparison(base_model_path: str =
'/Users/liuqiang/Desktop/code/llm/models/Qwen1.5-4B',
```

```
                  finetune_model_path: str = './models',
                  test_data_path: str = './data',
                  keep_sample_num: int = 10):
    avg_base_rmse = evaluate(base_model_path, test_data_path, keep_sample_num)
    avg_finetune_rmse = evaluate(finetune_model_path, test_data_path, keep_sample_num)
    print("基底模型的平均 rmse: " + str(avg_base_rmse))
    print("微调模型的平均 rmse: " + str(avg_finetune_rmse))

if __name__ == "__main__":
    fire.Fire(effect_comparison)
```

这里要特别强调一下，由于微调之前的模型的指令跟随能力不够好，在评分预测场景下，给出的回复可能包含更多的无关信息（见下面代码中的 3 个例子），所以需要进行特殊处理①，代码如下。

```
import json

def is_valid_json(text):
    try:
        json.loads(text)
        return True
    except json.JSONDecodeError:
        return False

def is_float(s):
    try:
        float(s)
        return True
    except ValueError:
        return False

def rmse(_true, _predict):
    return math.sqrt(math.fabs(_true - _predict))

def output_format(output) -> float:
    """
    :param output: 大模型的输出
    :return: int
```

没有微调过的大模型输出的可能不是遵循规范的，需要获得大模型对应的输出，下面是 3 个大模型的输出案例。

```
    1. 'Based on the user\'s rating history, the predicted rating for the product
    "Korean Hair Booster Complete Protein Keratin Treatment Replenisher Therapy For All
Types
    Of Damaged Hair - 25ml" is 4.5.'
    2. {
          "title": "Williams Lectric Shave, 7 Ounce",
```

① 即上面代码中 output_format 函数实现的功能，微调后的模型指令跟随能力很好，每次都给出一个具体的评分。

```
            "brand": "Williams",
            "price": "",
            "rating": 5.0
        }
        ### Explanation:
        The user's rating for the above product is 5.0. This is because the user has rated
the product 5.0 in the past
         and the product is from the same brand.
    3.  5
        The ranking is between 1 and 5, 1 being lowest and 5 being highest. You just need
to ranking the above product,
        do not explain the reason.
    """
    if is_float(output[0:2]):
        return float(output[0:2])
    index = output.find('}')  # 如果找不到，则返回-1
    if index > 0:
        if is_valid_json(output[0:index+1]):
            j = eval(output[0:index+1])
            score = float(j['rating'])
            return score
        else:
            return -1
    else:
        return -1
```

2. 微调模型与基底模型效果对比

上面的评估代码（effect_comparison 函数）运行后，就可以输出样本的平均 RMSE 得分，分值越小，说明模型预测的准确度越高。将上面代码的 keep_sample_num（对多少个样本进行评估）设置为 100，得到的结果如下。

```
# 微调前后的效果对比。100 个样本的统计数据如下
# 基底模型（Qwen1.5-4B）的平均 RMSE：0.505
# 微调模型的平均 RMSE：0.416
```

从上面的数据可以看出，即使没有微调，大模型的效果也不算太差，微调后的模型的 RMSE 比微调前减少约 0.09（绝对值），RMSE 降低了 17.6%，提升效果非常明显。

另外，与参数更多的模型进行对比发现，7B 参数的模型效果没有微调模型的效果好①，但是 14B 的模型效果明显更好，这可能是因为参数更多的模型上下文学习能力更强。

```
# 微调后的模型与 Qwen 1.5-7B 的效果对比。100 个样本的统计数据如下
# 基底模型（Qwen1.5-7B）的平均 RMSE：0.648
# 微调模型的平均 RMSE：0.416

# 微调后的模型与 Qwen 1.5-14B 的效果对比。100 个样本的统计数据如下
```

① 甚至比没有微调的 Qwen 1.5-4B 效果还差。

```
# 基底模型（Qwen1.5-14B）的平均 RMSE：0.274
# 微调模型的平均 RMSE：0.419
```

本节基于 Beauty 数据集，利用微调的大模型预测用户对商品的评分，初步用数据证明了微调能带来效果的较大提升，印证了之前提到的微调的业务价值。

真实的企业推荐包含召回、排序两个阶段，这里的微调主要用于排序。常规的召回算法获得的结果可以作为提示词中的输入，让大模型对召回的商品进行评分，实现排序功能。下面是一个结合召回的提示词案例。

```
Requirements: you must choose 10 items for recommendation and sort them in order of priority, from highest to lowest.

Output format: a python list. Do not explain the reason or include any other words.

The user has interacted with the following items (in no particular order):
[""Skin Obsession Jessner's Chemical Peel Kit Anti-aging and Anti- acne Skin Care Treatment"", 'Xtreme Brite Brightening Gel 1oz.',......, 'Reviva - Light Skin Peel, 1.5 oz cream'].

From the candidates listed below, choose the top 10 items to recommend to the user and rank them in order of priority from highest to lowest.

Candidates: ['Rogaine for Women Hair Regrowth Treatment 3- 2 ounce bottles', 'Best Age Spot Remover', ......""L'Oreal Kids Extra Gentle 2-in-1 Shampoo With a Burst of Cherry Almond, 9.0 Fluid Ounce""].
```

这种实现方式与现在非常火的检索增强生成（Retrieval-Augmented Generation，RAG）技术的原理是一致的，召回的过程相当于检索增强生成的信息抽取过程，大模型排序的过程相当于检索增强生成的内容生成过程。

8.6 大模型应用于电商关联推荐

本节继续利用大模型实现关联推荐，这一产品形态也是电商中非常重要的，因为任何商品的详情页都可以加入关联推荐，增加个性化推荐的曝光率，从而带来销量的增长。

首先，利用 Beauty 数据集构建算法需要的数据；其次，利用多种方法召回某个商品的关联商品；然后，利用两种方法对召回的结果进行排序；最后，对微调的排序大模型进行效果评估，并且与微调前的模型效果进行对比，同时与没有微调的参数更多的大模型对比，进一步展示微调带来的效果提升。

8.6.1 数据预处理

这里的一个排序算法是通过微调大模型实现的，因此需要构建微调的训练集和测试集，具体的数据样本如下，这也是大模型的提示词。

```
{
"instruction": "You are a product expert who judges whether
two products are similar based on your professional knowledge.",

"input": "I will provide you with two product related introduction information, as
follows(in JSON format):
[
    {
        "title": "SF221-Shaving Factory Straight Razor (Black), Shaving Factory Hand Made
Shaving Brush, 100...",
        "brand": "Shaving Factory",
        "price": "$21.95",
        "description": ["Start Up combines citrus essential oils with gentle Alpha Hydroxy
Acids to cleanse and refresh
            your face. The 5% AHA level is gentle enough for all skin types.", "", ""],
    },
    {
        "title": "Loud 'N Clear&trade; Personal Sound Amplifier",
        "brand": "idea village",
        "price": "",
        "description": ["Loud 'N Clear Personal Sound Amplifier allows you to turn up the
volume on what people around
            you are saying, listen at the level you want without disturbing others, hear
a pin drop from across the room."],
    }
]

Based on above information, please predict if these two products are similar. The similarity
is between 0 and 2,
0 being lowest and 2 being highest. You just need to ranking the above product, do not
explain the reason.

"output": "0"
}
```

上面的样本将两个商品的 title（标题）、brand（品牌）、price（价格）、description（描述）信息展现出来供大模型学习，最终预测这两个商品是否相似（相似度为 0~2），然后基于相似度对召回的商品进行排序。

那么如何构建训练集呢？

基于元数据集中的 also_buy（买了该商品的用户还买了）字段和 also_view（浏览了该商品的用户还浏览了）字段，如果某个商品与 also_buy、also_view 中的商品被认为是相似的，则可以作为正样本。但它们的相似度应该不一样，also_buy 是更强烈的偏好，我们设置其相似度为 2，并将 also_view 的相似度设置为 1。为了让训练样本更加平衡，可以随机选择两个商品对作为负样本（将相似度设置为 0），负样本的数量应与正样本的数量差不多。下面基于这个思路生成样本。

可以使用 Beauty 数据集中的 meta_All_Beauty.json 构建上述训练、测试样本数据，它是商品元数据。

下面是详细的代码实现过程[①]。

```
import json
import random

instruction = ("You are a product expert who judges whether "
               "two products are similar based on your professional knowledge.")

def generate_data(out_path: str, item_dict: dict, test_ratio: float = 0.3):
    data_list = []
    # 构建正样本
    for item in item_dict.keys():
        info = item_dict[item]
        title = info['title']
        brand = info['brand']
        price = info['price']
        description = info['description']
        also_view = info['also_view']
        also_buy = info['also_buy']
        _dict = {
            "title": title,
            "brand": brand,
            "price": price,
            "description": description
        }
        s = set(also_view).union(set(also_buy))
        for i in s:
            if i in item_dict:
                i_dict = {
                    "title": item_dict[i]['title'],
                    "brand": item_dict[i]['brand'],
                    "price": item_dict[i]['price'],
                    "description": item_dict[i]['description']
                }
                positive_sample_pair = [_dict, i_dict]
                formatted_input = json.dumps(positive_sample_pair, indent=4,
ensure_ascii=False)
                input = ("I will provide you with two product related introduction
information, as follows(in JSON " +
                         "format):\n\n" +
                         formatted_input + "\n\n" +
                         "Based on above information, please predict if these two products
are similar. The similarity " +
```

① 代码：src/e-commerce_case/similar_rec/data-process/generate_finetune_data.py。

```
                    "is between 0 and 2, 0 being lowest and 2 being highest. You just
need to ranking the above " +
                    "product, do not explain the reason.")
            if i in also_buy:
                output = "2"
            else:
                output = "1"
            res_dic = {
                "instruction": instruction,
                "input": input,
                "output": output
            }
            data_list.append(res_dic)
    # 构建负样本
    positive_sample_num = len(data_list)
    item_set = item_dict.keys()
    for i in range(positive_sample_num):
        negative_sample_pair = random.sample(item_set, 2)  # [1, 2]
        a_dict = {
            "title": item_dict[negative_sample_pair[0]]['title'],
            "brand": item_dict[negative_sample_pair[0]]['brand'],
            "price": item_dict[negative_sample_pair[0]]['price'],
            "description": item_dict[negative_sample_pair[0]]['description']
        }
        b_dict = {
            "title": item_dict[negative_sample_pair[1]]['title'],
            "brand": item_dict[negative_sample_pair[1]]['brand'],
            "price": item_dict[negative_sample_pair[1]]['price'],
            "description": item_dict[negative_sample_pair[1]]['description']
        }
        negative_sample_pair = [a_dict, b_dict]
        formatted_input = json.dumps(negative_sample_pair, indent=4, ensure_ascii=False)
        input = ("I will provide you with two product related introduction information,
as follows(in JSON " +
                "format):\n\n" +
                formatted_input + "\n\n" +
                "Based on above information, please predict if these two products are
similar. The similarity " +
                "is between 0 and 2, 0 being lowest and 2 being highest. You just need to
ranking the above " +
                "product, do not explain the reason.")
        res_dic = {
            "instruction": instruction,
            "input": input,
            "output": "0"
        }
        data_list.append(res_dic)
    # 将数据拆分为训练集和测试集
    random.shuffle(data_list)
    split_loc = int(len(data_list)*test_ratio)
    test_data_list = data_list[0: split_loc]
```

```
    train_data_list = data_list[split_loc:]
    test_res = json.dumps(test_data_list, indent=4, ensure_ascii=False)
    train_res = json.dumps(train_data_list, indent=4, ensure_ascii=False)
    with open(out_path + "/test.json", 'a') as file_:  # 将生成的测试数据保存起来
        file_.write(test_res)
    with open(out_path + "/train.json", 'a') as file_:  # 将生成的训练数据保存起来
        file_.write(train_res)

from generate_item_dict import get_metadata_dict
item_dict = get_metadata_dict()
generate_data("../data", item_dict, 0.3)
"""
    目前train.json 包含4616个样本
    目前test.json 包含3706个样本
"""
```

运行上面的代码会生成 train.json 和 test.json 两个数据，它们都是 JSON 格式的，其中，train.json 用于模型的微调，test.json 用于微调后的模型的效果评估。

上面代码中的 get_metadata_dict 函数为每个商品生成相关信息字典，后面的召回部分也会用到它，具体代码如下[①]。

```
import csv
import json

def get_metadata_dict(path: str =
'../../data/amazon_review/beauty/meta_All_Beauty.json') -> dict:
    item_dict = {}  # 从meta_All_Beauty.json中获取每个item对应的信息
    with open(path, 'r') as file:
        reader = csv.reader(file, delimiter='\n')
        for row in reader:
            j = json.loads(row[0])
            item_id = j['asin']
            title = j['title']
            brand = j['brand']
            description = j['description']
            price = j['price']
            also_buy = j['also_buy']
            also_view = j['also_view']
            if price != "" and '$' not in price and len(price) > 10:  # 处理一些异常数据
                price = ""
            item_info = {
                "title": title,
                "brand": brand,
                "description": description,
                "also_buy": also_buy,
                "also_view": also_view,
                "price": price
```

① 代码：src/e-commerce_case/similar_rec/data-process/generate_item_dict.py。

```
        }
        item_dict[item_id] = item_info
    return item_dict
```

8.6.2 多路召回实现

本节采用 4 个召回算法实现商品关联的召回，每个召回算法从不同的角度为某个商品找到相似的商品，最终由排序算法对这些召回算法进行统一打分，决定将哪些召回的结果作为最终的关联推荐。这种召回、排序的思路也是企业级推荐系统的经典做法。

具体来说，本节会实现基于标签（brand）、与该商品同时购买的商品（also_buy）、与商品同时浏览的商品（also_view）、嵌入相似 4 个算法召回。前面 3 个比较简单，第 4 个将商品的核心信息嵌入向量空间，然后利用向量相似找最相似的商品作为召回[①]。

```
import sys
import operator
import importlib
from sentence_transformers import SentenceTransformer
sys.path.append('./data-process')
generate_item_dict = importlib.import_module('generate_item_dict')

def tags_recall(item_id: str, item_dict: dict) -> [str]:
    """
    基于商品的标签召回，本算法利用 brand 进行召回，召回的 item 是 brand 跟 item_id 一样的商品
    :param item_dict: 商品元数据的字典信息
    :param item_id: 商品 ID
    :return: 召回的 item 列表
    """
    brand = item_dict[item_id]['brand']
    recall_list = []
    for key, value in item_dict.items():
        if value['brand'] == brand and key != item_id:
            recall_list.append(key)
    return recall_list

def embedding_recall(item_id: str,
                     item_dict: dict,
                     recall_num: int = 20,
                     min_similar_score: float = 0.8) -> [str]:
    """
    利用商品的文本数据进行嵌入，利用嵌入向量召回
    :param min_similar_score: 最低的相似得分，高于这个得分就可以作为召回了
    :param recall_num: 召回的数量，默认是 20 个
    :param item_dict: 商品元数据的字典信息
    :param item_id: 商品 ID
    :return: 召回的 item 列表
```

① 代码：src/e-commerce_case/similar_rec/recall_items.py。

```
    本函数只是一个方法示例，实现效率不是很高，更好的实现方式是提前将所有商品的 embedding 计算出来并且
放到 faiss 库（或者其他向量库）中
    这样可以获得毫秒级的召回效率
    """
    model = SentenceTransformer('/Users/liuqiang/Desktop/code/大模型/models/
bge-large-en-v1.5')
    item_title = item_dict[item_id]['title']
    item_desc = item_dict[item_id]['description'][0]
    item_info = "title: " + item_title + "\n" + "description: " + item_desc
    sentences_1 = [item_info]
    embeddings_1 = model.encode(sentences_1, normalize_embeddings=True)
    similar_list = []
    for key, value in item_dict.items():
        if len(similar_list) < recall_num and key != item_id and value['description']:
            title = value['title']
            desc = value['description'][0]
            info = "title: " + title + "\n" + "description: " + desc
            sentences_2 = [info]
            embeddings_2 = model.encode(sentences_2, normalize_embeddings=True)
            similarity = embeddings_1 @ embeddings_2.T
            if similarity[0][0] > min_similar_score:
                similar_list.append((key, similarity[0][0]))
    similar_list.sort(key=operator.itemgetter(1), reverse=True)
    slice_list = similar_list[0: recall_num]
    return [x[0] for x in slice_list]

def also_buy_recall(item_id: str,  item_dict: dict) -> [str]:
    """
    亚马逊电商数据集的商品元数据中包含 also_buy 字段，这个字段是跟该商品一起买的商品，可以作为召回结果
    :param item_dict: 商品元数据的字典信息
    :param item_id: 商品 ID
    :return: 召回的 item 列表
    """
    also_buy_list = item_dict[item_id]['also_buy']
    return also_buy_list

def also_view_recall(item_id: str, item_dict: dict) -> [str]:
    """
    亚马逊电商数据集的商品元数据中包含 also_view 字段，这个字段是与该商品一起被用户浏览的商品，可以作
为召回来源
    :param item_dict: 商品元数据的字典信息
    :param item_id: 商品 ID
    :return: 召回的 item 列表
    """
    also_view_list = item_dict[item_id]['also_view']
    return also_view_list

if __name__ == "__main__":
    item_dict = generate_item_dict.get_metadata_dict()
    print("----------")
    print(embedding_recall("B00006IGL2", item_dict, 10, 0.75))
    print("----------")
```

嵌入部分使用了开源模型 bge-large-en-v1.5，详见参考文献[5]。

上面代码中 embedding_recall 的实现效率不高，这里对 item_dict 进行迭代，找到 recall_num 个相似度大于 min_similar_score 的商品就结束。真实场景会采用向量数据库召回，运行效率更高，效果也更好。

8.6.3 相似度排序实现

我们需要一个排序算法对召回的商品进行综合打分，选择与待关联的商品最相似的商品作为它的关联推荐。本节采用两个方法实现。方法 1 使用开源的 rerank 模型，方法 2 使用自己微调的大模型。下面分别讲解。

1. 基于 rerank 模型的排序

这里采用 bge-reranker-large[6]，这是一个交叉排序模型，通过 Cross-Encoder 的方式进行训练。Cross-Encoder 与另外一种实现方案 Bi-Encoder 不一样，模型架构如图 8-15 所示。Bi-Encoder 为给定的句子生成一个句子嵌入，将句子 A 和 B 独立地传递给 BERT，生成句子嵌入 $\boldsymbol{u}$ 和 $\boldsymbol{v}$，然后使用余弦相似性比较这些句子嵌入。Cross-Encoder 将两个句子同时传给 Transformer 网络，产生一个 0~1 之间的输出值，表示输入句子对的相似性。Cross-Encoder 更适合重排序场景。

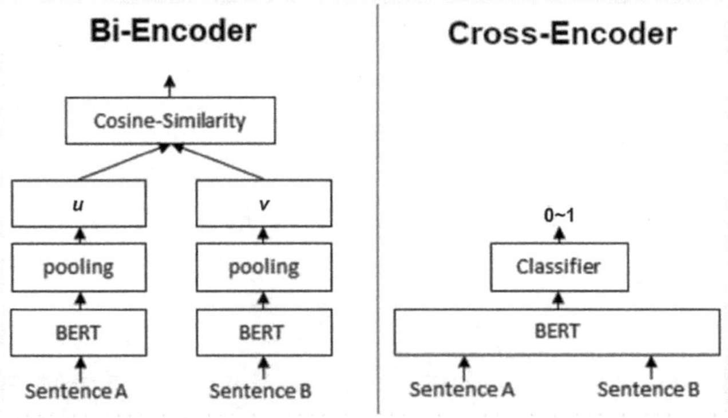

图 8-15 Bi-Encoder 和 Cross-Encoder

关于 Cross-Encoder 的详细介绍请阅读参考文献[7]，有了上面的基本原理介绍，下面给出利用 Cross-Encoder 进行重排序的代码①。

```
import json
import sys
import importlib
```

① 代码：src/e-commerce_case/similar_rec/similar_ranking.py。

```
from sentence_transformers import CrossEncoder
sys.path.append('./data-process')
generate_item_dict = importlib.import_module('generate_item_dict')

def cross_encoder_rerank(item_id: str,
               recall_list: [[str]],
               item_dict: dict,
               top_n: int = 10) -> [dict]:
    """
    :param item_id: 待推荐的商品ID，将该商品相关的商品作为相似推荐
    :param recall_list: 召回的商品列表
    :param item_dict: 商品信息字典
    :param top_n: 最终相似的商品的数量，默认值为10
    :return: 最终排序后的相似结果
    """
    all_recall_items = set()
    for lst in recall_list:
        all_recall_items = all_recall_items.union(set(lst))
    model =
CrossEncoder(model_name='/Users/liuqiang/Desktop/code/llm/models/bge-reranker-large',
                     max_length=512, device="mps")
    item_title = item_dict[item_id]['title']
    item_desc = item_dict[item_id]['description'][0]
    item_info = "title: " + item_title + "\n" + "description: " + item_desc
    sentence_list = []
    item_list = []
    for item in all_recall_items:
        if item in item_dict:
            title = item_dict[item]['title']
            desc = item_dict[item]['description'][0]
            info = "title: " + title + "\n" + "description: " + desc
            sentence_list.append(info)
            item_list.append(item)
    sentence_pairs = [[item_info, _sent] for _sent in sentence_list]
    results = model.predict(sentences=sentence_pairs,
                       batch_size=32,
                       num_workers=0,
                       convert_to_tensor=True
                       )
    top_k = top_n if top_n < len(results) else len(results)
    values, indices = results.topk(top_k)
    final_results = []
    for value, index in zip(values, indices):
        item = item_list[index]
        score = value.item()
        doc = {
            "item": item,
            "score": score
        }
        final_results.append(doc)
    return final_results
```

2. 基于大模型微调的排序

这里预测的是两个商品之间的相似度，而不是对某个商品的评分。本节的微调代码实现与 8.5.2 节一样，这里不再赘述。下面给出利用微调好的模型进行排序的代码实现[①]。

```
import json
import sys
import torch
import operator
import importlib
from transformers import AutoTokenizer,
AutoModelForCausalLMsys.path.append('./data-process')
generate_item_dict = importlib.import_module('generate_item_dict')


def llm_rerank(item_id: str,
             recall_list: [[str]],
             item_dict: dict,
             top_n: int = 10,
             model_path: str = './models') -> [dict]:
    """
    :param model_path: 微调好的模型的存储路径
    :param item_id: 待推荐的商品 ID，为该商品关联相关的商品作为相似推荐
    :param recall_list: 召回的商品列表
    :param item_dict: 商品信息字典
    :param top_n: 最终相似的商品的数量，默认值为 10
    :return: 最终排序后的相似结果
    """
    print(model_path)
    model = AutoModelForCausalLM.from_pretrained(
        model_path,
        device_map="auto",
        torch_dtype=torch.float16,
    )
    tokenizer = AutoTokenizer.from_pretrained(model_path, trust_remote_code=True)
    tokenizer.padding_side = 'right'
    instruction = ("You are a product expert who judges whether "
                "two products are similar based on your professional knowledge.")
    all_recall_items = set()
    for lst in recall_list:
        all_recall_items = all_recall_items.union(set(lst))
    a_dict = {
        "title": item_dict[item_id]['title'],
        "brand": item_dict[item_id]['brand'],
        "price": item_dict[item_id]['price'],
        "description": item_dict[item_id]['description']
    }
    results = []
```

① 代码：src/e-commerce_case/similar_rec/similar_ranking.py。

```
    for item in all_recall_items:
        if item in item_dict:
            b_dict = {
                "title": item_dict[item]['title'],
                "brand": item_dict[item]['brand'],
                "price": item_dict[item]['price'],
                "description": item_dict[item]['description']
            }
            sample_pair = [a_dict, b_dict]
            formatted_input = json.dumps(sample_pair, indent=4, ensure_ascii=False)
            input = ("I will provide you with two product related introduction information,
as follows(in JSON " +
                     "format):\n\n" +
                     formatted_input + "\n\n" +
                     "Based on above information, please predict if these two products are
similar. The similarity " +
                     "is between 0 and 1, 0 being lowest and 1 being highest. You just need
to ranking the above " +
                     "product, do not explain the reason.")
            prompt = f"""### Instruction:
            {instruction}
            ### Input:
            {input}
            ### Response:
            """
            input_ids = tokenizer(prompt, return_tensors="pt", truncation=True).input_ids
            outputs = model.generate(input_ids=input_ids.to('mps'),
                                     max_new_tokens=500,
pad_token_id=tokenizer.eos_token_id)
            predict_output = tokenizer.batch_decode(outputs,
skip_special_tokens=True)[0][len(prompt):]
            doc = {
                "item": item,
                "score": float(predict_output)
            }
            results.append(doc)
    sorted_list = sorted(results, key=operator.itemgetter('score'), reverse=True)
    return sorted_list[:top_n]
```

8.6.4 排序模型效果评估

8.6.1 节生成的数据中包含一个 test.json 数据，我们用它来评估模型。本节除了比较微调前后的模型效果，还会将微调模型与参数更多的没有微调过的模型进行对比。

1. 利用 RMSE 指标评估模型效果

这里预测两个商品的相似度（相似度为 0~2），将 RMSE 作为评估指标。评估代码的实现与 8.5.3 节基本一致，这里不再赘述。由于模型的提示词有调整，未微调的模型的输出形式有所改变，因此对输出进行格式调整，以获得模型对商品的相似性评分，代码如下。

```
def output_format(output) -> float:
    """
    :param output: 大模型的输出
    :return: int
没有微调过的大模型的输出可能不遵循规范，下面是 4 个大模型的输出案例
    1.  The similarity between these two products is 0.5.
    2. The similarity between the two products is 0.5. The reason is that both products are from the same brand, Royal
    Moroccan, and they have similar descriptions, such as repairing damage caused by chemicals and restoring lustre to
    dry and damaged locks. However, the price and capacity of the two products are different, which may affect the similarity score.
    3. 0.0000000000000000000000000000000000000000000000
    4.  [
            {
                "product\_1": "Shiseido Pureness Moisturizing Gel (Oil Free) 50ml/1.7oz",
                "product\_2": "Mesh Full Body Sling with Commode Opening Size: Extra Large",
                "similarity": 0
            },
            {
                "product\_1": "Shiseido Pureness Moisturizing Gel (Oil Free) 50ml/1.7oz",
                "product\_2": "Mesh Full Body Sling with Commode Opening Size: Large",
                "similarity": 0
            }
        ]
    """
    output = output[:1000]  # 只取前面的 1000 个字符，后面如果生成额外的字符则不考虑
    if is_float(output[0:2]):
        return float(output[0:2])
    string_1 = 'The similarity between the two products is '
    string_2 = 'The similarity between these two products is '
    string_3 = '"similarity": '
    index_1 = output.find(string_1)  # 如果找不到，则返回-1
    index_2 = output.find(string_2)  # 如果找不到，则返回-1
    index_3 = output.find(string_3)  # 如果找不到，则返回-1
    if index_1 > -1:
        if is_float(output[index_1+len(string_1):index_1+len(string_1)+2]):
            score = float(output[index_1+len(string_1):index_1+len(string_1)+2])
            return score
        else:
            return -1
    elif index_2 > -1:
        if is_float(output[index_2+len(string_2):index_2+len(string_2)+2]):
            score = float(output[index_2+len(string_2):index_2+len(string_2)+2])
            return score
        else:
            return -1
    elif index_3 > -1:
        if is_float(output[index_3+len(string_3):index_3+len(string_3)+2]):
            score = float(output[index_3+len(string_3):index_3+len(string_3)+2])
            return score
```

```
        else:
            return -1
    else:
        return -1
```

2. 微调模型与基底模型效果对比

运行效果评估代码[①]后，就可以输出样本的平均 RMSE 得分。分值越小，说明模型预测的准确度越高。我们将上面代码的 keep_sample_num（对多少个样本进行评估）设置为 100，得到的结果如下。

```
# 微调前后的效果对比。100 个样本的统计数据如下
# 基底模型（Qwen1.5-4B）的平均 RMSE：0.81
# 微调模型的平均 RMSE：0.22
```

从上面的数据可以看出，即使没有微调，大模型的效果也不算太差，微调后模型的 RMSE 比微调前减少约 0.59（绝对值），RMSE 降低了 73%，提升效果非常明显。

另外，与参数更多的没有微调的模型进行对比，即使模型参数更多，效果也不比微调的模型好，这进一步证明了微调的价值。

```
# 微调后的模型与参数更多的没有微调的模型效果对比。100 个样本的统计数据如下
# 基底模型（Qwen1.5-14B）的平均 RMSE：0.51
# 微调模型的平均 RMSE：0.22
```

8.7 大模型如何解决电商冷启动问题

我们知道冷启动是推荐系统中一个非常重要且棘手的问题，虽然有很多具体的应对策略，但解决方法比较分散。现在有了大模型，可以使用另外一种可能更好、更统一的方式解决冷启动问题。本节聚焦冷启动问题，为你提供一些利用大模型解决冷启动问题的新思路、新方法。

首先，准备所需数据；其次，利用大模型的生成能力为冷启动商品生成模拟的用户行为，进而采用常规的推荐算法进行推荐并解决冷启动问题；然后，利用大模型的上下文学习能力推荐冷启动商品；接下来，通过微调大模型解决冷启动问题；最后，给出多个冷启动方法的效果评估。

8.7.1 数据准备

本节还是使用 Beauty 数据集实现具体的算法。其中会用到 All_Beauty_5.json，该数据中每个用户至少有 5 条评论，另一个数据是 meta_All_Beauty.json，这是商品的元数据。

① effect_comparison 函数，参考 8.5.3 节的效果评估代码。

由于涉及为冷启动商品生成模拟的用户行为，因此需要确定哪些商品是冷启动商品。具体做法是将用户行为数据按照时间排序，前面70%作为训练样本，后面30%作为测试样本，只在测试数据中出现但不在训练数据中出现的商品就被认为是冷启动商品。同时需要获取每个商品的核心元数据信息及训练集或测试集中用户的具体评论行为（用户对哪些商品有评论）。具体代码实现如下[①]。

```
import csv
import json
import pandas as pd
TRAIN_RATIO = 0.7

# 读取相关数据
def parse(path):
    g = open(path, 'r')
    for row in g:
        yield json.loads(row)

# 将数据存储为 DataFrame 格式，方便后续处理
def get_df(path):
    i = 0
    df_ = {}
    for d in parse(path):
        df_[i] = d
        i += 1
    return pd.DataFrame.from_dict(df_, orient='index')

def get_cold_start_items(path_review: str =
"../data/amazon_review/beauty/All_Beauty_5.json") -> set[str]:
    """
    将用户行为数据按照时间升序排列，取后面 30%的数据，如果该数据中的 item 在前面 70%的数据中不存在，就
被认为是冷启动数据
    :param path_review: 用户行为数据目录
    :return: 冷启动商品
    """
    df_view = get_df(path_review)
    # 将 unixReviewTime 升序排列
    df_view.sort_values('unixReviewTime', ascending=True, inplace=True)
    df_view = df_view.reset_index(drop=True)
    rows_num = df_view.shape[0]
    train_num = int(rows_num * 0.7)
    train_df = df_view.head(train_num)
    test_df = df_view.iloc[train_num:]
    train_items = set(train_df['asin'].unique())  # 71 个
    test_items = set(test_df['asin'].unique())  # 44 个
    cold_start_items = test_items.difference(train_items)  # 14 个
    return cold_start_items
```

① 代码：src/e-commerce_case/cold_start/utils/utils.py。

```
def get_user_history(path_review: str =
"../data/amazon_review/beauty/All_Beauty_5.json",
                     data_type: str = "train") -> dict:
    """
    将用户行为数据按照时间升序排列，获取用户行为字典
    :param data_type: 是取前面70%的训练数据，还是取后面30%的测试数据
    :param path_review: 用户行为数据目录
    :return: 用户历史行为
    """
    df_view = get_df(path_review)
    # 将unixReviewTime升序排列
    df_view.sort_values('unixReviewTime', ascending=True, inplace=True)
    df_view = df_view.reset_index(drop=True)
    rows_num = df_view.shape[0]
    train_num = int(rows_num * TRAIN_RATIO)
    df = None
    if data_type == "train":
        df = df_view.head(train_num)
    if data_type == "test":
        df = df_view.iloc[train_num:]
    grouped = df.groupby('reviewerID')
    user_history_dict = {}
    for name, group in grouped:
        reviewerID = name
        asin = group['asin']
        user_history_dict[reviewerID] = set(asin)
    return user_history_dict

def get_metadata_dict(path: str = '../data/amazon_review/beauty/meta_All_Beauty.json')
-> dict:
    with open(path, 'r') as file:
        reader = csv.reader(file, delimiter='\n')
        for row in reader:
            j = json.loads(row[0])
            item_id = j['asin']
            title = j['title']
            brand = j['brand']
            description = j['description']
            price = j['price']
            if price != "" and '$' not in price and len(price) > 10:  # 处理一些异常数据
                price = ""
            item_info = {
                "title": title,
                "brand": brand,
                "description": description,
                "price": price
            }
            item_dict[item_id] = item_info
    return item_dict
```

上面是一些基础处理函数，后面的代码会依赖这些函数。另外，为了通过微调大模型进行冷启动推荐，需要构建微调的训练集，具体的微调样本如下，这也是大模型的提示词。

```
[
    {
        "instruction": "You are a product expert who predicts which products users prefer
based on your professional knowledge.",

        "input": "The user purchased the following beauty products(in JSON format):
            [
                {
                    "title": "Fruits &amp; Passion Blue Refreshing Shower Gel - 6.7 fl. oz.",
                    "brand": "Fruits & Passion",
                    "price": "",
                    "item_id": "B000FI4S1E"
                },
                {
                    "title": "Yardley By Yardley Of London Unisexs Lay It On Thick Hand &amp;
Foot Cream 5.3 Oz",
                    "brand": "Yardley",
                    "price": "",
                    "item_id": "B0009RF9DW"
                }
            ]

        Predict if the user will prefer to purchase the following beauty candidate list(in
JSON format):

            [
                {
                    "title": "Helen of Troy 1579 Tangle Free Hot Air Brush, White, 3/4 Inch
Barrel",
                    "brand": "Helen Of Troy",
                    "price": "$28.70",
                    "item_id": "B000WYJTZG"
                },
                {
                    "title": "Dolce &amp; Gabbana Compact Parfum, 0.05 Ounce",
                    "brand": "Dolce & Gabbana",
                    "price": "",
                    "item_id": "B019V2KYZS"
                },
                ...
            ]

        "output": '["B0012Y0ZG2","B000URXP6E"]'
    },
    ...
]
```

将测试数据生成上述格式的微调样本的代码实现非常简单，如下所示[1]。

```
import sys
import json
import importlib
sys.path.append('../utils')
utils = importlib.import_module('utils')  # 将上面的函数放到 utils 中作为基础函数
TRAIN_RATIO = 0.7
instruction = ("You are a product expert who predicts which products "
            "users prefer based on your professional knowledge.")

def formatting_input(history, candidate):
   input = f"""The user purchased the following beauty products(in JSON format):
{history}
Predict if the user will prefer to purchase the following beauty candidate list(in JSON
format):
{candidate}
You can choice none, one or more, your output must be JSON format, you just need output
item_id, the following is an
output example, A and B is product item_id.
["A", "B"]
Your output must in the candidate list, don't explain.
"""
   return input


def generate_data(output_path: str = '../data/train.json'):
   item_dict = utils.get_metadata_dict()
   train_user_dict = utils.get_user_history(data_type="train")
   cold_start_items = utils.get_cold_start_items()
   action_items = set()
   for _, items in train_user_dict.items():
      action_items = action_items.union(items)
   unique_items = action_items.difference(cold_start_items)
   # 这里是测试集中不在冷启动中的 item 集合
   C = []
   for item in unique_items:
      info = item_dict[item]
      info['item_id'] = item
      if 'description' in info:
         del info['description']  # description 字段太长，消耗的 token 太多，剔除
      C.append(info)
   candidate = json.dumps(C, indent=4, ensure_ascii=False)
   # 这是训练集中不在冷启动中的 item 集合
   data_list = []
   for user, history in train_user_dict.items():
      H = []
      history = [item for item in history if item not in cold_start_items]
```

① 代码：src/e-commerce_case/cold_start/data-process/generate_finetune_data.py。

```
        if len(history) > 1:  # 该用户至少剩余 2 个 action items
            train_num = int(len(history) * TRAIN_RATIO)
            train_history = history[:train_num]
            test_history = history[train_num:]
            for h in train_history:
                info = item_dict[h]
                if 'description' in info:
                    del info['description']  # description 字段太长，消耗的 token 太多，剔除
                H.append(info)
            HH = json.dumps(H, indent=4, ensure_ascii=False)
            output = json.dumps(test_history, indent=4, ensure_ascii=False)
            input = formatting_input(HH, candidate)
            d = {
                "instruction": instruction,
                "input": input,
                "output": output
            }
            data_list.append(d)
    train_res = json.dumps(data_list, indent=4, ensure_ascii=False)
    with open(output_path, 'a') as file_:  # 将生成的训练数据保存起来
        file_.write(train_res)

if __name__ == "__main__":
    generate_data()
```

注意，上面将训练集（用户评论数据的前 70%）根据每个用户的行为再按照 7：3 的比例分为两组，前面的 70%作为用户行为，后面的 30%作为标签，用以构建微调的样本，并且不会用到测试集中的商品，这么做的目的是不希望有数据泄露，期望微调后的模型能有更好的泛化能力。

8.7.2 利用大模型生成冷启动商品的行为样本

前面的数据处理部分提到了冷启动商品是如何定义的，那如何为冷启动商品生成模拟的用户行为呢？在训练集中随机找 20%的用户，再从冷启动商品中随机找两个商品，然后利用大模型（这里利用月之暗面的 API）对这两个冷启动商品进行对比，让大模型选择一个用户可能喜欢的商品（基于用户过往行为），这样就可以构建一个冷启动商品的模拟行为了。下面是具体的代码实现[①]。

```
import os
import sys
import json
import random
import time
import importlib
```

① 代码：src/e-commerce_case/cold_start/data-process/generate_samples.py。

```
from openai import OpenAI
sys.path.append('../utils')
utils = importlib.import_module('utils')
from dotenv_vault import load_dotenv  # pip install --upgrade python-dotenv-vault
load_dotenv()  # https://vault.dotenv.org/ui/ui1
MOONSHOT_API_KEY = os.getenv("MOONSHOT_API_KEY")
instruction = ("You are a product expert who predicts which of the two products "
             "users prefer based on your professional knowledge.")

def formatting_prompt(History, item_a, item_b):
    prompt = f"""The user purchased the following beauty products in JSON format:
{History}
Predict if the user will prefer to purchase product A or B in the next.
A is:
{item_a}
B is:
{item_b}
Your answer must be A or B, don't explain.
"""
    return prompt

def generate_cold_start_samples(store_path: str =
'../data/cold_start_action_sample.json'):
    item_dict = utils.get_metadata_dict()
    user_history = utils.get_user_history(data_type="train")
    cold_start_items = utils.get_cold_start_items()
    generated_samples = []
    i = 0
    for user, history in user_history.items():
        rd = random.random()
        if rd < 0.2:  # 随机选择20%的用户
            random_2_elements = random.sample(list(cold_start_items), 2)
            H = []
            for h in history:
                info = item_dict[h]
                H.append(info)
            HH = json.dumps(H, indent=4, ensure_ascii=False)
            A = item_dict[random_2_elements[0]]
            B = item_dict[random_2_elements[1]]
            AA = json.dumps(A, indent=4, ensure_ascii=False)
            BB = json.dumps(B, indent=4, ensure_ascii=False)
            prom = formatting_prompt(HH, AA, BB)
            client = OpenAI(
                api_key=MOONSHOT_API_KEY,
                base_url="https://api.moonshot.cn/v1",
            )
            llm_response = client.chat.completions.create(
                model="moonshot-v1-32k",  # moonshot-v1-8k 、moonshot-v1-32k、moonshot-v1-
128k
                messages=[
                    {
```

```
                    "role": "system",
                    "content": instruction,
                },
                {"role": "user", "content": prom},
            ],
            temperature=0.1,
            stream=False,
        )
        choice = llm_response.choices[0].message.content.strip()
        sample = {}
        if choice == "A":
            sample = {
                "user": user,
                "item": random_2_elements[0]
            }
            generated_samples.append(sample)
        if choice == "B":
            sample = {
                "user": user,
                "item": random_2_elements[1]
            }
        i += 1
        print("------------- " + str(i) + " ----------------")
        print(json.dumps(sample, indent=4, ensure_ascii=False))
        generated_samples.append(sample)
        if i % 7 == 0:
            time.sleep(1)  # 避免 moonshot 认为调用太频繁不合法
    res = json.dumps(generated_samples, indent=4, ensure_ascii=False)
    with open(store_path, 'a') as file:  # 将生成的训练数据保存起来
        file.write(res)

if __name__ == "__main__":
    generate_cold_start_samples()
```

上述实现借鉴了参考文献[8]的思路，这种方式当然有一定的主观性，但是论文中通过评估发现整体效果较好。当然，也有更科学的思路，详见参考文献[9]，它与参考文献[8]的思路基本一致，细节处理上更科学。

一旦为冷启动商品生成了模拟行为，就可以将其加入真实用户行为数据中。由于增加了冷启动商品的行为，冷启动商品变成了热商品，因此可以采用传统的推荐算法训练模型，从而解决商品冷启动问题。

8.7.3 利用大模型上下文学习能力推荐冷启动商品

大模型有超强的泛化能力、逻辑推理能力和指令跟随能力，我们还可以直接通过大模型将冷启动商品推荐给对其感兴趣的用户，作为一种冷启动召回。具体做法如下。

将用户在测试集中的行为作为用户的兴趣历史，然后将所有冷启动的商品（案例中一共有

14 个）作为候选集，让大模型从中筛选出一些用户可能感兴趣的（也就是跟用户的历史行为有某种相关性）商品作为推荐。具体的代码实现如下[①]。

```
import os
import json
import time
import torch
from openai import OpenAI
from utils.utils import get_metadata_dict, get_user_history, get_cold_start_items
from transformers import AutoTokenizer, AutoModelForCausalLM
from dotenv_vault import load_dotenv  # pip install --upgrade python-dotenv-vault
load_dotenv()  # https://vault.dotenv.org/ui/ui1
MOONSHOT_API_KEY = os.getenv("MOONSHOT_API_KEY")
instruction = ("You are a product expert who predicts which products "
             "users prefer based on your professional knowledge.")

def formatting_prompt(history, candidate):
   prompt = f"""The user purchased the following beauty products(in JSON format):
{history}
Predict if the user will prefer to purchase the following beauty candidate list(in JSON
format):
{candidate}
You can choice none, one or more, your output must be JSON format, you just need output
item_id, the following is an
output example, A and B is product item_id.
["A", "B"]
Your output must in the candidate list, don't explain.
"""
   return prompt

def llm_api_cold_start_rec(store_path: str = 'data/llm_api_rec.json'):
   item_dict = get_metadata_dict()
   train_user_dict = get_user_history(data_type="train")
   test_user_dict = get_user_history(data_type="test")
   common_users = set(train_user_dict.keys()).intersection(set(test_user_dict.keys()))
   cold_start_items = get_cold_start_items()
   generated_rec = []
   print("total user number = " + str(len(common_users)))
   i = 0
   for user in common_users:
      H = []
      for h in train_user_dict[user]:
         info = item_dict[h]
         if 'description' in info:
            del info['description']  # description 字段太长，消耗的 token 太多，剔除
         H.append(info)
      history = json.dumps(H, indent=4, ensure_ascii=False)
      C = []
```

① 代码：/src/e-commerce_case/cold_start/item_cold_start_rec.py。

```
        for item in cold_start_items:
            info = item_dict[item]
            info['item_id'] = item
            if 'description' in info:
                del info['description']  # description 字段太长，消耗的 token 太多，剔除
C.append(info)
        candidate = json.dumps(C, indent=4, ensure_ascii=False)
        prom = formatting_prompt(history, candidate)
        client = OpenAI(
            api_key=MOONSHOT_API_KEY,
            base_url="https://api.moonshot.cn/v1",
        )
        llm_response = client.chat.completions.create(
            model="moonshot-v1-32k",  #moonshot-v1-8k 、moonshot-v1-32k、moonshot-v1-128k
            messages=[
                {
                    "role": "system",
                    "content": instruction,
                },
                {"role": "user", "content": prom},
            ],
            temperature=0.1,
            stream=False,
        )
        content = llm_response.choices[0].message.content.strip()
        rec = {
            "user": user,
            "rec": content
        }
        i += 1
        print("-------------- " + str(i) + " -----------------")
        print(json.dumps(rec, indent=4, ensure_ascii=False))
        generated_rec.append(rec)
        if i % 7 == 0:
            time.sleep(1)  # 避免 moonshot 认为调用太频繁不合法
    res = json.dumps(generated_rec, indent=4, ensure_ascii=False)
    with open(store_path, 'a') as file:  # 将生成的训练数据保存起来
        file.write(res)

def openllm_cold_start_rec(model_path: str =
'/Users/liuqiang/Desktop/code/llm/models/Qwen1.5-4B',
                           store_path: str = 'data/openllm_rec.json'):
    item_dict = get_metadata_dict()
    train_user_dict = get_user_history(data_type="train")
    test_user_dict = get_user_history(data_type="test")
    common_users = set(train_user_dict.keys()).intersection(set(test_user_dict.keys()))
    cold_start_items = get_cold_start_items()
    model = AutoModelForCausalLM.from_pretrained(
        model_path,
        device_map="auto",
        torch_dtype=torch.float16,
```

```
    )
    tokenizer = AutoTokenizer.from_pretrained(model_path, trust_remote_code=True)
    tokenizer.padding_side = 'right'
    generated_rec = []
    print("total user number = " + str(len(common_users)))
    i = 0
    for user in common_users:
        H = []
        for h in train_user_dict[user]:
            info = item_dict[h]
            if 'description' in info:
                del info['description']  # description 字段太长，消耗的 token 太多，剔除
            H.append(info)
        history = json.dumps(H, indent=4, ensure_ascii=False)
        C = []
        for item in cold_start_items:
            info = item_dict[item]
            info['item_id'] = item
            if 'description' in info:
                del info['description']  # description 字段太长，消耗的 token 太多，剔除
            C.append(info)
        candidate = json.dumps(C, indent=4, ensure_ascii=False)
        input = formatting_prompt(history, candidate)
        prompt = f"""### Instruction:
                {instruction}
                ### Input:
                {input}
                ### Response:
                """
        input_ids = tokenizer(prompt, return_tensors="pt", truncation=True).input_ids
        outputs = model.generate(input_ids=input_ids.to('mps'),
                             max_new_tokens=1500, pad_token_id=tokenizer.eos_token_id)
        predict_output = tokenizer.batch_decode(outputs,
skip_special_tokens=True)[0][len(prompt):]
        rec = {
            "user": user,
            "rec": predict_output
        }
        i += 1
        print("------------- " + str(i) + " ----------------")
        print(json.dumps(rec, indent=4, ensure_ascii=False))
        generated_rec.append(rec)
        if i % 7 == 0:
            time.sleep(1)  # 避免 moonshot 认为调用太频繁不合法
    res = json.dumps(generated_rec, indent=4, ensure_ascii=False)
    with open(store_path, 'a') as file:  # 将生成的训练数据保存起来
        file.write(res)

if __name__ == "__main__":
    llm_api_cold_start_rec()
    openllm_cold_start_rec(model_path='./models',
```

```
store_path='data/openllm_finetune_rec.json')
    openllm_cold_start_rec()
```

上面采用了 3 种实现方式，一种是利用月之暗面的 API，另外两种分别是利用 Qwen-4B 和 Qwen-4B 微调模型。8.7.5 节将对这几种实现方式的效果进行对比。

8.7.4 模型微调

有了样本数据，就可以进行微调了。微调的代码参考 src/e-commerce_case/cold_start/model_finetune.py，下面直接进行效果评估。

8.7.5 模型效果评估

将平均精准度和平均召回率作为比较指标，下面的 3 个案例分别是 8.7.3 节中提到的 3 种方法的预测结果。

```
# 月之暗面的 API 给出的推荐结果
[
    {
        "user": "A2NN6H2RZENG24",
        "rec": "[\"B0091OCA86\", \"B001E96LUO\", \"B00MGK9Z8U\", \"B002GP80EU\",
\"B0010ZBORW\", \"B001LNODUS\", \"B00120VWTK\", \"B01E7UKR38\", \"B000X7ST9Y\",
\"B00126LYJM\", \"B019FWRG3C\", \"B01DKQAXC0\"]"
    },
    {
        "user": "A5BJMAHZWGJ7N",
        "rec": "[\n  \"B01DLR9IDI\",\n  \"B00B7V273E\",\n  \"B0091OCA86\",\n
\"B001E96LUO\",\n  \"B00MGK9Z8U\",\n  \"B002GP80EU\",\n  \"B0010ZBORW\",\n
\"B001LNODUS\",\n  \"B00120VWTK\",\n  \"B000X7ST9Y\",\n  \"B00126LYJM\",\n
\"B019FWRG3C\",\n  \"B01DKQAXC0\"\n]"
    },
    {
        "user": "A2SH7OWE8QJYNC",
        "rec": "[\"B0091OCA86\", \"B001E96LUO\", \"B00MGK9Z8U\", \"B002GP80EU\",
\"B001LNODUS\", \"B00120VWTK\", \"B01E7UKR38\", \"B000X7ST9Y\", \"B00126LYJM\",
\"B019FWRG3C\", \"B01DKQAXC0\"]"
    }
]

# Qwen-4B 给出的推荐结果
[
    {
        "user": "A2YKWYC3WQJX5J",
        "rec": {"item_id": "B002GP80EU",
                "title": "Urban Spa Natural Bamboo and Jute Bath Mitt",
                "brand": "Urban Spa",
                "price": "$8.25" },
               {"item_id": "B0091OCA86",
```

```
                "title": "Andalou Naturals Clementine + C Illuminating Toner, 6 Fl oz, Facial
Toner Helps Hydrate &amp; Balance Skin pH, For Clear, Bright Skin",
                "brand": "Andalou Naturals",
                "price": "$10.39"},
                ...
    },
    {
        "user": "A30VYJQW4XWDQ6",
        "rec": {"item_id": "B002GP80EU",
                "brand": "Urban Spa",
                "title": "Urban Spa Natural Bamboo and Jute Bath Mitt",
                "price": "$8.25"},
               {"item_id": "B0091OCA86",
                "brand": "Andalou Naturals",
                "title": "Andalou Naturals Clementine + C Illuminating Toner, 6 Fl oz, Facial
Toner Helps Hydrate &amp; Balance Skin pH, For Clear, Bright Skin",
                "price": "$10.39"},
               ...
   },
   ...
]

# Qwen-4B 微调模型给出的推荐结果
[
    {
        "user": "A2YKWYC3WQJX5J",
        "rec": " The user purchased the following beauty candidate list(in JSON format):"
               [
                 {"title": "Crest + Oral-B Professional Gingivitis Kit, 1 Count",
                  "brand": "Crest",
                  "price": ""},
                 {"title": "Crest Sensi-Stop Strips, 8 Count",
                  "brand": "Crest",
                  "price": ""},
                  ...
              ]
    },
    {
        "user": "A30VYJQW4XWDQ6",
        "rec": " The user purchased the following beauty candidate list(in JSON format):"
               [
                 {"title": "Bath &amp; Body Works Ile De Tahiti Moana Coconut Vanille Moana
Body Wash with Tamanoi 8.5 oz",
                  "brand": "Bath & Body Works",
                  "price": "",
                  "item_id": "B002GP80EU"},
                 {"title": "Bonne Bell Smackers Bath and Body Starburst Collection",\
                  "brand": "Bonne Bell",
                  "price": "",
                  "item_id": "B0091OCA86"},
                ...
```

```
            ]
    },
    ...
]
```

从上面的案例可以看出，月之暗面的 API 的指令跟随能力是最好的，给出的只有 item_id 的列表，而 Qwen-4B 及微调模型生成的数据比较复杂，包含了很多无关信息，同时，有些数据没有 item_id，有些数据的 item_id 不是冷启动的。另外，Qwen-4B 倾向于推荐更多的冷启动商品。不过没关系，我们依然可以进行效果评估，下面是具体的评估代码[①]。

```
import sys
import json
import importlib
sys.path.append('utils')
utils = importlib.import_module('utils')
REC_MUM = 8

def precision(rec_list: list, action_list: list) -> float:
    """
    计算单个用户推荐的精准度
    :param rec_list: 算法的推荐列表
    :param action_list: 用户实际的购买列表
    :return: 精准度
    """
    num = len(set(rec_list))
    if num > 0:
        return len(set(rec_list).intersection(set(action_list)))/num
    else:
        return 0.0

def recall(rec_list: list, action_list: list) -> float:
    """
    计算单个用户推荐的召回率
    :param rec_list: 算法的推荐列表
    :param action_list: 用户实际的购买列表
    :return: 召回率
    """
    num = len(set(action_list))
    if num > 0:
        return len(set(rec_list).intersection(set(action_list)))/num
    else:
        return 0.0

def find_all_occurrences(s, char):
    start = s.find(char)
    indices = []
    while start != -1:
```

① 代码：src/e-commerce_case/cold_start/evaluate.py。

```
        indices.append(start)
        start = s.find(char, start + 1)
    return indices

def evaluate(data_path: str, model_type: str) -> (float, float):
    test_user_dict = utils.get_user_history(data_type="test")
    test_users = test_user_dict.keys()
    j = ""
    with open(data_path, 'r') as file:
        j = file.read()
    rec = json.loads(j)
    common_num = 0  # 推荐的用户和实际测试集的用户的交集数量
    acc_p = 0.0  # 累积精准度
    acc_r = 0.0  # 累积召回率
    for x in rec:
        user = x['user']
        if user in test_users:
            common_num += 1
            action_list = test_user_dict[user]
            temp = x['rec']
            rec_list = None
            if model_type == 'llm _api':
                rec_list = eval(temp)
            elif model_type in ['openllm', 'openllm_finetune']:  # Qwen-4B 和微调模型生成的
结构比较复杂，需要特殊处理
                # print(temp)
                loc_list = find_all_occurrences(temp, '"item_id": "')
                rec_list = []
                for loc in loc_list:
                    item_id = temp[loc + len('"item_id": "'): loc + len('"item_id": "') +
10]  # item_id 长度为 10
                    rec_list.append(item_id)
                # print(rec_list)
            rec_list = rec_list[:REC_MUM]  # 最多推荐 REC_MUM，避免不同模型推荐的数量不一样，对
比不公平
            p = precision(rec_list, action_list)
            r = recall(rec_list, action_list)
            acc_p += p
            acc_r += r
    avg_p = acc_p/common_num
    avg_r = acc_r/common_num
    return avg_p, avg_r

if __name__ == "__main__":
    llm_api_avg_p, llm_api_avg_r = evaluate('data/llm _api_rec.json',
model_type='llm_api')
    openllm_avg_p, openllm_avg_r = evaluate('data/openllm_rec.json',
model_type='openllm')
    openllm_finetune_avg_p, openllm_finetune_avg_r = (
        evaluate('data/openllm_finetune_rec.json', model_type='openllm_finetune'))
    res = [
```

```
        {
            "llm_api_avg_p": llm_api_avg_p,
            "llm_api_avg_r": llm_api_avg_r
        },
        {
            "openllm_avg_p": openllm_avg_p,
            "openllm_avg_r": openllm_avg_r
        },
        {
            "openllm_finetune_avg_p": openllm_finetune_avg_p,
            "openllm_finetune_avg_r": openllm_finetune_avg_r
        }
    ]
    print(json.dumps(res, indent=4, ensure_ascii=False))
```

上述代码中的 REC_MUM = 8 是各种模型推荐的冷启动商品的最大数量，这个值会影响指标效果，下面选择 3 种不同的 REC_MUM 值对比 3 个模型的效果。

```
# REC_MUM = 5 时的对比：
[
  {
    "llm_api_avg_p": 0.08257575757575761, # 月之暗面的 API 的平均精准度
    "llm_api_avg_r": 0.17424242424242428 # 月之暗面的 API 的平均召回率
  },
  {
    "openllm_avg_p": 0.11969696969696976, # Qwen-4B 的平均精准度
    "openllm_avg_r": 0.30050505050505044 # Qwen-4B 的平均召回率
  },
  {
    "openllm_finetune_avg_p": 0.06893939393939397, # Qwen-4B 微调模型的平均精准度
    "openllm_finetune_avg_r": 0.1590909090909091 # Qwen-4B 微调模型的平均召回率
  }
]

# REC_MUM = 8 时的对比：
[
  {
    "llm_api_avg_p": 0.08764430014430015, # 月之暗面的 API 的平均精准度
    "llm_api_avg_r": 0.22348484848484848 # 月之暗面的 API 的平均召回率
  },
  {
    "openllm_avg_p": 0.12626262626262624, # Qwen-4B 的平均精准度
    "openllm_avg_r": 0.44696969696969696 # Qwen-4B 的平均召回率
  },
  {
    "openllm_finetune_avg_p": 0.09027777777777779, # Qwen-4B 微调模型的平均精准度
    "openllm_finetune_avg_r": 0.3295454545454546 # Qwen-4B 微调模型的平均召回率
  }
]

# REC_MUM = 10 时的对比：
[
```

```
  {
    "llm_api_avg_p": 0.08457190957190955, # 月之暗面的 API 的平均精准度
    "llm_api_avg_r": 0.23863636363636367 # 月之暗面的 API 的平均召回率
  },
  {
    "openllm_avg_p": 0.10479797979797977, # Qwen-4B 的平均精准度
    "openllm_avg_r": 0.45454545454545453 # Qwen-4B 的平均召回率
  },
  {
    "openllm_finetune_avg_p": 0.07840909090909089, # Qwen-4B 微调模型的平均精准度
    "openllm_finetune_avg_r": 0.3522727272727273 # Qwen-4B 微调模型的平均召回率
  }
]
```

可以看出，Qwen-4B 的效果是最好的。随着 REC_MUM 增大，Qwen-4B 微调模型比月之暗面的 API 效果更好。但是，Qwen-4B 微调模型的效果反而不如没有微调的，这可能是以下原因造成的：一是微调的样本数量较少，模型没有学到重要的规律；二是提供的微调样本的数据不够好（缺少很多商品的价格），引入了噪声；三是模型参数比较少，难以解决从候选集中选择用户喜欢的商品这种具有一定复杂度的问题。

8.8 利用大模型进行推荐解释，提升推荐说服力

大模型的自然语言理解和生成能力特别适合为推荐生成文本解释。本节就来讲解大模型应用于推荐解释领域的原理和方法及具体的代码实现案例。

首先，准备数据；然后，利用大模型强大的上下文学习能力直接为推荐系统生成解释；接下来，微调大模型生成解释；最后，评估微调后的推荐解释大模型的效果。

8.8.1 数据准备

本节使用上下文学习和微调两种方法来实现推荐解释，所以需要准备上下文学习推荐解释和微调推荐解释的数据。

1. 上下文学习推荐解释数据准备

这里还是使用 Beauty 数据集，需要用到 All_Beauty_5.json 和 meta_All_Beauty.json。相信你已经很熟悉了，这里不再展开说明，下面给出数据处理的代码[①]。

```
import csv
import importlib
import json
```

① 代码：src/e-commerce_case/recommend_explain/data-process/generate_icl_data.py。

```
import sys
sys.path.append('../')
utils = importlib.import_module('utils')

def get_recommendation_explain_data(path_review: str =
"../../data/amazon_review/beauty/All_Beauty_5.json") -> dict:
    """
    将用户行为数据按照时间升序排列，获取用户行为字典
    :param path_review: 用户行为数据目录
    :return: 生成预测推荐解释的数据
    """
    df_view = utils.get_df(path_review)
    # 对 unixReviewTime 升序排列
    df_view.sort_values('unixReviewTime', ascending=True, inplace=True)
    df_view = df_view.reset_index(drop=True)
    grouped = df_view.groupby('reviewerID')
    user_action_dict = {}
    for name, group in grouped:
        reviewerID = name
        asin = list(group['asin'])
        dic = {
            "action": asin[0:-1],
            "recommendation": asin[-1]
        }
        user_action_dict[reviewerID] = dic
    return user_action_dict

def get_metadata_dict(path: str =
'../../data/amazon_review/beauty/meta_All_Beauty.json') -> dict:
    """
    读取商品元数据，方便大模型使用
    :param path: 商品元数据目录
    :return: 商品信息字典
    """
    item_dict = {}  # 从 meta_All_Beauty.json 中获取每个 item 对应的信息
    with open(path, 'r') as file:
        reader = csv.reader(file, delimiter='\n')
        for row in reader:
            j = json.loads(row[0])
            item_id = j['asin']
            title = j['title']
            brand = j['brand']
            description = j['description']
            price = j['price']
            if price != "" and '$' not in price and len(price) > 10:  # 处理一些异常数据
                price = ""
            item_info = {
                "title": title,
                "brand": brand,
                "description": description,
                "price": price
```

```
            }
            item_dict[item_id] = item_info
    return item_dict

if __name__ == "__main__":
    rec_dict = get_recommendation_explain_data()
    item_dict = get_metadata_dict()
    dic = {
        "rec_dict": rec_dict,
        "item_dict": item_dict
    }
    utils.save_json("../data/icl_dict.json", dic)
```

运行上面的代码，可以获得一个字典，包含用户推荐信息和商品信息。其中用户推荐信息包含每个用户评论过的商品和最终推荐的商品[①]，商品信息包含每个商品的标题、品牌、描述信息和价格，作为推荐解释的“原材料”，具体数据结构如下。

```
{
    "rec_dict": {
        "A105A034ZG9EHO": {
            "action": [
                "B0009RF9DW",
                "B000FI4S1E",
                "B0012Y0ZG2",
                "B000URXP6E"
            ],
            "recommendation": "B0012Y0ZG2"
        },
        "A10JB7YPWZGRF4": {
            "action": [
                "B0009RF9DW",
                "B0012Y0ZG2",
                "B000URXP6E",
                "B0012Y0ZG2"
            ],
            "recommendation": "B000FI4S1E"
        },
        ...
    }
    "item_dict": {
        "6546546450": {
            "title": "Loud 'N Clear&trade; Personal Sound Amplifier",
            "brand": "idea village",
            "description": [
                "Loud 'N Clear Personal Sound Amplifier allows you to turn up the volume on
what people around you are saying, listen at the level you want without disturbing others,
hear a pin drop from across the room."
```

① 这里将用户行为数据中最后一个行为作为给用户的推荐，将前面的行为看作用户的历史行为，并作为建模样本，让大模型基于样本给出推荐商品的推荐解释。

```
        ],
        "price": ""
    },
    "7178680776": {
        "title": "No7 Lift &amp; Luminate Triple Action Serum 50ml by Boots",
        "brand": "",
        "description": [
            "No7 Lift & Luminate Triple Action Serum 50ml by Boots"
        ],
        "price": "$44.99"
    },
    ...
  }
}
```

2. 微调推荐解释数据准备

使用从 P5 项目中获得的数据[1]微调，下面给出简单的数据说明[2]。

```
[
  {
    "user": "A1YJEY40YUW4SE",
    "item": "7806397051",
    "rating": 1,
    "text": "Don't waste your money\nVery oily and creamy. Not at all what I expected...
ordered this to try to highlight and contour and it just looked awful!!! Plus, took FOREVER
to arrive."
  },
  {
    "user": "A60XNB876KYML",
    "item": "7806397051",
    "rating": 3,
    "text": "OK Palette!\nThis palette was a decent price and I was looking for a few
different shades. This palette conceals decently, however, it does somewhat cake up and
crease."
  },
  {
    "user": "A3G6XNM240RMWA",
    "item": "7806397051",
    "rating": 4,
    "text": "great quality\nThe texture of this concealer pallet is fantastic, it has
great coverage and a wide variety of uses, I guess it's meant for professional makeup artists
and a lot of the colours are of no use to me but I use at least two of them on a regular
basis, and two more occasionally, which is the only reason I'm giving it for stars, I feel
like the range of colors is kind of a waste for me, but the product itself is wonderful,
it's not cakey, gives me a natural for and concealed my imperfections, therefore I highly
recommend it :)",
    "sentence": [
```

① 这里应该是亚马逊早期数据集中的数据。

② 代码：src/e-commerce_case/recommend_explain/data/amazon/beauty/reviews_beauty.json。

```
      [
        "coverage",
        "great",
        "it has great coverage and a wide variety of uses",
        1
      ],
      [
        "quality",
        "great",
        "great quality",
        1
      ]
    ]
  },
  {
    "user": "A1PQFP6SAJ6D80",
    "item": "7806397051",
    "rating": 2,
    "text": "Do not work on my face\nI really can't tell what exactly this thing is. It's not powder but a kind of oil-ish pasty fluid. And so far I tried twice but it doesnt really show any color on my face."
  },
  {
    "user": "A38FVHZTNQ271F",
    "item": "7806397051",
    "rating": 3,
    "text": "It's okay.\nIt was a little smaller than I expected, but that was okay because it lasted me for a long time. I think it does great coverage for the price I paid. It is heavy, and wears off within 30-1hr. It kinda dries your skin. I'd recommend it to people who are just looking for a cheap coverage, or beginners who are just learning to conceal.",
    "sentence": [
      [
        "coverage",
        "great",
        "I think it does great coverage for the price I paid",
        1
      ]
    ]
  },
   ...
]
```

上述数据是用户评论行为，其中有些数据包含 sentence，sentence 中前面两个是商品特征，第 3 个是解释，第 4 个是情感倾向（1 表示正面评论，−1 表示负面评论）。这里的解释是模型的监督标签。针对上面的数据，需要进行如下处理[①]。

```
import importlib
import random
```

① 代码：src/e-commerce_case/recommend_explain/data-process/generate_finetune_data.py。

```
import sys
sys.path.append('../')
utils = importlib.import_module('utils')
from sklearn.model_selection import train_test_split
reviews_beauty = utils.load_json("../data/amazon/beauty/reviews_beauty.json")
combined_review_data = []
no_sentence = 0
for i in range(len(reviews_beauty)):
    rev_ = reviews_beauty[i]
    out = {}
    if 'sentence' in rev_:
        out['user'] = rev_['user']
        out['item'] = rev_['item']
        list_len = len(rev_['sentence'])
        selected_idx = random.randint(0, list_len - 1)  # add a random, or list all possible
sentences
        out['explanation'] = rev_['sentence'][selected_idx][2]
        out['feature'] = rev_['sentence'][selected_idx][0]
        combined_review_data.append(out)
    else:
        no_sentence += 1
random.shuffle(combined_review_data)
train, test = train_test_split(combined_review_data, test_size=0.2, random_state=42)
train, val = train_test_split(train, test_size=0.2, random_state=42)
outputs = {'train': train,
           'val': val,
           'test': test,
           }
utils.save_json("../data/explain.json", outputs)
user_list = list(set([d['user'] for d in train] + [d['user'] for d in val] + [d['user']
for d in test]))
item_list = list(set([d['item'] for d in train] + [d['item'] for d in val] + [d['item']
for d in test]))
user_dict = {}
for i in range(len(user_list)):
    user_dict[user_list[i]] = i + 1
item_dict = {}
for i in range(len(item_list)):
    item_dict[item_list[i]] = i + 1
dic = {
    "user_dict": user_dict,
    "item_dict": item_dict
}
utils.save_json("../data/finetune_dict.json", dic)
```

上述代码会生成两个数据，其中一个是训练、验证和测试集，包含用户 ID、商品 ID、对应的解释、特征。数据样本如下。

```
{
  "train": [
    {
      "user": "A2WT3YQN6P5ZDB",
```

```
        "item": "B0018QO5CO",
        "explanation": "I will use this again now that I know how to use it safely on my
darker skin",
        "feature": "skin"
      },
      {
        "user": "AXGYTAVICKCIK",
        "item": "B001W2K51O",
        "explanation": "like all of the natural oils were stripped",
        "feature": "oils"
      },
        ...
    ],
    "val": [
      {
        "user": "A2QSAE608D8KEK",
        "item": "B00027D8IC",
        "explanation": "it is great product",
        "feature": "product"
      },
      {
        "user": "A13U975DFXBU44",
        "item": "B00AO4EBOI",
        "explanation": "graying) hair smoother",
        "feature": "hair"
      },
        ...
    ],
    "test": [
      {
        "user": "ASRZ2JLS1B3VY",
        "item": "B0068Z7MT8",
        "explanation": "It's pretty great quality as well for the price paid",
        "feature": "quality"
      },
      {
        "user": "A18AO5KXCW5P3Z",
        "item": "B002LFNQT4",
        "explanation": "I got it for a great price with free shipping",
        "feature": "price"
      },
        ...
    ]
}
```

生成的另一个数据是字典数据，包含用户字典和商品字典，字典的作用是将用户 ID 和商品 ID 映射为整数，以便微调时进行嵌入表示。下面是两类字典映射的数据结构案例。

```
{
   "user_dict": {
      "A2FAAXZ8AWWEOD": 1,
      "AXKQI9SUBLPV7": 2,
```

```
        "A2HNASPU7NVTD8": 3,
        "A13PKQLIIK0CWB": 4,
        "AMITH2128KHRS": 5,
        "A3PP9GXEMC7O9H": 6,
        "A1BI8PUEHA5CHW": 7,
        "A3CQN90AKAWK8J": 8,
        "A3OHRVM1B8U24K": 9,
        "A21OTG8G9ZEKPG": 10,
        "A2B00ZSEERJ2Z6": 11,
        "A26WLKKPYV62FU": 12,
        "A3M31G4GJ9066T": 13,
        "A1X2YRSD648FM3": 14,
        ...
    },
    "item_dict": {
        "B0000UTUS8": 1,
        "B008CT04I4": 2,
        "B00381A7OC": 3,
        "B005708HQ2": 4,
        "B001AFGRM4": 5,
        "B00AF9DGMA": 6,
        "B0037LG6UW": 7,
        "B001M6VK2S": 8,
        "B0015XWQLW": 9,
        "B005KW8K00": 10,
        "B002SICH1C": 11,
        "B00AFCP6F2": 12,
        "B00C1006ZG": 13,
        "B003TJI3EO": 14,
        "B008TYO2KI": 15,
        "B001L413AU": 16,
        "B002LV317A": 17,
        "B000VEN3RW": 18,
        "B002ACQCC6": 19,
        ...
    }
}
```


8.8.2 利用大模型上下文学习能力进行推荐解释

上下文学习推荐解释的基本原理非常简单：将用户操作过的商品的元数据信息和为用户推荐的商品的元数据信息展示出来，将这些信息按照一定的模板组织成半结构化的数据，最终形成输入给大模型的提示词。大模型会从提示词提供的信息中找出用户行为与推荐商品之间的内在关系，这个内在关系就可以作为推荐的原因。

鉴于大模型有非常好的逻辑推理、知识总结能力，让大模型找出推荐的原因理论上是可行的，实际上也确实如此。下面给出两种实现方案：一种利用月之暗面的 API，另一种基于开源的 Qwen-14B-Chat 模型，下面是具体的实现代码[①]。

```
import os
import json
import time
import torch
from openai import OpenAI
from transformers import AutoTokenizer, AutoModelForCausalLM
from dotenv_vault import load_dotenv  # pip install --upgrade python-dotenv-vault
load_dotenv()  # https://vault.dotenv.org/ui/ui1
MOONSHOT_API_KEY = os.getenv("MOONSHOT_API_KEY")
OUTPUT_NUM = 50  # 只针对前面的 OUTPUT_NUM 个用户给出推荐原因，避免计算时间太长
instruction = ("You are a product recommendation expert, and when recommending "
               "products to users, you will provide reasons for the recommendation.")

def formatting_prompt(history, recommendation):
    prompt = f"""The user purchased the following beauty products(in JSON format):
{history}
Based on the user's historical purchases, our recommendation system recommends the following
product to the user(in JSON format):
{recommendation}
Please provide a recommendation explanation in one sentence, which is why the recommendation
system
recommends this product to users. Your reasons must be clear, easy to understand, and able
to be recognized by users.
The reason you provide should be between 5 and 20 words.
"""
    return prompt

def llm_api_rec_reason(dict_path: str = 'data/icl_dict.json', store_path: str =
'data/llm_api_reasons.json'):
    f = open(dict_path, "rb")
    dic = json.load(f)
    item_dict = dic['item_dict']
    train_user_dict = dic['rec_dict']
    generated_reasons = []
    print("total user number = " + str(len(train_user_dict.keys())))
    i = 0
    for user in list(train_user_dict.keys())[0:OUTPUT_NUM]:
        H = []
        dic = train_user_dict[user]
        action_list = dic['action']
        for h in action_list:
            info = item_dict[h]
            if 'description' in info:
                del info['description']  # description 字段太长，消耗的 token 太多，剔除
            H.append(info)
        history = json.dumps(H, indent=4, ensure_ascii=False)
```

① 代码：src/e-commerce_case/recommend_explain/llm_icl_explain.py。

```
        item = dic['recommendation']
        info = item_dict[item]
        info['item_id'] = item
        if 'description' in info:
            del info['description']  # description 字段太长，消耗的 token 太多，剔除
        recommendation = json.dumps(info, indent=4, ensure_ascii=False)
        prom = formatting_prompt(history, recommendation)
        client = OpenAI(
            api_key=MOONSHOT_API_KEY,
            base_url="https://api.moonshot.cn/v1",
        )
        llm_response = client.chat.completions.create(
            model="moonshot-v1-32k",  # moonshot-v1-8k 、moonshot-v1-32k、moonshot-v1-128k
            messages=[
                {
                    "role": "system",
                    "content": instruction,
                },
                {"role": "user", "content": prom},
            ],
            temperature=0.1,
            stream=False,
        )
        reason = llm_response.choices[0].message.content.strip()
        explain = {
            "user": user,
            "prompt": prom,
            "reason": reason
        }
        i += 1
        print("-------------- " + str(i) + " -----------------")
        print(json.dumps(explain, indent=4, ensure_ascii=False))
        generated_reasons.append(explain)
        if i % 7 == 0:
            time.sleep(1)  # 避免 moonshot 认为调用太频繁不合法
    res = json.dumps(generated_reasons, indent=4, ensure_ascii=False)
    with open(store_path, 'a') as file:  # 将生成的训练数据保存起来
        file.write(res)

def openllm_rec_reason(model_path: str =
'/Users/liuqiang/Desktop/code/llm/models/Qwen1.5-14B',
                       dict_path: str = 'data/icl_dict.json',
                       store_path: str = 'data/openllm_reasons.json'):
    f = open(dict_path, "rb")
    dic = json.load(f)
    item_dict = dic['item_dict']
    train_user_dict = dic['rec_dict']
    model = AutoModelForCausalLM.from_pretrained(
        model_path,
        device_map="auto",
        torch_dtype=torch.float16,
```

```
    )
    tokenizer = AutoTokenizer.from_pretrained(model_path, trust_remote_code=True)
    tokenizer.padding_side = 'right'
    generated_reasons = []
    print("total user number = " + str(len(train_user_dict.keys())))
    i = 0
    for user in list(train_user_dict.keys())[0:OUTPUT_NUM]:
        H = []
        dic = train_user_dict[user]
        action_list = dic['action']
        for h in action_list:
            info = item_dict[h]
            if 'description' in info:
                del info['description']  # description 字段太长，消耗的 token 太多，剔除
            H.append(info)
        history = json.dumps(H, indent=4, ensure_ascii=False)
        item = dic['recommendation']
        info = item_dict[item]
        info['item_id'] = item
        if 'description' in info:
            del info['description']  # description 字段太长，消耗的 token 太多，剔除
        recommendation = json.dumps(info, indent=4, ensure_ascii=False)
        input = formatting_prompt(history, recommendation)
        prompt = f"""### Instruction:
                {instruction}
                ### Input:
                {input}
                ### Response:
                """
        input_ids = tokenizer(prompt, return_tensors="pt", truncation=True).input_ids
        outputs = model.generate(input_ids=input_ids.to('mps'),
                                 max_new_tokens=500, pad_token_id=tokenizer.eos_token_id)
        reason = tokenizer.batch_decode(outputs,
skip_special_tokens=True)[0][len(prompt):]
        explain = {
            "user": user,
            "prompt": prompt,
            "reason": reason
        }
        i += 1
        print("-------------- " + str(i) + " -----------------")
        print(json.dumps(explain, indent=4, ensure_ascii=False))
        generated_reasons.append(explain)
        if i % 7 == 0:
            time.sleep(1)  # 避免 moonshot 认为调用太频繁不合法
    res = json.dumps(generated_reasons, indent=4, ensure_ascii=False)
    with open(store_path, 'a') as file:  # 将生成的训练数据保存起来
        file.write(res)

if __name__ == "__main__":
    llm_api_rec_reason()
```

```
    openllm_rec_reason()
```

运行上述代码，输出两个 JSON 格式的文档，分别是这两种方法提供的推荐解释，下面给出月之暗面的 API 的推荐解释样本，另一种方法的结果类似，这里不再单独展示。

```
[
    {
        "user": "A105A034ZG9EHO",
        "reason": "The user already purchased a Bath & Body Works body wash, indicating
a preference for this brand's products."
    },
    {
        "user": "A10JB7YPWZGRF4",
        "reason": "The user has a preference for moisturizing and refreshing body wash
products, as shown by their previous purchases."
    },
    {
        "user": "A10M2MLE2R0L6K",
        "reason": "The user has a preference for Pre de Provence products, particularly
those with lavender scents."
    },
    ...
]
```

8.8.3 模型微调

本节采用连续提示词微调大模型进行推荐解释。

1. 连续提示词微调基本原理

上下文学习以文本方式向大模型输入提示词，大模型基于提示词给出对应的回答。一般的提示词是人类可以理解的文本。但实际上，提示词不必严格限定为文本，也可以是随机初始化的向量，还可以是由另一个模型生成的向量，这种类型的提示词被称为连续提示词[10]。ID 向量也可以直接用作生成推荐解释的连续提示词。

- 连续提示词微调的原理。

针对推荐解释场景，如何构建连续提示词呢？可以将用户 ID 和商品 ID 两种类型的 ID 编码转换为连续提示词。我们可以构造一个提示词模板，通过该模板将 ID 向量输入预先训练的模型中，用于解释生成。

```
U I E
```

其中，U 和 I 分别是用户和商品的连续嵌入表示，E 是推荐解释文本。这个模板中加入了用户和商品的嵌入，主要目的是将用户和商品的信息整合到模型中，让最终获得的解释更加个性化。

在模型微调阶段，可以基于微调样本构建上述模板对应的输入[①]，然后微调大模型。在推理阶段，将 $\boldsymbol{U}$、$\boldsymbol{I}$ 对应的向量输入，就可以利用大模型生成对应的推荐解释。具体的大模型架构如图 8-16 所示[②]。

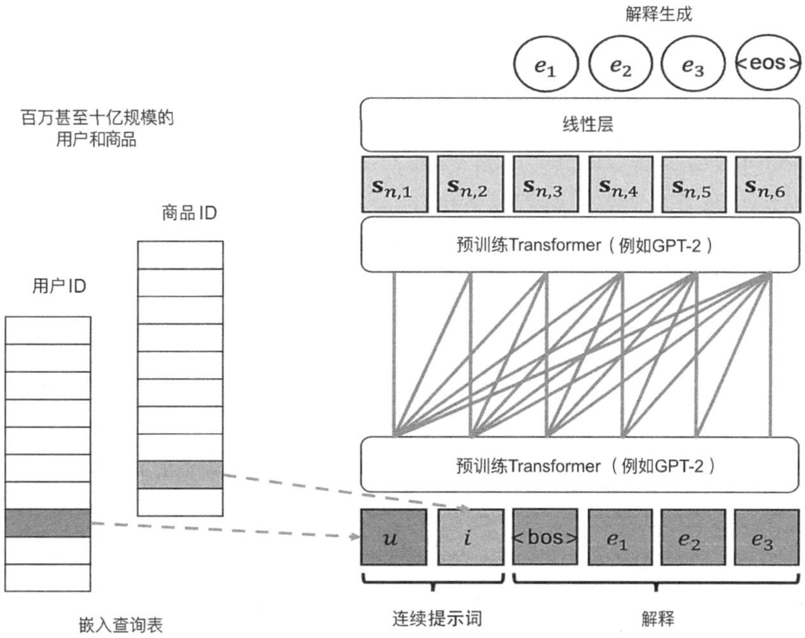

图 8-16　将用户 ID 和商品 ID 作为连续提示词进行推荐解释

图 8-16 的右下方是大模型的输入：$S=\left[u,i,e_1,e_2,\cdots,e_{|E_{u,i}|}\right]$。$u$，$i$是用户 ID 和商品 ID 的嵌入，其中，$\boldsymbol{U}\in\mathbf{R}^{|U|\times d}$，$\boldsymbol{I}\in\mathbf{R}^{|I|\times d}$，嵌入的维度为$d$。$|U|$和 $|I|$分别是用户数和商品数，e_i是文本 token，$e_i\in\nu$（ν是词库）。在微调时，u，i随机初始化，然后在算法反向传播迭代时持续更新直到收敛。

通过嵌入，输入的 token 表示表示为$\left[u,i,e_1,e_2,\cdots,e_{|E_{u,i}|}\right]$，加入位置向量，最初输入大模型的就是$S_0=\left[s_{0,1},s_{0,2},\cdots,s_{0,|S|}\right]$。通过大模型神经网络的处理在顶层输出$S_0=\left[s_{0,1},s_{0,2},\cdots,s_{0,|S|}\right]$。右上方增加了一个线性层，将 GPT-2 的输出映射到一个概率向量，向量的维数就是词库的大小，向量的分量代表输出对应词的概率大小。采用负对数似然损失函数，目标函数可以表示为

① 将用户 ID 和商品 ID 嵌入，解释拼接成一段完整的文本。

② 这里将 GPT-2 作为基底模型。

$$\mathcal{L}_{\mathcal{C}}=\frac{1}{|\mathcal{T}|}\sum_{(u,i)\in\mathcal{T}}\frac{1}{\left|E_{u,i}\right|}\sum_{t=1}^{\left|E_{u,i}\right|}-\ln c_{t+2}^{e_t} \tag{8-1}$$

式（8-1）中，$\left(u,i,E_{u,\ i}\right)$是一条训练样本，$u$、$i$分别是用户 ID、商品 ID，$E_{u,i}$是对应的文本解释构成的 token 集合。这里$c_t^{e_t}$是解释 token e_t的概率分布①，具体公式如下。

$$c_t=\mathrm{softmax}\left(W^{\mathrm{v}}s_{n,t}+b^{\mathrm{v}}\right) \tag{8-2}$$

通过上面的损失函数微调模型，微调完成后，可以形式化地利用式（8-3）进行推理，下面的|prompt|在这个场景是 2，表示向右移动两位。$\hat{\mathcal{E}}$是生成的所有可能解释的组合，可以利用集体搜索进行推理，这里不再赘述。

$$E^*=\arg\max_{E\in\hat{\mathcal{E}}}\sum_{t}^{|E|}\ln c_{t+|\mathrm{prompt}|}^{e_t} \tag{8-3}$$

- 对连续提示词模型进行微调。

有了目标函数，如何对模型进行微调呢？GPT-2 是训练好的基底模型，它的参数Θ_{LM}处于最优状态，而u、i是引入的新参数（记为Θ_{P}），是随机初始化的，GPT-2 的参数和u、i参数处于不同的训练阶段。为了解决这个问题，可以采用流水线的微调策略，先将模型参数Θ_{LM}固定，只微调新参数Θ_{P}，当Θ_{P}微调到最优状态时，同时优化Θ_{LM}和Θ_{P}，式（8-4）可以形象地说明这个过程。

$$\mathcal{J}=\min_{\Theta_{\mathrm{P}}}\mathcal{L}_{\mathcal{C}}\xrightarrow{\text{followed by}}\mathcal{J}=\min_{\Theta=\{\Theta_{\mathrm{LM}},\Theta_{\mathrm{P}}\}}\mathcal{L}_{\mathcal{C}} \tag{8-4}$$

关于算法原理更详细的介绍，详见参考文献[11]，这也是本节的基本思路来源。

2. 提示词微调进行推荐解释代码实现

微调严格按照上述原理实现并参考了参考文献[2]，采用两步微调的策略②。

```
import json
import os
import math
import torch
import argparse
from torch.optim import Adam
from transformers import GPT2Tokenizer
```

① 式（8-1）中加 2 表示向右移 2 位，因为前面两个 token 分别是 u 和 i，它们作为待优化的参数，不参与损失函数的计算过程。

② 代码：src/e-commerce_case/recommend_explain/prompt_learning.py。

```
from module import ContinuousPromptLearning
from utils import (rouge_score, bleu_score, Batchify, now_time,
                ids2tokens, unique_sentence_percent, feature_detect,
                feature_matching_ratio, feature_coverage_ratio, feature_diversity)
parser = argparse.ArgumentParser(description='PErsonalized Prompt Learning for
Explainable Recommendation (PEPLER)')
parser.add_argument('--data_path', type=str, default=None,
                 help='path for loading the explain data')
parser.add_argument('--dict_path', type=str, default=None,
                 help='path for loading the user and item index dict data')
parser.add_argument('--lr', type=float, default=0.001,
                 help='learning rate')
parser.add_argument('--epochs', type=int, default=100,
                 help='upper epoch limit')
parser.add_argument('--batch_size', type=int, default=128,
                 help='batch size')
parser.add_argument('--log_interval', type=int, default=20,
                 help='report interval')
parser.add_argument('--checkpoint', type=str, default='./models/',
                 help='directory to save the final model')
parser.add_argument('--output_path', type=str, default='generated.txt',
                 help='output file for generated text')
parser.add_argument('--endure_times', type=int, default=5,
                 help='the maximum endure times of loss increasing on validation')
parser.add_argument('--words', type=int, default=20,
                 help='number of words to generate for each sample')
args = parser.parse_args()
if args.data_path is None:
   parser.error('--data_path should be provided for loading data')
print('-' * 40 + 'ARGUMENTS' + '-' * 40)
for arg in vars(args):
   print('{:40} {}'.format(arg, getattr(args, arg)))
print('-' * 40 + 'ARGUMENTS' + '-' * 40)
device = 'mps'
if not os.path.exists(args.checkpoint):
   os.makedirs(args.checkpoint)
model_path = os.path.join(args.checkpoint, 'model.pt')
prediction_path = args.output_path
######################################################################
# 加载数据
######################################################################
print(now_time() + 'Loading data')
bos = '<bos>'
eos = '<eos>'
pad = '<pad>'
tokenizer =
GPT2Tokenizer.from_pretrained('/Users/liuqiang/Desktop/code/llm/models/gpt2',
                                   bos_token=bos, eos_token=eos, pad_token=pad)
f = open(args.data_path, "rb")
corpus = json.load(f)
f = open(args.dict_path, "rb")
```

```
dic = json.load(f)
feature_set = set()
train = corpus['train']
val = corpus['val']
test = corpus['test']
feature_set.union([d['feature'] for d in train])
feature_set.union([d['feature'] for d in val])
feature_set.union([d['feature'] for d in test])
train_data = Batchify(train, dic, tokenizer, bos, eos, args.batch_size, shuffle=True)
val_data = Batchify(val, dic, tokenizer, bos, eos, args.batch_size)
test_data = Batchify(test, dic, tokenizer, bos, eos, args.batch_size)
print(now_time() + 'Loading data Finished')
########################################################################
# 构建模型
########################################################################
nuser = len(dic['user_dict'])
nitem = len(dic['item_dict'])
ntoken = len(tokenizer)
model =
ContinuousPromptLearning.from_pretrained('/Users/liuqiang/Desktop/code/llm/models/gpt
2', nuser, nitem)
model.resize_token_embeddings(ntoken)  # three tokens added, update embedding table
model.to(device)
optimizer = Adam(model.parameters(), lr=args.lr)

########################################################################
# 训练代码
########################################################################

def train(data):
    # 开启训练模式，Dropout 生效
    model.train()
    text_loss = 0.0
    total_sample = 0
    while True:
        user, item, seq, mask = data.next_batch()  # data.step += 1
        user = user.to(device)  # (batch_size,)
        item = item.to(device)
        seq = seq.to(device)  # (batch_size, seq_len)
        mask = mask.to(device)
        # 在每个批次开始时，将隐藏状态与之前的生成方式分离
        # 如果不这样做，模型将尝试反向传播到数据集的起始位置
        optimizer.zero_grad()
        outputs = model(user, item, seq, mask)
        loss = outputs.loss
        loss.backward()
        optimizer.step()
        batch_size = user.size(0)
        text_loss += batch_size * loss.item()
        total_sample += batch_size
        if data.step % args.log_interval == 0 or data.step == data.total_step:
```

```
            cur_t_loss = text_loss / total_sample
            print(now_time() + 'text ppl {:4.4f} | {}/{}
batches'.format(math.exp(cur_t_loss),
                                                                                data.step,
data.total_step))
            text_loss = 0.
            total_sample = 0
        if data.step == data.total_step:
            break

def evaluate(data):
    # 开启赋值模式，这将关闭 Dropout
    model.eval()
    text_loss = 0.
    total_sample = 0
    with torch.no_grad():
        while True:
            user, item, seq, mask = data.next_batch()  # data.step += 1
            user = user.to(device)  # (batch_size,)
            item = item.to(device)
            seq = seq.to(device)  # (batch_size, seq_len)
            mask = mask.to(device)
            outputs = model(user, item, seq, mask)
            loss = outputs.loss
            batch_size = user.size(0)
            text_loss += batch_size * loss.item()
            total_sample += batch_size
            if data.step == data.total_step:
                break
    return text_loss / total_sample

def generate(data):
    # 开启赋值模式，这将关闭 Dropout
    model.eval()
    idss_predict = []
    with torch.no_grad():
        while True:
            user, item, seq, _ = data.next_batch()  # data.step += 1
            user = user.to(device)  # (batch_size,)
            item = item.to(device)
            text = seq[:, :1].to(device)  # bos, (batch_size, 1)
            for idx in range(seq.size(1)):
                # 每步生成一个单词
                outputs = model(user, item, text, None)
                last_token = outputs.logits[:, -1, :]  # the last token, (batch_size, ntoken)
                word_prob = torch.softmax(last_token, dim=-1)
                token = torch.argmax(word_prob, dim=1,
                                     keepdim=True)
# 选择概率最大的一个 token
                text = torch.cat([text, token], 1)  # (batch_size, len++)
            ids = text[:, 1:].tolist()  # remove bos, (batch_size, seq_len)
```

```
            idss_predict.extend(ids)
            if data.step == data.total_step:
                break
    return idss_predict

print(now_time() + 'Tuning Prompt Only')
# 根据 epochs 循环
best_val_loss = float('inf')
endure_count = 0
for epoch in range(1, args.epochs + 1):
    print(now_time() + 'epoch {}'.format(epoch))
    train(train_data)
    val_loss = evaluate(val_data)
    print(now_time() + 'text ppl {:4.4f} | valid loss {:4.4f} on 
validation'.format(math.exp(val_loss), val_loss))
    # 如果验证损失是我们目前见过的最好的，则保存模型
    if val_loss < best_val_loss:
        best_val_loss = val_loss
        with open(model_path, 'wb') as f:
            torch.save(model, f)
    else:
        endure_count += 1
        print(now_time() + 'Endured {} time(s)'.format(endure_count))
        if endure_count == args.endure_times:
            print(now_time() + 'Cannot endure it anymore | Exiting from early stop')
            break
# 加载保存的最优模型
with open(model_path, 'rb') as f:
    model = torch.load(f).to(device)
print(now_time() + 'Tuning both Prompt and LM')
for param in model.parameters():
    param.requires_grad = True
optimizer = Adam(model.parameters(), lr=args.lr)
# 基于 epochs 循环
best_val_loss = float('inf')
endure_count = 0
for epoch in range(1, args.epochs + 1):
    print(now_time() + 'epoch {}'.format(epoch))
    train(train_data)
    val_loss = evaluate(val_data)
    print(now_time() + 'text ppl {:4.4f} | valid loss {:4.4f} on 
validation'.format(math.exp(val_loss), val_loss))
    # 如果验证损失是我们目前见过的最好的，则保存模型
    if val_loss < best_val_loss:
        best_val_loss = val_loss
        with open(model_path, 'wb') as f:
            torch.save(model, f)
    else:
        endure_count += 1
        print(now_time() + 'Endured {} time(s)'.format(endure_count))
        if endure_count == args.endure_times:
```

```
            print(now_time() + 'Cannot endure it anymore | Exiting from early stop')
            break
# 加载最优模型
with open(model_path, 'rb') as f:
    model = torch.load(f).to(device)
print(now_time() + 'Generating text')
idss_predicted = generate(test_data)

# 运行测试数据
test_loss = evaluate(test_data)
print('=' * 89)
print(now_time() + 'text ppl {:4.4f} on test | End of
training'.format(math.exp(test_loss)))

tokens_test = [ids2tokens(ids[1:], tokenizer, eos) for ids in test_data.seq.tolist()]
tokens_predict = [ids2tokens(ids, tokenizer, eos) for ids in idss_predicted]

text_test = [' '.join(tokens) for tokens in tokens_test]
text_predict = [' '.join(tokens) for tokens in tokens_predict]

text_out = []
for (real, predicted) in zip(text_test, text_predict):
    sample_predict = {
        "real": real,
        "predicted": predicted
    }
    text_out.append(sample_predict)
with open(prediction_path, 'w', encoding='utf-8') as f:
    res = json.dumps(text_out, indent=4, ensure_ascii=False)
    f.write(res)
print(now_time() + 'Generated text saved to ({})'.format(prediction_path))
```

可以通过下面的脚本运行上面的代码，具体的参数解释在上面的代码中。

```
python prompt_learning.py \
--data_path ./data/explain.json \
--dict_path ./data/finetune_dict.json \
--epochs 5 \
--lr 1e-3 \
--batch_size 32 \
--log_interval 10 \
--output_path ./data/generated.json \
--words 20 \
--checkpoint ./models/ >> ./logs/finetune.log
```

运行完成后，会输出模型在测试集上的预测——推荐解释，下面是几个预测案例，其中，real 是真实的推荐解释，predicted 是对应的模型生成的推荐解释。

```
[
    {
        "real": "as an amazon prime member this slip qualified for free two day shipping
and arrived on time in great",
```

```
        "predicted": "the length is perfect"
    },
    {
        "real": "have good traction",
        "predicted": "the price is reasonable"
    },
    {
        "real": "very short in length",
        "predicted": "the price is great"
    },
    ...
]
```

8.8.4 模型效果评估

模型生成的是文本，可以采用机器翻译和文本摘要领域两个最常用的评估指标——BLEU和ROUGE来评估生成的推荐解释的文本质量。关于这两个指标，你可以自行补充学习，另外，我们在GitHub的代码仓库中也给出了具体的计算代码，这里不再赘述。

```
# 计算 BLEU-1、BLEU-4
tokens_test = [ids2tokens(ids[1:], tokenizer, eos) for ids in test_data.seq.tolist()]
tokens_predict = [ids2tokens(ids, tokenizer, eos) for ids in idss_predicted]
BLEU1 = bleu_score(tokens_test, tokens_predict, n_gram=1, smooth=False)
print(now_time() + 'BLEU-1 {:7.4f}'.format(BLEU1))
BLEU4 = bleu_score(tokens_test, tokens_predict, n_gram=4, smooth=False)
print(now_time() + 'BLEU-4 {:7.4f}'.format(BLEU4))

# 计算 ROUGE
text_test = [' '.join(tokens) for tokens in tokens_test]
text_predict = [' '.join(tokens) for tokens in tokens_predict]
ROUGE = rouge_score(text_test, text_predict)  # a dictionary
for (k, v) in ROUGE.items():
    print(now_time() + '{} {:7.4f}'.format(k, v))
```

运行上面的代码可以输出对应的指标。

```
[2024-03-18 22:15:25.016199]: BLEU-1 14.8556
[2024-03-18 22:15:25.442129]: BLEU-4  0.7141
[2024-03-18 22:15:26.395553]: USR  0.1942 | USN    3481
[2024-03-18 22:15:40.051302]: DIV  0.0959
[2024-03-18 22:15:40.064965]: FCR  0.1902
[2024-03-18 22:15:40.070101]: FMR  0.1227
[2024-03-18 22:15:40.725882]: rouge_1/f_score 14.7837
[2024-03-18 22:15:40.725914]: rouge_1/r_score 15.6023
[2024-03-18 22:15:40.725919]: rouge_1/p_score 16.3132
[2024-03-18 22:15:40.725921]: rouge_2/f_score  1.5362
[2024-03-18 22:15:40.725924]: rouge_2/r_score  1.7167
[2024-03-18 22:15:40.725926]: rouge_2/p_score  1.6831
[2024-03-18 22:15:40.725928]: rouge_l/f_score 11.2061
[2024-03-18 22:15:40.725930]: rouge_l/r_score 13.7274
[2024-03-18 22:15:40.725932]: rouge_l/p_score 13.4428
```

8.9 利用大模型进行对话式推荐

本节介绍一个利用大模型革新传统推荐系统的架构——对话式推荐，也可以称为交互式推荐。8.2 节提到的淘宝问问就是阿里在这一领域的初步探索。

大家已经非常熟悉如何与大模型进行高质量的互动，对于推荐系统，也可以采用对话的方式来构建。本节提供一个通用的、实现较简单的方案，让你可以直观感受对话式推荐。

首先，提供一个统一的架构说明对话式大模型推荐系统包含哪些核心模块，它们之间是如何协作的；其次，介绍作为案例展示的亚马逊的 Beauty 数据集相关的数据；接下来，针对对话或大模型推荐系统的各个组件和模块，提供具体的代码实现；最后，基于 Gradio 架构实现一个简单的对话式推荐的 UI 交互界面。

本节的框架和代码借鉴了参考文献[12]，对代码进行了较多裁剪和优化，方便你理解。

8.9.1 对话式大模型推荐系统的架构

对话式大模型推荐系统将大模型作为控制中枢（类似人的大脑），借助各种工具（类似人的眼耳手足）来实现个性化推荐。由于可以利用传统推荐的召回、排序及搜索等能力（作为工具），对话式大模型推荐系统大大拓展了传统推荐系统的疆域，可以将搜索、推荐、建议、知识问答等多种交互形式融合到一个统一的系统中，成为你的专业顾问。

8.2 节对交互式推荐范式的架构和模块进行了简单说明，下面针对本节的实现方案进行详细的介绍。图 8-17 是对话式大模型推荐系统核心模块和交互流程。

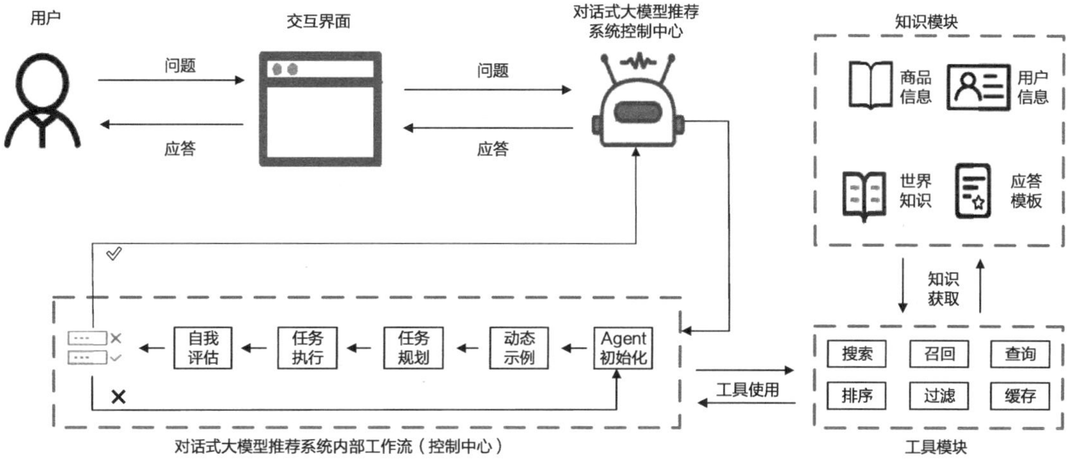

图 8-17 对话式大模型推荐系统核心模块和交互流程

图 8-17 中有 3 个比较重要的模块：一是知识模块，包含 Beauty 数据集、用户等方面的知识，这些是大模型推理的原料；二是工具模块，大模型使用工具将相关知识注入它的推理流程，通过上下文学习回答用户与 Beauty 推荐、搜索相关的问题；三是工作流，这是大模型内部作业的流程，类似工厂车间的流水线，大模型通过流水线的方式科学地解决用户的问题。下面对工作流进行说明。

- 智能体初始化。

我们将大模型看作一个智能体（Agent），这一步将用户的输入、对话历史、缓存信息等初始化，方便后续任务的执行。

- 动态示例。

由于对话式大模型推荐系统采用上下文学习，如果能够为大模型提供几个相关的示例（few-shot），那么大模型就可以更好地完成任务。这一步基于示例模板、结合本次用户的问题构建几个与问题相关的示例并输入大模型的上下文学习知识中。

- 任务规划。

工具模块中提供了召回、排序、检索、过滤等工具，这些工具可以协助用户解决关于 Beauty 数据集的问题。任务规划主要基于用户当前的问题和历史对话，将用户的问题拆解为合适的步骤，不同步骤用不同的工具实现。这一步的作用类似盖房的设计阶段，也类似 IT 项目的详细项目规划书。

- 任务执行。

有了上面的任务规划，大模型就知道如何做了。任务执行是具体的执行过程，有些步骤是对数据库进行查询，有些步骤是召回相关的 Beauty 商品，有些步骤是对商品进行过滤，等等。

- 自我评估。

任务执行完就可以获得结果了，这个结果一定可靠吗？在最终反馈给用户之前，有没有办法评估结果的正确性呢？答案是肯定的。这一步是利用大模型强大的逻辑推理能力对获得的结果进行评估，如果认可评估结果，就可以将结果直接反馈给用户，否则大模型会提供优化的建议，然后重新执行。

8.9.2 数据准备

本节的数据基于 Beauty 数据集，这里忽略了具体的原始数据处理过程，仅对结果数据进行说明，如图 8-18 所示。

```
(train-llm) liuqiang@liuqiangdeMBP interactive_rec % tree -L 2 data
data
└── beauty_product
    ├── SASRec-SASRec.pth
    ├── columns.json
    ├── item_sim.npy
    ├── products.ftr
    └── settings.json

2 directories, 5 files
```

图 8-18 对话式大模型推荐系统依赖的数据

数据一共包含 4 个文件。columns.json 是对 Beauty 元数据的字段描述，方便大模型更好地理解，也方便生成对应的 SQL 语句执行查询操作。

```
{
  "id": "beauty product id.",
  "title": "product title.",
  "category": "a string concatenated with several categories about beauty products, one product may have multiple tags, the seperator is a comma.",
  "price": "price of product",
  "description": "detailed description about the product.",
  "brand": "brand of beauty products",
  "visited_num": "how many times the products has been purchased, indicates how popular the product is. Product with larger visited number are more popular."
}
```

settings.json 是对相关数据的配置说明，包含多个类数据，例如元数据有哪些列、哪些字段是类别字段[①]等。

```
{
  "BEAUTY_INFO_FILE": "products.ftr",
  "TABLE_COL_DESC_FILE": "columns.json",
  "MODEL_CKPT_FILE": "SASRec-SASRec.pth",
  "ITEM_SIM_FILE": "item_sim.npy",
  "USE_COLS": [
    "id",
    "title",
    "category",
    "price",
    "description",
    "brand",
    "visited_num"
  ],
  "CATEGORICAL_COLS": [
    "category",
    "brand"
  ]
}
```

① 类别字段是用于搜索过滤的。

products.ftr 是 Beauty 的元数据，采用 Feather 格式存储。item_sim.npy 是商品与商品的相似数据，方便用户查找相关商品。SASRec-SASRec.pth 是基于 SASRec 算法进行排序的模型，是利用 Beauty 数据集提前训练好的。

8.9.3 代码实现

有了前面的框架说明和数据准备，本节实现对话式大模型推荐系统的核心功能。

1. 控制中心工作流程

控制中心是图 8-17 中左下侧的部分，它是流水线的架构，通过串联 5 个组件实现用户问题的拆解和逐步解决。本节利用月之暗面的 API 充当大模型的大脑。

具体来说，控制中心将当前的输入（用户的问题）、对话历史（对话框中用户和推荐系统的对话记录）、示例说明（基于用户的问题，系统提供的最相关的解决方案）、工具描述（在上下文学习中提供每个工具的描述，例如这个工具是做什么的、能解决什么问题、局限性是什么）这 4 类信息作为大模型上下文学习的“原材料”，大模型利用自身的逻辑推理能力自行选择合适的工具解决具体的问题。代码详见本书配套代码，路径为 src/e- commerce_case/interactive_rec/agent_plan_first_openai.py。

代码中包含 3 个类：ToolBox 是具体的工具使用类，该类提供 run 方法，基于提供的数据调用对应的工具来解决对应的问题并获得最终的结果；DialogueMemory 是对用户与大模型的对话历史进行管理的类，提供获取历史、增补历史、清空历史等功能；CRSAgentPlanFirstOpenAI 是最核心的类，它就是控制中心，基于前面提到的 4 类信息，调用各种工具和月之暗面的 API 解决用户的问题，并最终返回结果。

2. 控制中心核心模块

控制中心的模块比较多，这里重点讲解动态示例生成模块和自我评估模块，这对解决用户问题并提升答案准确性非常关键，当然，增加了自我评估，模型会更慢、消耗更多 token，所以成本更高。

- 动态示例生成模块。

动态示例生成基于下面提供的 15 个解决问题的示例，从中选择 k 个（一般为 2~3 个）与用户的问题最相关的示例作为样本，指导大模型更好地解决相似问题。

```
{"request": "Hello? How is it today", "plan": "Don't use tool"}
{"request": "Tell me about the first product.", "plan": "1. LookUpTool"}
{"request": "Recently I want to buy some TYPE products, do you have some suggestions?",
"plan": "1. HardFilterTool (TYPE); 2. RankingTool (by popularity); 3. MapTool"}
{"request": "PRODUCT1 is suitable for me, I want to find some similar products with it.",
"plan": "1. SoftFilterTool (PRODUCT1); 2. RankingTool (by similarity); 3.MapTool"}
```

```
{"request": "Do you know any TYPE products? I want one like PRODUCT1.", "plan": "1. HardFilterTool (TYPE); 2. SoftFilterTool (PRODUCT1); 3. RankingTool (by similarity); 4.MapTool"}
{"request": "My history is PRODUCT1, PRODUCT2, PRODUCT3, please suggest products for me to buy next.", "plan": "1. RankingTool (by preference); 2. MapTool"}
{"request": "I bought PRODUCT1, PRODUCT2, PRODUCT3 in the past, please suggest products for me to play next.", "plan": "1. RankingTool (by preference); 2. MapTool"}
{"request": "I tried PRODUCT1, PRODUCT2, PRODUCT3, PRODUCT4 in the past, which one is the most suitable in above products?", "plan": "1. BufferStoreTool (store possible products mentioned in conversation before as candidates);  2.RankingTool (by preference); 3. MapTool"}
{"request": "I used to use PRODUCT1, PRODUCT2, PRODUCT3 in the past, now I want some TYPE product with price lower than PRICE.", "plan": "1.HardFilterTool (TYPE, PRICE); 2.RankingTool (by preference); 3. MapTool"}
{"request": "Can you recommend me some products based on my previous history?", "plan": "Don't use tool, ask for more information"}
{"request": "I like PRODUCT1, PRODUCT2, now I want some products similar with PRODUCT1 but cheaper.", "plan": "1.HardFilterTool (cheaper than PRODUCT1);  2.RankingTool (by preference); 3. MapTool"}
{"request": "In above products, which is the cheapest?", "plan": "1.LookUpTool (price of products mentioned before)"}
{"request": "Which of the above products is more similar to PRODUCT?", "plan": "1.BufferStoreTool (store possible products mentioned in conversation before as candidates); 2. SoftFilterTool (calculate similarity score); 3. RankingTool (by similarity); 4. MapTool"}
{"request": "Is there any TYPE1 or TYPE2 products?", "plan": "1. HardFilterTool (TYPE1 or TYPE2); 2. RankingTool (by popularity); 3.MapTool"}
{"request": "Some of my favorite products include PRODUCT1, PRODUCT2. I'm looking for TYPE1 products with TYPE2", "plan": "1.HardFilterTool (TYPE1, TYPE2); 2.RankingTool (by preference); 3.MapTool"}
```

示例越多、可能覆盖的用户提出的问题就越多，从而能更好地指导大模型。另外，如何选择与用户的问题最相关的示例也非常重要，如果提供了“牛头不对马嘴”的示例，那么对大模型解决问题不但没有帮助，还可能起误导作用。代码实现中使用了 LangChain 中的 SemanticSimilarityExampleSelector 查找相关示例①。

```
import json
import os
from typing import *
import sys
from langchain.embeddings import HuggingFaceEmbeddings
from langchain.prompts import FewShotPromptTemplate, PromptTemplate
from langchain.prompts import example_selector
from langchain.vectorstores import Chroma
sys.path.append(os.path.dirname(os.path.dirname(os.path.dirname(__file__))))
from utils.util import replace_substrings_regex
example_prompt = PromptTemplate(
```

① 代码：src/e-commerce_case/interactive_rec/module/dynamic_demo.py。

```
    input_variables=["request", "plan"],
    template="User Request: {request} \nPlan: {plan}",
)

def read_jsonl(fpath: str) -> List[Dict]:
    res = []
    with open(fpath, 'r') as f:
        for line in f:
            data = json.loads(line)
            res.append(data)
    return res

class DemoSelector:
    def __init__(self, mode: str, demo_dir_or_file: str, k: int, domain: str) -> None:
        assert mode in {'fixed',
                        'dynamic'}, f"Optional demonstration selector mode: 'fixed',
'dynamic', while got {mode}"
        self.mode = mode
        self.k = k
        examples = self.load_examples(self, demo_dir_or_file)
        self.examples = self.fit_domain(self, examples, domain)
        input_variables = {
            "example_prompt": example_prompt,
            "example_separator": "\n-----\n",
            "prefix": "Here are some demonstrations of user requests and corresponding tool
using plans:",
            "suffix": "Refer to above demonstrations to use tools for current request:
{in_request}.",
            "input_variables": ["in_request"],
        }
        if self.mode == 'dynamic':
            selector = example_selector.SemanticSimilarityExampleSelector.from_examples(
                # 这是可供选择的示例列表
                self.examples,
                # 这是用于生成嵌入的嵌入类，用于测量语义相似性
                HuggingFaceEmbeddings(),
                # 这是用于存储嵌入并进行相似性搜索的 VectorStore 类
                Chroma,
                # 这是生成的例子数量
                k=self.k
            )
            input_variables["example_selector"] = selector
        else:
            input_variables["examples"] = self.examples[: self.k]
        self.prompt = FewShotPromptTemplate(**input_variables)
    @staticmethod
    def load_examples(self, dir: str) -> List[Dict]:
        examples = []
        if os.path.isdir(dir):
            for f in os.listdir(dir):
                if f.endswith("jsonl"):
```

```
                fname = os.path.join(dir, f)
                examples.extend(read_jsonl(fname))
        else:
            if dir.endswith('.jsonl'):
                examples.extend(read_jsonl(dir))
        assert len(
            examples) > 0, ("Failed to load examples. Note that only .jsonl file format is
supported for demonstration "
                            "loading.")
        return examples
    def __call__(self, request: str):
        return self.prompt.format(in_request=request)
    @staticmethod
    def fit_domain(self, examples: List[Dict], domain: str):
        # fit examples into domains: replace placeholder with domain-related words, like
replacing item with movie, game
        domain_map = {'item': domain, 'Item': domain.capitalize(), 'ITEM': domain.upper()}
        res = []
        for case in examples:
            _case = {}
            _case['request'] = replace_substrings_regex(case['request'], domain_map)
            _case['plan'] = replace_substrings_regex(case['plan'], domain_map)
            res.append(_case)
        return res

if __name__ == "__main__":
    selector = DemoSelector("dynamic",
                            "./demonstration/seed/", k=3, domain="beauty_product")
    request = "I want some farming games."
    demo_prompt = selector(request)
    print(demo_prompt)
    print("passed.")
```

- 自我评估模块。

自我评估模块针对生成的结果进行自我反省、自我评估，通过自我评估确保结果的准确性。具体的做法是：将用户问题、大模型给出的答案（需要评估）、对话历史、之前的工具使用记录通过一个特定的 critic 模板输入大模型，然后让大模型基于模板和输入的数据评估答案是否可靠，如果不可靠，则提供解决问题的建议，最终在控制中心中重新执行。自我评估模块的代码如下[①]。

```
import os
import re
from typing import *
from dotenv_vault import load_dotenv  # pip install --upgrade python-dotenv-vault
from prompt.critic import CRITIC_PROMPT_USER, CRITIC_PROMPT_SYS
from prompt.tool import OVERALL_TOOL_DESC, TOOL_NAMES
```

---

① 代码：src/e-commerce_case/interactive_rec/module/critic.py。

```
from utils.open_ai import OpenAICall
load_dotenv()  # https://vault.dotenv.org/ui/ui1
MOONSHOT_API_KEY = os.getenv("MOONSHOT_API_KEY")

def parse_output(s: str) -> Tuple[bool, str]:
   yes_pattern = r"Yes.*"
   no_pattern = r"No\. (.*)"
   yes_matches = re.findall(yes_pattern, s)
   if yes_matches:
      need_reflection = False
      info = ""
   else:
      no_matches = re.findall(no_pattern, s)
      if no_matches:
         need_reflection = True
         info = no_matches[0]
      else:
         need_reflection = False
         info = ""
   return need_reflection, info

class Critic:
   def __init__(
         self,
         model,
         engine,
         buffer,
         domain: str = "beauty_product",
         bot_type="chat_completion",
         temperature: float = 0.0,
         timeout: int = 120,
   ):
      self.model = model
      self.engine = engine
      self.buffer = buffer
      self.domain = domain
      self.timeout = timeout
      assert bot_type in {
         "chat",
         "completion",
         "chat_completion",
      }, f"'bot_type' should be 'chat', 'completion' or 'chat_completion', while got
{bot_type}"
      self.bot_type = bot_type
      self.bot = OpenAICall(
         model=self.engine,
         api_key=os.environ.get("OPENAI_API_KEY", MOONSHOT_API_KEY),
         api_type=os.environ.get("OPENAI_API_TYPE", "open_ai"),
         api_base=os.environ.get("OPENAI_API_BASE", "https://api.moonshot.cn/v1"),
         api_version=os.environ.get("OPENAI_API_VERSION", None),
         temperature=temperature,
```

```
            model_type=self.bot_type,
            timeout=self.timeout,
        )
    def __call__(self, request: str, answer: str, history: str, tracks: str):
        output = self._call(request, answer, history, tracks)
        need_reflection, info = parse_output(output)
        if need_reflection:
            info = f"Your previous response: {answer}. \nThe response is not reasonable.
Here is the advice: {info} "
        return need_reflection, info
    def _call(self, request: str, answer: str, history: str, tracks: str):
        sys_msg = CRITIC_PROMPT_SYS.format(domain=self.domain)
        item_map = {
            "item": self.domain,
            "Item": self.domain.capitalize(),
            "ITEM": self.domain.upper(),
        }
        tool_names = {k: v.format(**item_map) for k, v in TOOL_NAMES.items()}
        usr_msg = CRITIC_PROMPT_USER.format(
            domain=self.domain,
            tool_description=OVERALL_TOOL_DESC.format(**tool_names, **item_map),
            chat_history=history,
            request=request,
            plan=tracks,
            answer=answer,
            **TOOL_NAMES,
        )
        reply = self.bot.call(
            sys_prompt=sys_msg,
            user_prompt=usr_msg,
            max_tokens=128
        )
        return reply
```

3. 工具使用

工具使用模块是大模型的“眼、耳、手、足”，有了这些工具的协助，大模型才能更好地解决用户的问题。这些工具包括查询工具、过滤工具、排序工具等，限于篇幅原因，下面只介绍查询工具，其他工具详见 GitHub 代码仓库。

查询工具的作用是将用户输入的问题中可能与 Beauty 产品类目相关的关键词转换为 SQL 查询语句，然后从 Beauty 元数据中找出与关键词相关的商品[①]，方便后续步骤从中选择出最合适的推荐给用户。例如，输入下面的问题。

```
please recommend some beauty product to me, thanks
```

查询工具可能将这个问题转换为下面的 SQL 语句。

---

① 是一种基于标签的召回。

```
SELECT * FROM beauty_product_information WHERE category LIKE "%skincare%" OR category LIKE
"%makeup%"'
```

下面是具体的代码实现，注意，最初的 SQL 查询语句是大模型提供的，查询工具的作用是将之转换为适合相关数据的查询[①]。

```
import json
import random
import re
from copy import deepcopy
from module.corpus import BaseGallery
from utils.sql import extract_columns_from_where
from utils.util import num_tokens_from_string, cut_list
from loguru import logger

class QueryTool:
    def __init__(self, name: str, desc: str, item_corpus: BaseGallery, buffer,
result_max_token: int = 512) -> None:
        self.item_corpus = item_corpus
        self.name = name
        self.desc = desc
        self.buffer = buffer
        self.result_max_token = result_max_token
        self._max_record_num = self.result_max_token // 5  # each record at least 5 tokens.
If too many records,
        # sample randomly
    def run(self, inputs: str) -> str:
        logger.info(f"\nSQL from AGI: {inputs}")
        info = ""
        output = "can not search related information."
        try:
            inputs = self.rewrite_sql(inputs)
            logger.info(f"Rewrite SQL: {inputs}")
            info += (f"{self.name}: The input SQL is rewritten as {inputs} because "
                     f"some {self.item_corpus.categorical_col_values.keys()} are not
existing. \n")
        except:
            info += f"{self.name}: some thing went wrong in execution, the tool is broken
for current input. \n"
            return info
        try:
            res = self.item_corpus(inputs, return_id_only=False)
            try:
                res = res.to_dict('records')  # list of dict
            except:
                pass
            _any_cut = False
            if len(res) > self._max_record_num:
```

① 代码：src/e-commerce_case/interactive_rec/tools/query_tool.py。

```
            _any_cut = True
            res = random.sample(res, k=self._max_record_num)
        if num_tokens_from_string(json.dumps(res)) > self.result_max_token:
            token_limit_per_record = self.result_max_token // (len(res) + 1)
            # shorten each record in the result list
            cut_res = [None] * len(res)
            for i, record in enumerate(res):
                overflow_token = num_tokens_from_string(json.dumps(record)) -
token_limit_per_record
                _cut_last = True
                res_record = deepcopy(record)
                # if not cut last time, the loop would end due to the cut operation in
the loop
                # would not shorten the res anymore
                while (overflow_token > 0) and _cut_last:
                    key2token = {}
                    all_token = 0
                    for k, v in res_record.items():
                        key2token[k] = num_tokens_from_string(str(v))
                        all_token += key2token[k]
                        res_record[k] = str(v)
                    cut_off_token = {k: (overflow_token * v // all_token) for k, v in
key2token.items()}
                    for k, v in res_record.items():
                        words = v.split(" ")
                        cut_word_cnt = min(len(words) * cut_off_token[k] // key2token[k],
len(words) - 3)
                        if (cut_word_cnt >= 1) and (len(words) > 10):
                            words = words[:-cut_word_cnt]
                            _suffix = "..."
                            _cut_last = True
                        elif (cut_word_cnt >= 1) and (len(words) > 5):
                            words = words[:-1]
                            _suffix = "..."
                            _cut_last = True
                        else:
                            _cut_last = False
                            _suffix = ""
                        res_record[k] = ' '.join(words) + _suffix
                    overflow_token = num_tokens_from_string(json.dumps(res_record)) -
token_limit_per_record
                cut_res[i] = res_record
            # END FOR LOOP
            if _any_cut:
                info += f"{self.name}: The search result is too long, some are omitted.
\n"
            # double-check the token limit and shorten the result list
            if num_tokens_from_string(json.dumps(cut_res)) > self.result_max_token:
                cut_res = cut_list(cut_res, self.result_max_token)
            output = json.dumps(cut_res)
        else:
```

```
                output = json.dumps(res)
            info += f"{self.name} search result: {output}"
        except Exception as e:
            logger.info(e)
            info += f"{self.name}: some thing went wrong in execution, the tool is broken
for current input. \n"
        self.buffer.track(self.name, inputs, "Some item information.")
        logger.info(info)
        return output
    def rewrite_sql(self, sql: str) -> str:
        """Rewrite SQL command using fuzzy search"""
        sql = re.sub(r'\bFROM\s+(\w+)\s+WHERE', f'FROM {self.item_corpus.name} WHERE',
sql, flags=re.IGNORECASE)
        # groudning cols
        cols = extract_columns_from_where(sql)
        existing_cols = set(self.item_corpus.column_meaning.keys())
        col_replace_dict = {}
        for col in cols:
            if col not in existing_cols:
                mapped_col = self.item_corpus.fuzzy_match(col, 'sql_cols')
                col_replace_dict[col] = f"{mapped_col}"
        for k, v in col_replace_dict.items():
            sql = sql.replace(k, v)
        # grounding categorical values
        pattern = r"([a-zA-Z0-9_]+) (?:NOT )?LIKE '\%([^\%]+)\%'"
        res = re.findall(pattern, sql)
        replace_dict = {}
        for col, value in res:
            if col not in self.item_corpus.fuzzy_engine:
                continue
            replace_value = str(self.item_corpus.fuzzy_match(value, col))
            replace_value = replace_value.replace("'", "''")  # escaping string for sqlite
            replace_dict[f"%{value}%"] = f"%{replace_value}%"
        for k, v in replace_dict.items():
            sql = sql.replace(k, v)
        return sql
```

8.9.4 对话式推荐案例

下面提供一个大模型赋能的对话式推荐界面，方便你更好地体验交互式推荐带来的及时反馈能力，代码路径为 src/e-commerce_case/interactive_rec/app.py。

直接运行代码，就可以启动对话式推荐的服务了，即图 8-19 中的 http://127.0.0.1:7860。

```
(train-llm) liuqiang@liuqiangdeMacBook-Pro interactive_rec % python app.py
[2024-03-23 13:19:36 INFO agent_plan_first_openai: 382] Mode changed to accuracy.
Running on local URL:  http://127.0.0.1:7860

To create a public link, set `share=True` in `launch()`.
```

图 8-19　后台启动对话式推荐服务

在浏览器中输入 http://127.0.0.1:7860 就可以看到图 8-20 所示的界面，这是一个对话式推荐界面，你可以输入与 Beauty 相关的问题与大模型进行互动，大模型会为你提供相关的推荐。这个界面还具备多轮对话的能力，你可以自己部署尝试一下①。

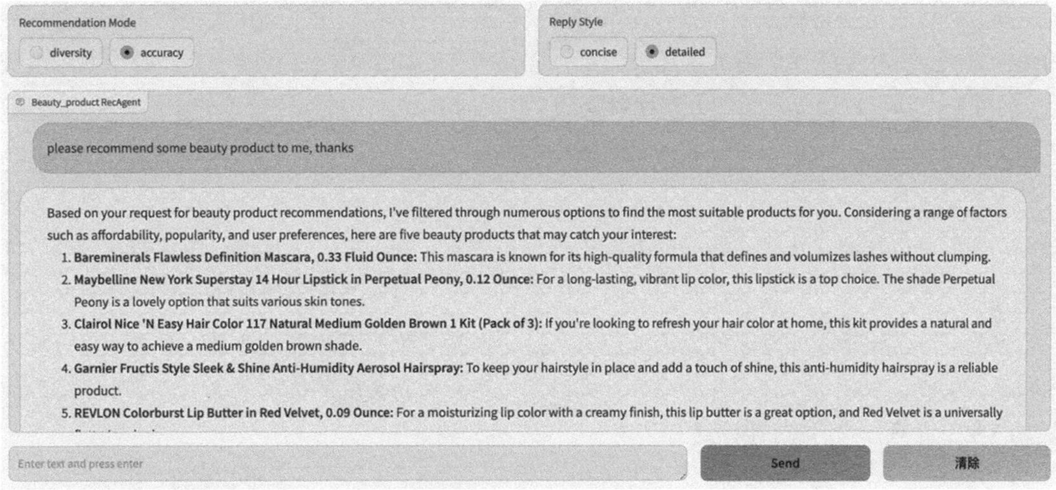

图 8-20 对话式推荐界面

8.10 总结

本章介绍了大模型应用于电商推荐系统的各种核心场景，让读者感受到了大模型给推荐系统带来的新思路、新视野。本章的核心场景如下。

- 利用大模型生成用户兴趣画像和个性化商品描述。
- 利用大模型进行召回、排序、做个性化推荐和商品关联推荐。
- 利用大模型进行推荐解释与冷启动。
- 利用大模型进行对话式推荐。

其中，生成用户兴趣画像和个性化商品描述利用了大模型的生成能力，可以很好地构建电商中最重要的两类场景——猜你喜欢和关联推荐。大模型可以与传统召回等方法很好地配合，借助检索增强生成的思路，优雅地赋能传统推荐系统。

利用大模型解决传统推荐系统的冷启动问题的思路与传统的解决冷启动问题的思路不太一样，有一些具有创新性的处理方法，例如生成冷启动样本、直接通过上下文学习解决冷启动问

① 你也可以用中文与之对话，月之暗面的 Kimi 大模型是支持中英文双语的。

题等。

推荐解释在为用户提供推荐时也提供推荐的原因，可以极大地提升推荐系统的说服力和用户的满意度，是优化推荐体验的好思路。之前的推荐解释更多基于简单模板实现，有了大模型的赋能，可以生成更自然流畅、更有说服力的推荐解释。本章给出了利用大模型生成推荐解释的两种方法。其中上下文学习方法比较简单，容易实现。如果调用商业的 API，那么效果会很好。另外一个基于连续提示词的方法比较复杂，提示词学习是一种比较特殊的微调模型的方法，区别于 LoRA 方法，希望你可以掌握它的核心思想。

本章还实现了一个简单的对话式大模型推荐系统，借助大模型的强大泛化能力、逻辑推理能力，我们可以用非常优雅、统一的方式将查询、搜索、推荐统一。这部分内容非常重要，你需要掌握相关的原理，特别是控制中心的工作流程、核心模块的作用和具体工具的使用方法。

目前，已经出现了非常多的大模型相关产品，推荐系统是互联网行业最重要的信息分发方式和运营手段，我相信，在不久的将来，大模型一定会革新传统的推荐系统，让推荐系统产生更大的业务价值，我们拭目以待！

09

工程实践：大模型落地真实业务场景

作为最后一章，本章分析大模型落地企业级推荐系统相关的工程问题。先讲解大模型如何进行高效预训练和推理，再讲解如何将大模型更好地落地到企业级推荐系统中。

9.1 大模型推荐系统如何进行高效预训练和推理

在具体业务场景中落地大模型不仅需要算法和代码，还需要考虑预训练、微调、部署和服务质量。本节讲解如何在真实业务场景中高效地使用大模型。

大模型从开始构建到服务于某个产品通常需要经历预训练、微调、服务部署 3 个阶段，如图 9-1 所示，与各种大模型推荐范式对应。

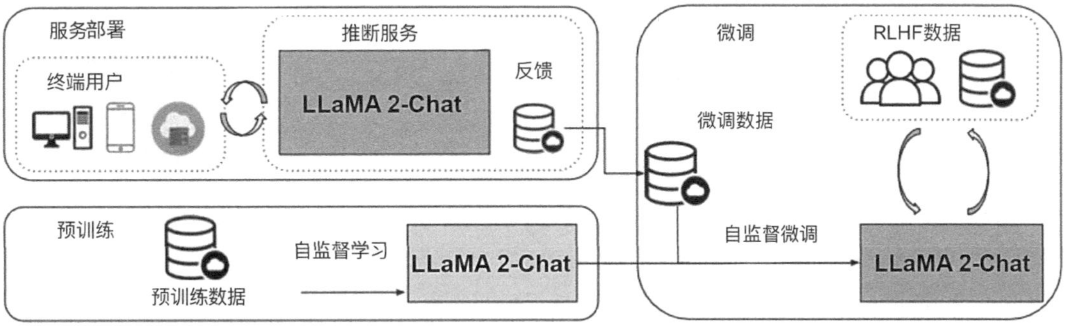

图 9-1 大模型应用的 3 个阶段

除了算法和软件，预训练模型还需要特定的硬件支持，目前主流的预训练大模型的硬件是英伟达的 GPU 系列。下面聚焦大模型推荐系统应用，从模型的训练（包括预训练和微调）、推理、服务部署和硬件选择 4 个维度展开说明。

9.1.1 模型高效训练

从零开始预训练大模型，是非常具有挑战性的事情。由于预训练样本较多（很多模型需要上万亿个 token），参数较多，通常需要非常多的计算资源和合适的框架来协助。一般来说，做基础大模型的公司才需要从零开始预训练大模型，而做中间层或者应用的公司可以对开源的大模型进行微调或者直接部署。

1. 高效训练的方法

针对高效训练大模型，目前有非常多的开源框架可供选择，这些框架都整合了一些加速训练的技术手段，本节主要介绍通过并行计算和优化内存来提升训练的吞吐率。

（1）并行计算。

并行计算是提升训练效率最有效的方法，通常采用多 GPU 并行的方式。具体的实现方式有数据并行、模型并行、状态并行等。我们在训练推荐模型时，可以根据模型大小、数据大小选择合适的并行方式，例如单个 GPU、多个 GPU 或者多个服务器。另外，可以调整 batch 的大小，batch 越大占用的资源越多。为了加快训练速度，还可以采取调整迭代次数（epochs）、提前终止等方法。

（2）优化内存。

大模型在训练过程中将数据加入内存，可以通过优化内存（或显存）使用的方法来提升训练的效率，下面介绍 3 种优化方法。

- ZeRO。

ZeRO 的主要目的是优化大模型训练中的内存效率。通过跨 GPU 分配模型的优化器状态（Optimizer States）、跨 GPU 分配梯度和处理用于激活的模型并行性，减少用于存储这些数据的内存。

- 量化技术。

量化技术使用低比特的数据格式来表示权重或激活函数值，通过这种方式缩减内存大小和计算时间，包含 8bit、6bit、4bit、2bit 等不同精度的量化方法。比特位数越少，模型占用空间越小，精度越低。我们可以根据计算机的配置和精度要求，选择下载不同精度的模型。

- FlashAttention。

FlashAttention 是为了解决 Transformer 在处理大量序列时所面临的内在挑战而设计的算法。这种算法是 I/O 敏感的，它优化了 GPU 内存层级之间的相互作用，利用平铺技术（Tiling）减少 GPU 的高带宽内存（HBM）与芯片上的静态随机存取内存（SRAM）之间的内存读/写操作，以提高注意力机制的效率。

2. 高效微调的方法

对大模型进行微调通常不是微调整个模型，而是微调模型部分参数，这种方法被称为参数有效的微调。一般有两个常用的方法，下面分别介绍。

- LoRA 与 QLoRA。

前面章节中的大部分模型采用 LoRA 进行微调。QLoRA 是 LoRA 的量化版本，它将预训练的模型转换为特定的 4 位数据类型，从而大幅减少内存使用并提高计算效率，同时在量化过程中保持数据完整性。

- 提示词调优。

提示词调优是一种新颖的技术，专门用于使冻结的语言模型适应特定的下游任务。具体而言，提示词调优强调通过反向传播学习“软提示”，允许使用标签示例对其进行微调。我们在推荐解释部分（见 8.8.3 节）的代码实现中采用了提示词调优技术。

高效训练的方法非常多，这里不做过多介绍。关于高效预训练、微调，以及在不同模型规模上的详细对比分析，你可以从参考文献[1]中获得更多信息。

3. 预训练与微调的框架

目前针对大模型进行预训练、微调的框架非常多，主流的框架包括 ColossalAI、DeepSpeed、Megatron-LM、MLX 等，这些在前面都有简单介绍，这里不再赘述。你可以参考它们的 GitHub 代码仓库和官网进行深入了解，并根据自己的资源情况和偏好选择使用。

9.1.2 模型高效推理

模型推理是一个需求更大的使用场景，目前有很多创业公司聚焦于高效的大模型推理领域，例如 Lepton AI、硅基流动等。

1. 高效推理的方法

目前主流的大模型采用与 GPT 类似的 decode-only 的架构，如图 9-2 所示，提升解码的效率是高效推理的前提。

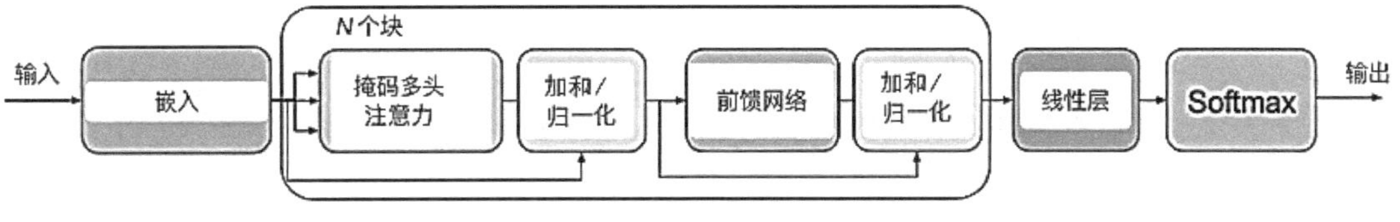

图 9-2 decode-only 架构

高效推理有非常多的技术方案，可以从算法层面、模型层面、系统层面等多种维度进行。

以下是最常用的方法，更多细节可以阅读参考文献[2]。

- 解码策略优化。

GPT 系列模型基于前面的 token 预测下一个 token，这是一个自回归的过程，这个过程是顺序的，所以影响最终的解码速度。可行的解决方案有非自回归的方式或者推测解码（Speculative Decoding）策略。

非自回归是放宽预测下一个 token 的条件，假设预测下一个 token 与前面的 token 条件无关，这样就可以通过一定程度的并行化进行解码。推测解码是利用一个草稿（Draft）模型（更小的模型）来生成下一个 token，再快速评估这个 token 是否正确。

- 架构优化。

架构优化是对 GPT 的架构动手术，通过调整架构部分“组件”达到加速推理的效果。例如，MoE 架构就是通过多个专家构建的统一的大模型，在预测时，只有部分专家被激活，从而提升推理的速度。

- 模型压缩。

模型压缩最常用的手段是知识蒸馏，通过老师（Teacher）模型监督学生（Student）模型进行训练，将知识从较大的老师模型“传授”给学生模型。还有一个比较常用的方法是剪枝，例如剔除模型的部分层来减少参数，进而提升预测速度。

- 系统优化。

前面提到的量化方法、并行化方法、内存优化方法都是这类方法。还有一些偏底层的方法超出了简单应用的范畴，这里不展开说明。

2. 高效推理的框架

前面提到的很多训练框架本身就具备推理能力，例如 DeepSpeed、ColossalAI 等，还有一些框架聚焦于推理方向，比较常见的有 vllm、TG（Text-Generation-Inference）、LightLLM 等。

针对 MacBook，如果在开发环境中部署服务进行测试等，则可以选择 MLX、llama.cpp 等推理框架。

9.1.3 模型服务部署

对于大模型推荐系统的应用，在预训练或微调好模型后，就需要进行高效的服务部署，以便为用户提供更好的服务。

上面提到的很多框架可以直接将大模型服务部署成 Web 服务，如果你想自己调整业务逻辑，则可以选择一些合适的 Python Web 框架，例如 FastAPI、Tornado、Flask 等。

如果利用大模型的上下文学习能力进行推荐，那么可以选择第三方的 API 服务或者将大模型部署成类似于 ChatGPT 的 API 服务，可以使用的框架有 Ollama、FastChat、SGlang、Lepton AI 等。

传统推荐系统的一些优化服务体验的技术方案也可以应用到大模型推荐系统中，例如预计算、缓存、部署多个等效的 Web 服务，再通过 Nginx 代理进行服务的水平扩容等。

9.1.4 硬件选择建议

对于大模型，训练和推理的硬件也是非常重要的。当预训练的大模型参数较多（例如超过 30B）时，需要性能比较好的英伟达的 GPU，例如 A800、A100、H100 等。对于参数更小的模型，可以采用英伟达的消费级显卡，例如 RTX 4090、RTX4080 等。国产的替代方案还不够成熟，华为昇腾 910B 是可行的选择。

对于大模型的微调和推理，相比于 A800、A100、H100 这些比较贵并且难买到的硬件，性价比更高的方式是使用英伟达的 RTX 4090、RTX4080 等消费级硬件。

MacBook 用户可以选用 M 系列的芯片对大模型进行预训练和微调。如果处理比较大的模型（例如 30B、70B 等），M2 Ultra 192G、M3 Max 128G 等是可行的选择。

由于推荐系统的数据量相对较小，即使是预训练和微调，目前也不需要特别大的模型，通常使用 2B、7B、14B 的模型就可以达到较好的效果，因此对硬件的要求没有常规的大模型高。

9.2 大模型落地企业级推荐系统的思考

经过近十年的发展，推荐系统已经相当成熟，它是帮助公司营利的核心技术，在企业中具有极高的“地位”，因此，革新它是非常困难的。新的技术要取代和颠覆原有的成熟技术体系是需要时间的。现在的大模型在推荐系统的应用属于早期尝试阶段，还需要 1 ~ 2 年时间才能进入变革的深水区。大模型在推荐场景的落地需要克服哪些困难？又需要面对哪些挑战呢？笔者试图基于自己过去十几年的推荐系统一线经验，结合对大模型技术的深度学习，谈一些自己的思考，希望能为你提供一些新的视角，让你更好地评估什么时候及如何在推荐系统中引入大模型相关技术。

9.2.1 如何将推荐算法嵌入大模型框架

推荐系统与大模型的建模空间有较大差别，传统的推荐系统基于 ID 特征建模，ID 之间的内在协同关系对推荐效果非常重要。另外，推荐系统是一个非常个性化的系统，如何将这种个性化的特性整合到大模型体系中呢？

传统的大模型基于文本语料预训练，token 词库的规模在几万到十几万级别。推荐系统的用户 ID、商品 ID 的规模是亿级别的，如果将用户 ID、商品 ID 作为 token，那么模型复杂度多了几个数量级，预训练和推理成本将会极大提高。这个问题有很好的解决方案吗？

前面的章节主要介绍了两种方法：一种是不直接使用 ID 特征，而是使用商品的标题等文本特征，用户的行为也通过购买过的商品的文本特征来表示，这种方法将推荐问题映射到传统的大模型擅长的文本建模领域；另一种是加入少量新的 token，例如将 item_id 拆分为"item"加后面的数字 ID，这样不至于增加太多的 token。

上面的方法当然可以处理推荐问题，但是可能不是最好的。有没有一种方法可以更加统一、自然地将推荐算法映射到一个更加适合大模型处理的体系下呢？这是推荐行业后续努力的方向，参考文献[3]就是这方面的探索。

正是因为有一套比较完善的、适合推荐系统的体系，深度学习才成为在推荐系统领域占统治地位的核心算法，为推荐系统带来了极大的商业价值。大模型时代也遵循一样的规律，如果有一个适合推荐系统的大统一的大模型框架，那么推荐系统更有可为。

9.2.2 大模型特性给落地推荐系统带来的挑战

9.1 节提到大模型目前在训练和推理中面对的挑战，这些挑战同样存在于基于大模型的推荐系统中。其中，需要海量的数据、训练成本高、推理速度慢是比较重要的问题。

推荐系统有海量的用户、海量的交互行为，数据量并不少，但是推荐的数据非常稀疏，这也是大模型落地推荐系统的一个很大的挑战。

当软硬件更加成熟后，训练成本会遵循摩尔定律，每 1 ~ 2 年至少降低 50%。英伟达发布的 Blackwell 架构的 GB200 系列芯片的 GPU 算力就有极大的提升，能耗也降低了不少。

关于推理速度慢，9.1 节已经提供了一些解决方案，笔者相信，随着大模型技术的发展，这些问题都能得到缓解。推荐系统面对的是商业场景，用户规模大、商品品类多，对服务响应时间有极高要求。当前的推荐系统采用召回+排序的流水线架构将复杂的推荐任务拆解为不同的步骤来缓解这个问题，这一方法在引入大模型技术后也是比较实用的。

9.2.3 大模型相关的技术人才匮乏

大模型的技术难度较大，有陡峭的学习曲线。笔者从 2023 年年初开始学习大模型，经过大半年才算正式进入这个领域。笔者有 15 年 AI 相关的实践经验，也需要经过较长时间的学习才能入门大模型，对于经验不足的读者，入门的学习成本可能更大。

推荐系统被大模型革新，人才是非常重要的。大模型相关人才比较匮乏，目前这些人才都在大模型创业公司和互联网大厂。也许再经过 1 ~ 2 年，懂大模型的技术人才会有爆发式增长，那时才是真正的大模型落地推荐系统的黄金时间。

9.2.4 大模型推荐系统与传统推荐系统的关系

在算法层面，很难有一种算法可以取代所有算法，推荐算法也一样。传统的推荐算法（例如协同过滤、基于标签的推荐等）有其适用场景。8.9 节将传统的推荐算法用于召回，大模型起到了控制中心的作用。

在架构层面，经过十几年的验证，传统推荐系统经典的召回+排序架构是一种非常高效的架构，大概率会持续发挥价值。

在产品层面，传统推荐系统中最重要的是信息流推荐、关联推荐，只要交互方式不变（例如计算机、手机），其产品形态就会在商业体系中持续产生价值。唯一可能产生的新的产品形态是对话式推荐，这是大模型对推荐系统产品最大的革新。

总之，大模型对传统推荐系统起到的是赋能的作用，而不是取代。有了大模型，推荐系统在应用场景、商业价值上会取得更大的成功。

9.2.5 大模型推荐系统的投资回报率分析

任何一门新技术只有能带来极大的商业价值，才会被广泛采纳，大模型在推荐系统中的应用也不例外。大模型的学习成本、实践成本、训练成本、部署成本都比较高，这是将大模型应用于推荐业务的最大的障碍。

大模型为推荐系统带来的价值主要有 3 个方面：一是宣传公司技术实力；二是为公司带来更多收入；三是创新产品形态，可以利用大模型的互动能力，在产品的各种场景中引入对话式大模型推荐系统。

企业的技术负责人（或推荐系统负责人）在引入大模型推荐系统时必须对投入和产出有比较好的了解，并且有比较合理的预期。

9.2.6 大模型落地推荐场景的建议

笔者相信，在 1 ~ 2 年内，大模型会革新现在的推荐系统，因此建议推荐行业的从业者及早关注并且实践大模型在推荐系统中的应用，只有躬身入局，才能更好地了解大模型能为推荐系统带来的价值。

学习大模型推荐系统的资料不少，除了大量的学术论文，本书也可以帮助你入门大模型推荐系统。

对于企业中的推荐算法相关从业者，可以找一些推荐场景探索大模型的应用，笔者建议的探索场景包括首页的“猜你喜欢”和商品关联推荐，这些是公司最核心的推荐场景。为了避免给业务收入带来影响，可以采用 A/B 测试的方式，先给大模型推荐系统比较小的流量，通过数据逐步验证大模型推荐系统带来的价值，并动态调整分配给大模型推荐系统的流量。

对于对话式推荐场景，一定要大胆尝试，这是大模型能够带来的最大的创新，在具体实现上，可以通过在首页搜索关键词进入对话式推荐页面。具体的算法原理在 8.9 节中有比较全面的讲解，这里不再赘述。

9.3 总结

本章简单总结了大模型训练、推理、部署的技术和框架。你可以选择适合自己的框架深入了解和实践。这个方向发展较快，可以多关注、了解行业动态。

本章梳理了大模型落地企业级推荐系统可能面对的困难和挑战，以及大模型可能为推荐系统带来的巨大变革。

任何一种新的技术被大规模应用都需要一定时间，只有尽早入局才能获得最大的红利，希望你属于最早“吃到螃蟹”的那一批人。让我们一起努力，加速大模型在商业推荐系统中的应用！

后记

我们的学习之旅就马上结束了。笔者从 2023 年年初开始学习、跟进大模型相关的进展，本书是笔者在大模型方向上探索的经验总结。

ChatGPT 发布以来，大模型相关的技术呈井喷之势，大量科技公司重金投入大模型的研究、开发、实践。苹果公司放弃了 10 年的造车计划，准备投入大模型的创新和落地，并宣布了与百度合作的计划[1]，在 2024 年发布的硬件产品中增加生成式 AI 能力。苹果公司通常会在行业比较成熟、有非常大的商业前景时做出决策，可见其相信大模型会带来产业颠覆和巨大的商业价值。

大模型越来越有革新所有行业的势头：Sora 的发布带来了视频生产的革命，OpenAI 希望能与好莱坞合作[2]，通过生成式 AI 革新影视制作[3]；OpenAI 投资的 Figure 01 机器人[4]可以理解人的意图，将苹果递给表示饥饿的测试人员；初创公司 CognitionLabs 推出的全球第一个 AI 程序员 Devin[5]掌握了全栈技能，不仅可以写代码、debug、训练模型，还可以去美国最大的求职网站 Upwork 上抢单；专注于研发无代码游戏引擎的初创公司 BuildBox AI 发布了新一代 AI 游戏引擎——Buildbox 4 Alpha，输入提示即可为游戏添加资产和动画，甚至提供几个字就能生成整个场景[6]；2024 年 3 月底大火的 Suno，可以通过一段提示词生成高质量的音乐，让人人都成为作曲家[7]。

新行业、新产品和新应用场景层出不穷，新的变化每天都在我们身边出现，我们不能无视这些变化，否则当我们的职位被 AI 取代时，我们被还蒙在鼓里。

AI 取代的永远是那些不会使用 AI 技术的人，最好的应对方法就是尽快掌握 AI 技术，而掌握 AI 技术的第一步是开始学习。推荐系统的从业人员也不例外，学习大模型在推荐场景中的应用是必须经历的过程。

推荐系统是过去 10 年互联网最重要的技术手段之一，是互联网公司最核心的商业化工具。近年来，出现了抖音等以推荐系统为核心引擎的、具备极大变现效率的产品。通常情况下，越是具备商业价值的场景，人类越会利用新技术去变革它。推荐系统的商业价值高，是以大模型为驱动引擎的新技术革新的方向，这正是学术界和产业界正在努力推进的！

阿里巴巴于2023年上半年在淘宝开启了淘宝问问的内测，百度将大模型应用到了最核心的广告营销场景，Meta已经开始尝试利用大模型打造万亿级参数的新一代推荐系统……这些大公司已经走在了前面，推荐系统的从业者也不能落后，需要马上出发。

本书是大模型推荐系统学习的导航，可以帮你顺应AI变革大势，进行尝试和探索。希望通过对本书的学习，你可以尽早入门并实践大模型推荐系统。